直升机涡轴发动机砂尘防护理论与应用

吴祯龙　李维　谭慧俊　著

科学出版社
北京

内 容 简 介

本书是在南京航空航天大学进气道团队十多年涡轴发动机砂尘研究经验的基础上,参考了国内外大量论文、报道、标准等文献后形成的。全书包括直升机防砂研究背景、砂尘环境特征描述、涡轴发动机防砂措施、砂尘环境研究方法、气砂两相流动机理与特性、砂尘环境适航规章分析、砂尘环境适航验证案例和涡轴发动机防砂技术展望八章,对直升机涡轴发动机砂尘防护相关理论与应用案例进行了较为详细的阐述。

本书以航空发动机,尤其是涡轴发动机专业相关的高校学者、研究生及一线工作人员为主要读者对象,兼顾军用和民用领域,采用图文并茂的形式,可作为专业学者参考书、初学者入门读物。

图书在版编目(CIP)数据

直升机涡轴发动机砂尘防护理论与应用/吴祯龙,李维,谭慧俊著. -- 北京:科学出版社, 2025.3.
ISBN 978-7-03-081317-6

Ⅰ. V235.12

中国国家版本馆 CIP 数据核字第 202514CG22 号

责任编辑:胡文治 / 责任校对:谭宏宇
责任印制:黄晓鸣 / 封面设计:殷 靓

科学出版社 出版

北京东黄城根北街 16 号
邮政编码:100717
http://www.sciencep.com

南京展望文化发展有限公司排版
苏州市越洋印刷有限公司印刷
科学出版社发行 各地新华书店经销

*

2025 年 3 月第 一 版　　开本:B5(720×1000)
2025 年 3 月第一次印刷　　印张:13 3/4
字数:270 000

定价:130.00 元
(如有印装质量问题,我社负责调换)

序

直升机由于其可垂直起降的独特优势,问世一百多年来,在人类生产生活和国防军事应用中发挥了不可替代的作用。尤其随着竞争和冲突态势的日益加剧,世界主要大国都将直升机作为国防建设重点发展的武器装备。

直升机设计是一门涉及众多学科的复杂学科,其中动力系统是决定直升机性能的关键要素之一。当直升机在沙漠、海滩等颗粒沉积地表环境中工作时,由于旋翼下洗流的冲击作用,会将地面砂尘颗粒扬起至空中,形成"砂盲"现象。扬起的砂尘颗粒一旦被发动机吸入,会对发动机性能产生即时而显著的不利影响,如侵蚀叶片、堵塞喷油口和气膜冷却孔等。如果不对发动机进行砂尘防护,其性能可在短时间内迅速恶化,使用寿命大大缩短。实际上,自涡轴发动机发明之始,砂尘防护便成为其设计中必须考虑的重要一环,时至今日仍是涡轴发动机设计领域内的热门话题。

随着科学技术的不断进步,流体力学、固体力学、环境感知、智能调节等领域的新方法和新技术给涡轴发动机砂尘防护技术注入新的内涵。本书从涡轴发动机砂尘防护研究背景、砂尘环境特征、气砂运动特性、防砂措施、砂尘环境适航标准规范、适航验证案例、未来展望等若干方面,对涡轴发动机砂尘防护的研究现状及发展趋势进行了较为详细的阐释,可为从事发动机进气防护设计的研究人员及一线工作人员在发动机砂尘防护设计和相关适航工作方面提供参考。

中国工程院院士 尹泽勇

2024 年 12 月

前　言

砂尘环境在自然界和人类出现活动中广泛存在,如沙尘暴、火山灰、沙漠、海滩等。各类飞行器都可能面临恶劣砂尘环境的不利影响,尤以直升机为甚。当直升机在砂尘沉积地面起降或低空飞行时,旋翼下洗流冲击地面卷起沉积砂尘颗粒,形成"砂盲"现象,严重影响飞行员视线。同时扬起的砂尘颗粒对旋翼桨叶会产生严重的冲蚀作用,被发动机吸入的砂尘颗粒对发动机性能也会产生即时而显著的不利影响。因而,自直升机发明之始,涡轴发动机砂尘防护便被逐渐提到了越来越重要的高度,直至今日仍是涡轴发动机设计领域一个热门的话题。随着科学技术的不断进步,新方法和新技术的出现正在给涡轴发动机砂尘防护技术的发展注入新的内涵。

本书从直升机防砂研究背景、砂尘环境特征描述、涡轴发动机防砂措施、砂尘环境研究方法、气砂两相流动机理与特性、砂尘环境适航规章分析、砂尘环境适航验证案例和涡轴发动机防砂技术展望八个方面,对直升机涡轴发动机砂尘防护相关理论与应用进行了较为详细的阐述。其中,第2、3、4、5章由吴祯龙完成,第1、8章由李维完成,第6、7章由谭慧俊完成。

本书以航空发动机,尤其是涡轴发动机专业相关的高校学者、研究生及一线行业研制单位的科研人员为主要读者对象,兼顾军民两用领域。本书采用图文并茂的形式,可作为专业学者参考书、初学者入门读物。本书可以让大众了解直升机应对恶劣砂尘战场环境的重要性,让初学者更快地理解涡轴发动机砂尘防护的内涵与研究方法,让专业研究人员及时掌握直升机涡轴发动机砂尘防护的最新研究动态,从而有望提升我国在直升机涡轴发动机砂尘防护领域的认识和研究水平。

自直升机及涡轴发动机砂尘防护问题被提出至今已逾半世纪,其间产生了大量的理论与应用研究成果。本书在撰写过程中参考了众多相关文献,作者在此表示由衷的敬佩与谢意。

由于作者水平有限,经验不足,书中不足之处在所难免,恳请读者不吝指正。

著者

2024 年 11 月

目　　录

第 1 章　直升机防砂研究背景

1.1　砂尘问题的由来 ………………………………………… 001
1.2　砂尘环境的危害 ………………………………………… 002

第 2 章　砂尘环境特征描述

2.1　颗粒吸入质量 …………………………………………… 006
2.2　颗粒材质 ………………………………………………… 006
2.3　颗粒形状 ………………………………………………… 008
2.4　砂尘代数表示 …………………………………………… 010
2.5　颗粒阻力系数 …………………………………………… 011
2.6　颗粒沉降速度 …………………………………………… 013
2.7　空间分布特性 …………………………………………… 014
2.8　进口砂尘浓度 …………………………………………… 015

第 3 章　涡轴发动机防砂措施

3.1　传统粒子分离器 ………………………………………… 017
　　3.1.1　涡旋管分离器 …………………………………… 021
　　3.1.2　惯性粒子分离器 ………………………………… 031
　　3.1.3　进气阻拦过滤器 ………………………………… 042
　　3.1.4　三种分离器之比较 ……………………………… 053
3.2　智能粒子分离器 ………………………………………… 056
3.3　辅助分砂技术 …………………………………………… 060
　　3.3.1　流动控制 ………………………………………… 060
　　3.3.2　声波控制 ………………………………………… 062
　　3.3.3　电磁控制 ………………………………………… 076

3.4 防护涂层技术 ·· 078
3.5 机体设计技术 ·· 078
    3.5.1 旋翼 ··· 079
    3.5.2 机身 ··· 083
    3.5.3 进气道 ··· 084
3.6 飞行操纵技术 ·· 084

第 4 章 砂尘环境研究方法

4.1 实验模拟 ··· 087
    4.1.1 砂尘环境感知 ··· 087
    4.1.2 颗粒反弹特性 ··· 091
    4.1.3 颗粒阻力特性 ··· 095
    4.1.4 气砂耦合特性 ··· 098
4.2 数值模拟 ··· 101
    4.2.1 拉格朗日法 ··· 103
    4.2.2 欧拉法 ··· 114
4.3 虚拟现实仿真 ·· 117
4.4 飞行试验 ··· 118
    4.4.1 采样方法 ··· 119
    4.4.2 采样配置 ··· 120
    4.4.3 试验流程 ··· 121
    4.4.4 样品处理要求 ··· 122
    4.4.5 数据分析方法 ··· 122
    4.4.6 质量管控要求 ··· 123
    4.4.7 图像处理技术 ··· 124

第 5 章 气砂两相流动机理与特性

5.1 砂盲形成机理 ·· 127
5.2 气动及砂尘相关性能参数定义 ································· 130
5.3 惯性粒子分离器砂尘分离特性的参数化影响规律 ················· 132
    5.3.1 颗粒尺寸影响 ··· 132
    5.3.2 颗粒尺寸分布影响 ····································· 134
    5.3.3 颗粒密度影响 ··· 135
    5.3.4 颗粒形状因子影响 ····································· 136

5.3.5	颗粒入射速度影响	138
5.3.6	颗粒入射质量分布影响	138
5.3.7	发动机工作状态影响	138
5.3.8	壁面反弹特性影响	139
5.3.9	重力影响	141

5.4 直升机旋翼/机身/进气道一体化条件下砂尘分布与分离特性 ………… 142

5.4.1	黑鹰直升机旋翼/机身/进气道内外流一体化模型及网格	142
5.4.2	旋翼/机身/进气道/地效耦合干扰流动特性	145
5.4.3	旋翼/机身/进气道干扰流场中砂尘运动特性	150

第6章 砂尘环境适航规章分析

6.1	砂尘粒度标准规范	157
6.2	主流适航规章简介	166
6.3	国外适航标准分析	169
6.4	国内适航标准分析	173
6.5	国内外标准对比	177

第7章 砂尘环境适航验证案例

7.1	美国陆军航空装备实验室 H-21 砂盲飞行试验	179
7.2	美国国防部高级研究计划局喷砂器项目	183
7.3	美国陆军联合研究项目办公室 EH-60L 砂盲飞行试验	186
7.4	西科斯基 CH-53K 砂盲飞行试验	193

第8章 涡轴发动机防砂技术展望

8.1	智能感知砂尘环境	196
8.2	融合多种主动调节	196
8.3	结合辅助分砂技术	197
8.4	提升抗冲蚀性能	198
8.5	提升一体化水平	200

参考文献 ………… 202

第 1 章
直升机防砂研究背景

1.1 砂尘问题的由来

砂尘环境遍布全球,是数百万年的风蚀和其他地貌过程形成的结果。砂尘环境是一类耦合空气与砂子、灰尘等固体颗粒物的气固两相流环境,如沙漠、海滩、火山喷发等环境或由大气运动裹挟砂尘导致的沙尘暴天气等。飞行器可能遭遇的典型砂尘环境如图 1-1 所示。尤其直升机,由于其可以垂直起降,经常会遇到砂尘环境,如在东南亚和中东,气候炎热、干燥、多尘等多因素混合的恶劣条件对于直升机发动机而言是个巨大的考验。直升机通过诱导流经桨盘面的一定质量的空气来产生升力。气流向下的动量与桨盘面上向上的升力相平衡使得直升机保持空中姿

(a) 直升机砂盲环境　　　　　　　(b) 运输机沙漠环境中起降

(c) 民机发动机地面涡吸入砂尘　　　(d) 民机因火山灰天气而停飞

图 1-1　各种飞行器可能遭遇的典型砂尘环境

态。从桨盘面向下运动的气流称为"下洗流",表现为一系列从桨尖脱落、流向地面的桨尖涡。桨尖涡是由桨叶上下表面压力差造成的,其特点是存在一个低压核心。下洗流及其桨尖涡耦合形成旋翼尾涡,当直升机起降于松散的沉积砂尘表面时,尾流及桨尖涡撞击地面造成砂尘颗粒被夹带卷起。如果砂尘颗粒尺寸足够小,就会形成"砂盲云(brownout cloud)"。当一架接近地面的直升机的旋翼下洗流搅动起砂尘时,就会发生砂盲。砂盲问题在 50 ft(约 15 m)以下的高度最为严重,因为直升机在悬停或着陆时减速,旋翼开始再循环灰尘。飞行员失去了对地面上固定点的视觉参考,飞机开始偏离预定的进近路径,飘移着陆会导致直升机在着陆时发生侧翻。另外,砂盲对直升机涡轴发动机性能影响巨大,如果不对发动机进行保护,发动机性能会在短时间内迅速恶化。以一台质量流量 5.9 kg/s 的轻型通用直升机发动机为例,当其工作在砂尘浓度为 2.5 g/m³ 的环境中时,每分钟吸入大约 0.7 kg 的砂尘。根据实验结果,发动机吸入 7 kg 砂尘后功率损失 1% 或者只能在这样的砂盲云中工作 10 min[1]。2020 年 9 月 10 日的一份研发测试报告显示,美国直升机 CH-53K 在无防护情况下在砂尘环境中飞行 21 min 后发动机的性能会下降到可接受的最低水平之下,该机的操作手册将机动飞行过程中直升机发动机暴露在砂尘环境中的时间限制在 70 s 内[2]。另外,运输机、民航客机在起飞阶段发动机处于高温、大流量工作状态,大流量会形成独特的由地面延伸至短舱进气道的不稳定流动现象,即地面涡(ground vortex)。当地面存在砂石等外物时,地面涡会将其卷入发动机,进入发动机核心机。另外,民航客机也会由于遭遇火山喷发导致的极端火山灰砂尘环境而停飞。

1.2 砂尘环境的危害

砂尘环境导致的危害至少体现在以下几个方面。

(1) 视觉环境退化。砂盲对于飞行员来说极其危险,当砂盲云强度增加时,飞行员视觉环境退化(degraded visual environment, DVE),导致飞行员失去空间方向感、操作失误而发生灾难性事故,如图 1-2 所示。

(2) 侵蚀。旋翼长时间暴露在砂盲环境中,桨叶几何型面尤其是前缘会受到严重的侵蚀损伤,导致原来的最佳气动型面遭到破坏,进而影响桨叶气动性能,如图 1-3(a)所示。砂尘进入发动机后首先撞击高速运转的压气机叶片,尤其在叶片前缘及叶尖部位,会形成严重的侵蚀损伤,如图 1-3(b)、(c)所示。压气机叶片几何外形受损会导致压气机受力不平衡而发生喘振,导致发动机功率降低。研究表明,砂尘侵蚀导致的发动机功率降低量与吸入的砂尘颗粒质量成正比[3,4]。另外,砂尘进入转轴缝隙并沉积,造成转轴受力不平衡而振动,加剧转轴的磨损损伤,降低其使用寿命。在伊拉克和阿富汗战争中,美军超级种马和海上骑士等多型直

图 1-2 砂盲云包围直升机导致飞行员视觉环境退化

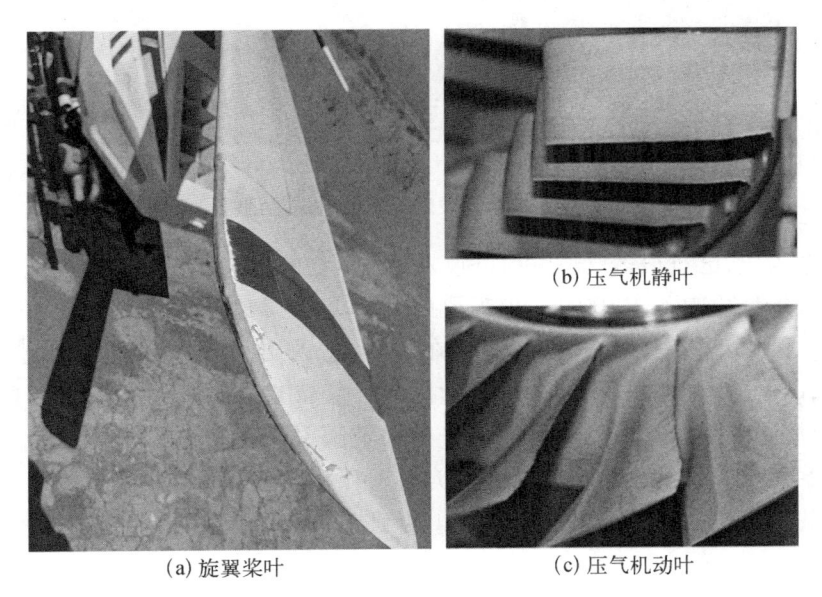

(a) 旋翼桨叶　　(b) 压气机静叶　　(c) 压气机动叶

图 1-3 砂尘环境导致旋翼桨叶及压气机叶片受到侵蚀破坏

升机发动机压气机叶片受到严重损伤，部分发动机使用寿命从设计值的 3 000 h 降为 100 h。

（3）腐蚀。砂石经燃烧室高温（实验证明，温度达到 1 000℃时砂石即被熔融）熔融后形成的液体会黏附在火焰筒、涡轮叶片等部位，即"上釉"，造成部件表面腐蚀，如图 1-4 所示。

（4）堵塞气孔。砂尘熔融物黏附在燃烧室预旋喷嘴、火焰筒、涡轮冷却通道出入口等关键通道部位造成通道污染、堵塞，降低燃烧效率及涡轮冷却性能，如图 1-5 所示。

(a) 火焰筒　　　　　　　　　　　(b) 涡轮静叶

图1-4　砂尘环境导致发动机部件表面受到腐蚀破坏

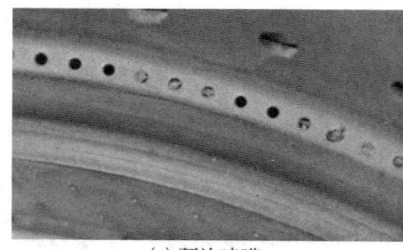

(a) 预旋喷嘴　　　　　　　　　　(b) 涡轮动叶

图1-5　砂尘环境导致发动机部件通道受到污染及堵塞

迄今为止，已有很多反映发动机吸入砂尘致灾的报道。越南战争期间，直升机在砂尘战场环境中工作100 h后就需要更换发动机。海湾战争期间，未受保护的莱康明T-53发动机只能工作20 h[5]。在20世纪90年代美军沙漠风暴、沙漠之盾演习中，CH-53配备的GE T-64发动机每工作120 h就需要更换，几乎耗尽了美国海军/海军陆战队的发动机库存[6]。根据美国国防部发布的《航空技术安全报告》，砂盲及其导致的视觉环境退化是美军直升机坠机事故的主要原因，占所有坠机事故的一半[7]，如图1-6所示。2001年到2008年，在伊拉克和阿富汗的直升机

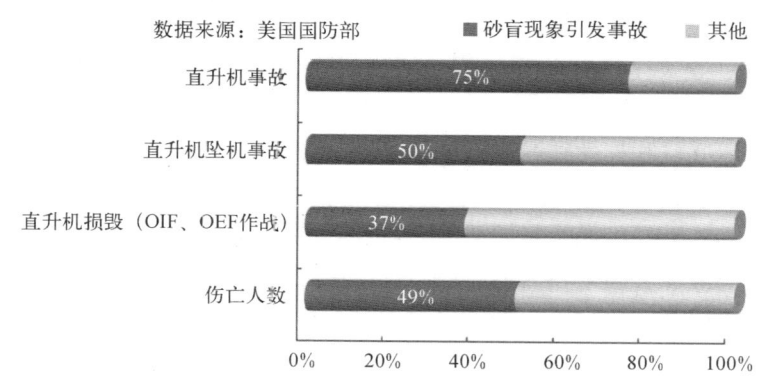

类别	砂盲现象引发事故
直升机事故	75%
直升机坠机事故	50%
直升机损毁（OIF、OEF作战）	37%
伤亡人数	49%

数据来源：美国国防部

图1-6　伊拉克战争和阿富汗战争期间美军直升机飞行事故统计

OIF：伊拉克自由行动(Operation Iraqi Freedom)；OEF：持久自由行动(Operation Enduring Freedom)

战场非战斗损毁中,砂盲及其导致的撞击事故(撞电线失事、物体相撞)占48架(约37%)[8],如图1-7所示。尽管并非所有由砂盲云引起的视觉环境退化都会导致机体损失,但在这种环境下运行的飞行器,其旋翼桨叶、过滤器、发动机和其他暴露在砂盲云中的部件的寿命会大大缩短。据估计,大约80%的陆军砂盲事件发生在降落期间,仅美国陆军每年因设备损坏和飞行员风险而造成的货币成本为6 000万美元,而所有军种每年的货币成本达到1亿美元[9]。

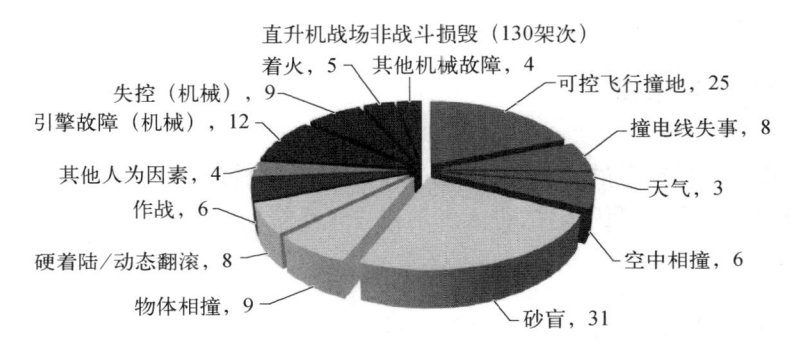

图1-7　2001年到2008年伊拉克和阿富汗的非战斗损毁直升机统计数据

民航客机遭遇火山喷发砂尘环境导致的航空事故也时有报道。1982年6月24日,英国航空的波音747飞机飞入印尼加隆贡火山喷发区,4台罗罗RB-211发动机都遭遇短暂熄火,飞机不得不迫降[10]。事后调查发现,发动机部件受到明显的冲蚀和沉积。1989年12月25日,一架波音747-400飞机进入阿拉斯加的里道特火山喷发区,所有发动机均遭遇熄火,万幸的是经过机组人员多次尝试并以损失10 000 ft高度的代价重新启动了发动机实现紧急降落,事后飞机维修、更换所有4台发动机花费了超过8 000万美元[11]。

综上所述,不管是在军用还是民用领域,砂尘环境对各类飞行器发动机的危害都很大,不仅造成了巨大的经济财产损失,还严重威胁飞行器安全。因此,飞行器发动机进气防护是一项具有重要研究和应用价值的课题。

第 2 章
砂尘环境特征描述

2.1 颗粒吸入质量

旋翼将地面砂床上的砂石卷起,到达发动机入口高度处时就可能会被发动机吸入。假设流动为不可压条件,进入发动机进气系统的气砂混合物质量流量为

$$\dot{m}_p = c\dot{m}_f \quad (2-1)$$

式中,c 为砂尘质量浓度,$\dot{m}_f$ 为发动机质量流量。下标"p"表示颗粒,下标"f"表示流体(本书中专指空气)。

$$c = \frac{\rho_p V_p}{\rho_{pf} V_{pf}} = \frac{c_v}{\rho_{pf}} \quad (2-2)$$

式中,V 为体积;c_v 为颗粒体积浓度,即单位气粒混合物体积内的颗粒质量;ρ_{pf} 为气固两相混合物的密度,由下式计算得到:

$$V_{pf}\rho_{pf} = \rho_p V_p + \rho_f V_f \quad (2-3)$$

式中,ρ_p 为砂尘密度,ρ_f 为流体密度。

将方程(2-3)代入方程(2-2)可以得到关于砂盲浓度的砂尘质量浓度 c:

$$c = \frac{1}{\rho_f/c_v + (1 - \rho_f/\rho_p)} \quad (2-4)$$

方程(2-4)与方程(2-1)相结合可确定到达发动机入口的砂尘质量。

2.2 颗粒材质

掌握砂盲对发动机性能的影响机理必然要求对砂尘进行多学科研究。砂尘从砂床上升、输运到进气道、砂盲的产生等理论均建立在牛顿第二定律基础上,并发展到直升机地效操作、气砂分离、砂尘吸入对发动机损伤特性等相关领域,而基于牛顿第二定律的砂尘受力、轨迹必然涉及砂尘颗粒的阻力系数、砂尘颗粒

与壁面的反弹特性等微观特性。因此，需要对不同地区的砂尘颗粒的材质进行分析。

发动机吸入的砂尘包含不同的尺寸和形状，不同地区的砂石的尺寸分布和成分也不尽相同。从世界不同地区的样本分析得知，砂石的主要成分包括石英、方解石、钠长石和白云石，这些矿物的比重通常为 2.7，有的砂石还含有铁的化合物。图 2-1 所示为美国亚利桑那州的尤马砂尘试验场与伊拉克的土壤采样显微分析对比图。可以看出，两个地方采样土壤中的砂尘颗粒尺寸和形状相似，都含有丰富的方解石，但两者的形成不同。尤马砂尘中的方解石形成于离散的碎屑，而伊拉克砂尘中的方解石则表现为单矿物碎屑上的细颗粒涂层，并与其他细颗粒矿物凝结在一起。在伊拉克土壤中，方解石的表面涂层具有化学黏附性。

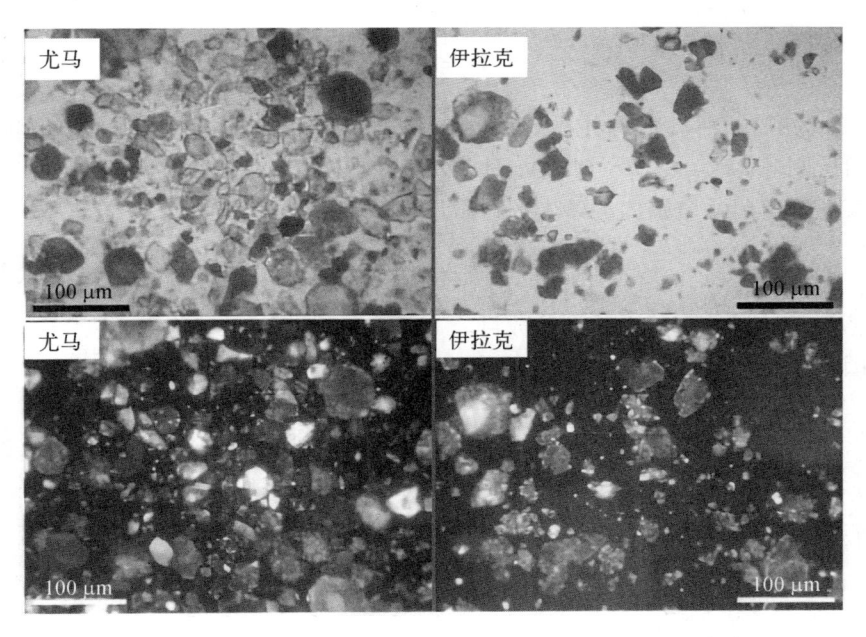

图 2-1　尤马试验场和伊拉克的土壤采样显微分析结果[12]

在分析砂尘影响时不可能考虑每个砂石颗粒的尺寸，而是将颗粒尺寸和形状用一个特征长度或代数方程表示出来。有两种方式：一是用直方图或累积欠尺寸曲线表示每个尺寸范围内的质量百分数；二是将特定尺寸范围内的颗粒数目统计出来作为总数的占比。图 2-2 所示为取自世界不同地区的砂石样本分析得出的不同范围的颗粒直径（简称粒径）所占质量比重，可以看出，大部分砂尘样本的颗粒直径-质量分布呈正态分布，符合自然定律。对于颗粒输运模拟来说，质量占比更有用，可由以下方法将数目分布转换成质量占比。

图 2-2　取自世界各地的 6 种砂石样本及其颗粒直径-质量分布曲线[1]

颗粒体积 V_p 可表示为

$$V_p = k_v d_p^3 \qquad (2-5)$$

式中，d_p 为颗粒直径，k_v 为体积形状系数，k_v 与直径三次方相乘即得到该形状的体积。对于圆球，$k_v = \pi/6 \approx 0.524$，对于砂石，$k_v = 0.26 \sim 0.28$。

某一给定尺寸范围内的砂尘颗粒质量 m_p 可表示为

$$m_p = N_p \rho_p k_v d_p^3 \qquad (2-6)$$

式中，N_p 为该尺寸范围内的颗粒数目。

因此，某个尺寸范围内的质量占比为

$$m_{p,i} = \frac{f_i \rho_p k_v d_{p,i}^3}{\sum f_i \rho_p k_v d_{p,i}^3} = \frac{f_i d_{p,i}^3}{\sum f_i d_{p,i}^3} \qquad (2-7)$$

式中假设所有粒度范围内砂尘密度和体积形状系数为常数，因此可以消掉。从方程(2-7)可以看出，质量占比与体积占比相等。

2.3　颗粒形状

颗粒形状可以有效影响砂盲云的性质。一个薄片状颗粒会像羽毛一样下落并且比圆形颗粒着陆的时间更长，因此薄片状颗粒进入发动机的概率更大。当然，颗粒对发动机的损伤还取决于它的尖锐程度。"任何一棵树上都不存在两片相同的叶片"，这句话对砂尘同样适用。图 2-3 展示的是南海永暑礁的砂石样本，可谓形状各异、大小不一。为了求解砂尘的气动力特性，首先需要针对其几何特性进行探究，砂尘颗粒的几何特性又包含粒度和形状，两者既相互独立又相互影响。随着测量技术的不断进步，根据不同的砂尘粒径测量精度要求发展出了相对应的测量手段。英国标准研究协会提出了一种传统的筛分测量方法,通过筛网孔径的间隔给出颗粒的粒径分布规律[13]。该测量应用于非规则颗粒时,测量得到的粒径实际上为颗粒在筛面上的二维投影距离最远的两根切线间的间距,但是由于筛面在震动过程中会受到颗粒间吸附性的影响和导致颗粒破碎等问题,筛分法通常仅应用于粗略分砂。为了解决上述问题,发展出了诸如单颗粒光学测量法和激光衍射法等光学方法对颗粒粒径进行描述。显微镜自动化图片处理模式的出现使得砂尘的粒径测量结果具备了统计学意义。但是由于显微镜拍摄到的二维图像多是基于颗粒降落最稳定沉降平面所得,统计得到的粒径实则为砂尘的最大二维投影截面等效圆直径[14]。采用更为先进的光学显微镜(如三维激光扫描法[15]和显微电镜图像法[16])可以得到颗粒的三维几何数据,然而这些测量方法复杂,测试成本高,在实际工程应用中并未普及。在充分了解各种粒径测量手段的基础上选取适当的测量仪器,对于得到可靠准确的颗粒粒径分布非常重要。

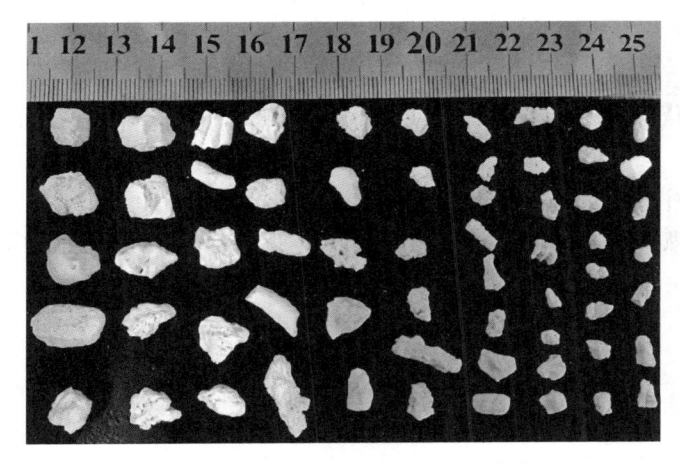

图 2-3 南海永暑礁的砂石样本[17]

在工业生产过程中出现的绝大多数颗粒具有十分不规则的形貌特征,通过人为地将颗粒形状与标准形状或相对应的几何形状进行对比可以对颗粒的形状进行简单的定性描述。但是这种定性描述无法实现对复杂砂尘形状进行统计和建模的目的,因而有必要引入特定的形状因子(shape factor, SF)对砂尘的形貌进行量化描述。表 2-1 列出了一些普遍使用的形状因子,其中大多数形状因子表征的是颗粒与具有相同投影截面的圆球或椭球的偏差,而另一部分则是描述颗粒外轮廓的外凸与内凹特征。实践中可能会遇到仅靠单一形状因子无法区分颗粒形貌特点的情况,此时可采用多个形状因子组合的方法来描述颗粒的形貌特征。

表 2-1 形状因子的符号与定义

形状因子名称	符号	定义式	来源
圆度	Cir	$\text{Cir} = 4A_p/\pi P_p^2$	Wadell[18]
长宽比	AR	$\text{AR} = a/b$	Mikli 等[19]
偏离率	DP	$\text{DP} = \log_2(\pi ab)$	Mikli 等[19]
圆球度	ϕ	$\phi = A_V/A$	Geldart[20]
Corey 因子	β	$\beta = S/(LI)^{1/2}$	McNown 等[21]

表 2-1 中，A_p、P_p 分别为颗粒的二维投影截面的面积与周长；a、b 分别为椭圆的长轴与短轴；A_V、A 分别为与颗粒等体积的圆球表面积与颗粒表面积；L、I、S 分别为颗粒的最长轴、中间轴与最短轴的长度；Cir 用来描述颗粒投影轮廓的弯曲程度；AR 反映了颗粒的二维投影轮廓与圆形的偏离度；DP 用以表征颗粒表面平滑度与理想椭圆间的差距；ϕ 反映了颗粒的真实形状与圆球的偏差；β 比较适用于描述紧凑形状的平滑度，但是该形状因子无法给出颗粒与圆球的偏差度。

2.4 砂尘代数表示

图 2-2 中的曲线可以用代数方法表示。一般来说，自然砂尘样本具有对数正态分布，可用概率密度函数(probability density function, PDF)表示如下：

$$\text{PDF}(x, \mu, \sigma) = \frac{1}{x\sigma\sqrt{2\pi}}\exp\left[-\frac{(\ln x - \mu)^2}{2\pi^2}\right] \quad (2-8)$$

式中，μ 为砂尘颗粒的平均尺寸，σ 为是它们各自自然对数的标准差。已知某个样本的 μ_0 和 σ_0，则有

$$\mu = \ln\mu_0 - \frac{1}{2}\left(1 + \frac{\sigma_0}{\mu_0^2}\right) \quad (2-9)$$

$$\sigma^2 = \ln\left(1 + \frac{\sigma_0}{\mu_0^2}\right) \quad (2-10)$$

累积密度函数(cumulative density function, CDF)可写成：

$$\text{CDF}(x, \mu, \sigma) = \frac{1}{2}\text{Erfc}\left[-\frac{\log_{10}x - \mu}{\sigma\sqrt{2}}\right] \quad (2-11)$$

式中，Erfc 为补余误差函数。

粒子分离器分离性能取决于颗粒直径，因此理论上可将分离效率表示为颗粒

尺寸的函数。公式(2-8)及公式(2-11)为建立特定砂尘环境下粒子分离器砂尘分离效率的理论预测方法提供了一种可能。

2.5 颗粒阻力系数

在抽象出砂尘颗粒的形状后,需进一步获取颗粒的气动阻力特性,即阻力系数。为了构建砂尘颗粒的气动力模型,需要针对典型几何模型进行流动仿真。目前中外研究人员已经积累了许多关于颗粒绕流的有效仿真手段。圆球作为简单标准的几何形状,成为颗粒绕流的首要研究对象。为了预测颗粒的分离流动特性,工程实践中通常采用基于雷诺平均纳维-斯托克斯(Reynolds averaged Navier-Stokes,RANS)方程对流场进行求解。研究发现对涡脱落解求平均值可以采用RANS模型用于计算雷诺应力,从而降低了湍流模型的复杂度,并且当尾迹频率与实验值的最低频率相当时,利用RANS模型求解涡的周期性脱落解较为准确[22-24]。然而对于高频涡脱落非定常特性的求解,RANS精度较差,例如,尾流中的压力系数精度较差导致阻力特性预测值与实验值存在显著误差,此时最佳方法为不引入湍流模型而直接求解直接数值模拟(direct numerical simulation,DNS)方程。然而,DNS所需的计算资源量巨大,以致该方法目前还仅仅用在简单几何流场的低雷诺数模拟(图2-4)。

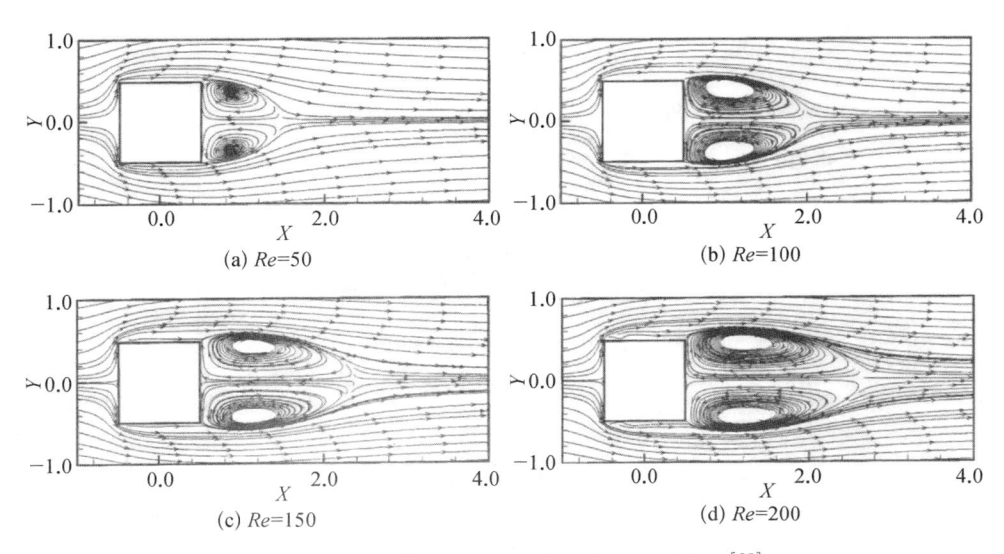

图 2-4 低雷诺数范围内方块绕流的流场结构[25]

采用大涡模拟(large eddy simulation,LES)技术能够在降低计算资源的同时保证较高的流场捕捉精度。该技术将湍流运动分为大尺度和小尺度两种运动,采用数值计算获得大尺度量,在此基础上建立模型关系获得小尺度量。LES 技术能够在流动分离区域中求解由与几何相关的大涡占主导的雷诺应力,在计算与流动分离相关的问题时具有较高的应用率。尽管与 RANS 模型相比更少依赖于实践经验,但 LES 技术在求解充分发展的湍流时需要很高的计算成本。为了充分结合 RANS 和 LES 两种技术的优点,Spalart[26]提出了一种混合求解方法,即分离涡模拟(detached eddy simulation,DES)技术,在靠近固体边界的区域采用 RANS 模型,在大量发生分离的区域采用 LES 技术以解决 RANS 无法较好地处理流动瞬态结构的问题。

  颗粒绕流受到的阻力随雷诺数变化,为了便于分析,通常将雷诺数划分为高低两个区间。在低雷诺数流场中可以忽略颗粒运动惯性对阻力的影响,通过求解 N-S 无黏方程即可确定颗粒的阻力系数。在高雷诺数条件下,颗粒绕流的流动分离现象会引起周期性或随机性涡流和尾流,且边界层内的流动开始由层流转捩为湍流,因此从理论上求解颗粒所受阻力相对困难。于是,研究人员通常采用实验手段探究高雷诺数下阻力系数随雷诺数的变化规律。前人针对不同形状的颗粒开展沉降实验获得了大量的阻力系数实验数据,其中主要针对形状规则的颗粒,如对圆球、方块、圆盘等颗粒形状开展了一系列实验研究,因此建立的阻力系数模型只有在特定的形状和攻角下才能得到准确的结果。Holzer 和 Sommerfeld[27]总结了各种不同规则形状颗粒的阻力系数随雷诺数的变化曲线,如图 2-5 所示。

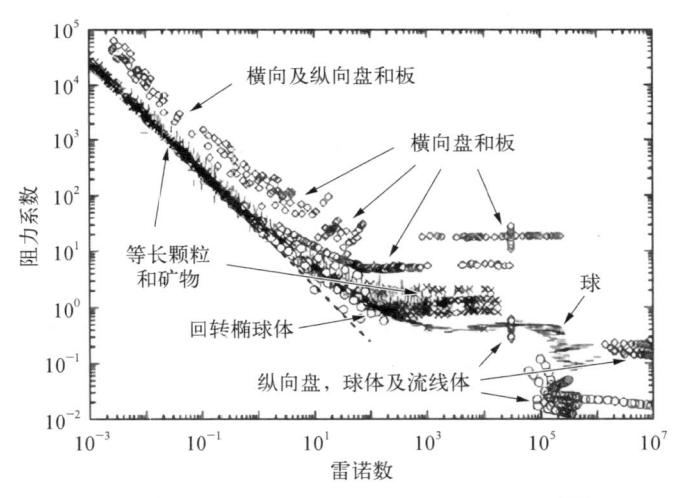

图 2-5 不同形状颗粒的阻力系数实验结果[27]

  为了将颗粒的气动力系数应用于工程实际的计算中,需要将实验所得离散点拟合为关于雷诺数与形状参数的关系式。圆球的几何对称性使得其沉降参数与攻角无关,从而使圆球成为最初的研究对象,雷诺数和阻力系数定义式中的特征长度即为圆球的直径。非圆球颗粒的阻力系数通常在原始定义式的基础上添加一个形

状修正因子。Heywood[28]则提出了一个体积形状因子 k 来表征颗粒形状,其定义式如下:

$$k = \frac{V_p}{d_n^3} \qquad (2-12)$$

式中,V_p 为颗粒的体积,d_n 为颗粒在稳定沉降平面上的等投影截面圆的直径。

2.6 颗粒沉降速度

砂尘防护的一个基本问题是哪些砂尘颗粒需要过滤。尺寸很小的颗粒一旦被抬升离开地面就会在空中滞留相当长时间,而大尺寸颗粒由于自身重力作用而下落。因此,尽管大尺寸颗粒对发动机更具破坏性,但大尺寸颗粒发生概率较低。砂尘颗粒在空中受到向上的浮力、空气施加的阻力及自身重力作用。当三种力达到平衡时,颗粒会悬浮于空中,此时的风速称为沉降速度,或称终端速度。当颗粒雷诺数 $Re_p < 2$ 时,流体湍流对颗粒运动的影响可以忽略,颗粒受到的阻力可由斯托克斯定律估算。在此条件下,沉降速度 U_s 可由下式确定:

$$U_s = \frac{(\rho_p - \rho_f) d_p^2 g}{18 \mu_f} \qquad (2-13)$$

式中,μ_f 为流体动力黏性系数,g 表示重力加速度。

图 2-6 所示为砂尘颗粒沉降速度随颗粒直径的变化关系。可以看出,颗粒直

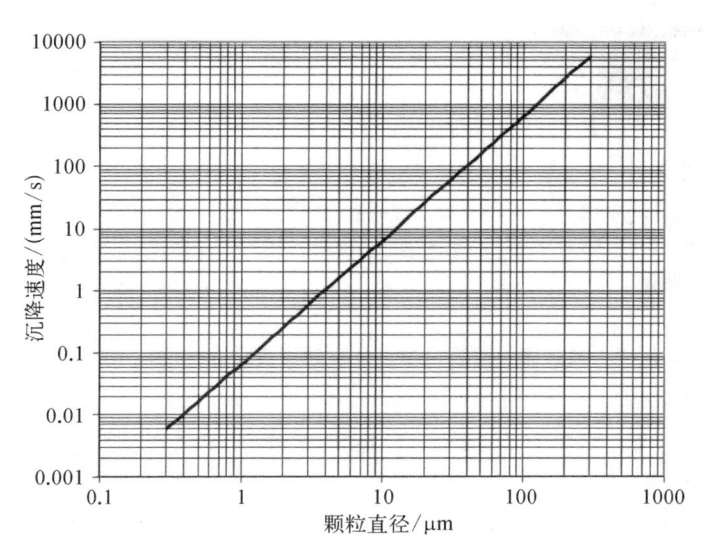

图 2-6 砂尘颗粒沉降速度随颗粒直径的变化关系

径越小,沉降速度越小,即其悬浮空中所需的风速越小。例如,细黏土直径可小于 2 μm,其沉降速度仅为 0.3 mm/s,因此几乎不需要任何风速便能长时间悬浮空中而不下落。直径 75~1 000 μm 砂石颗粒的平均沉降速度约为 5 m/s。美军标 Mil - E - 5007C 规定的试验砂尘直径为 75~1 000 μm,但 200 μm 以下的颗粒占总质量的 50% 左右。因此,200 μm 以下的颗粒也必须被分离掉。

2.7 空间分布特性

研究表明,不同的旋翼会导致不同强度的砂盲云,即旋翼特征对砂盲强度、形状、尺寸有着显著影响。在美国国防部高级研究计划局(Defense Advanced Research Projects Agency, DARPA)支持的喷砂器项目中,研究人员对 6 架不同旋翼特性和旋翼载荷的旋翼机进行了试验[12]。测试机体在这样一种方式下进行了悬停滑行操作,即旋翼机的机头总是远离正在形成的砂盲云以最大限度地降低风险。在距离旋翼桨尖和旋翼离地高度不同的几个位置采集砂盲云浓度样本(图 2-7)。该项目目标是获取如下三个方面的定量砂场信息:

(1) 获取砂盲云密度和粒径分布;
(2) 获取砂盲云空间分布(如高度、距旋翼的距离);
(3) 获取砂尘密度与桨盘载荷的关系。

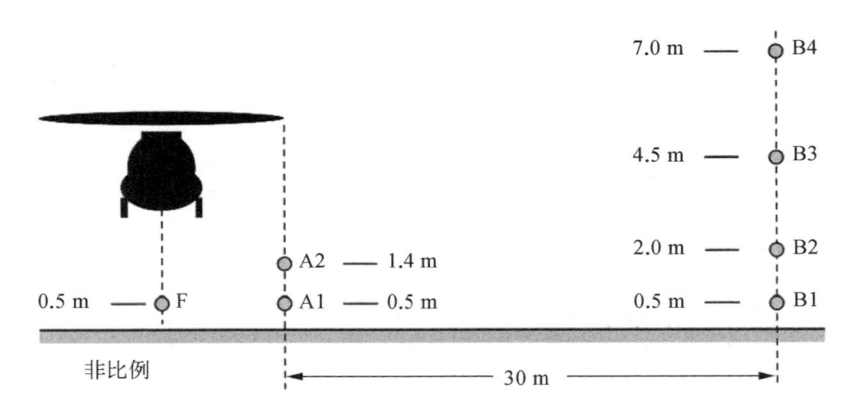

图 2-7 喷砂器一期项目中直升机砂盲实验取样位置示意图[12]

实验结果表明,桨盘载荷越大,下洗射流越强,砂盲云强度越大,如表 2-2 所示。从图 2-8 可以看出,随着桨盘载荷的增大,聚集到旋翼桨尖附近大尺寸颗粒的比例也相应增大,这是下洗流冲击砂床的压力和地洗射流速度增加导致的。

表 2-2　美国亚利桑那州尤马试验场六种旋翼机采样得到的平均砂尘浓度[12]

机　型	桨盘载荷/ (N/m²)	平均砂尘浓度/(g/m³)						
		F (0.5 m)	A1 (0.5 m)	A2 (1.4 m)	B1 (0.5 m)	B2 (2 m)	B3 (4.5 m)	B4 (7 m)
UH-1	240	—	—	0.31	—	0.22	0.25	0.15
CH-46	287	—	—	0.43	—	0.64	0.45	0.43
HH-60	383	1.20	2.09	1.16	2.50	2.19	1.90	1.59
CH-53	479	1.64	3.33	1.96	2.11	1.98	1.49	1.44
V-22	958	1.10	3.47	1.62	1.17	1.28	0.11	1.05
MH-53	479	1.75	3.19	2.11	0.44	0.49	0.49	0.42

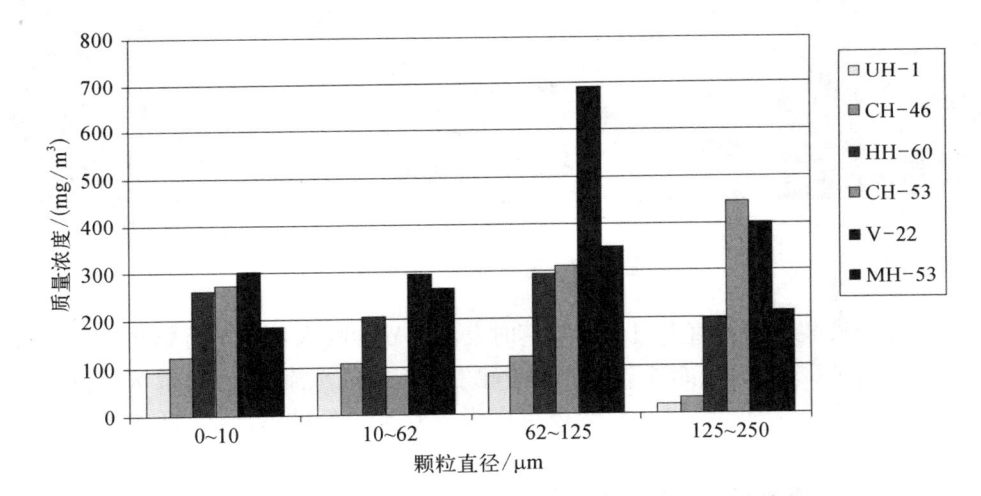

图 2-8　喷砂器一期项目中六种旋翼机在桨尖位置处砂尘
质量浓度与颗粒直径分布的关系[12]

2.8　进口砂尘浓度

涡轴发动机装配直升机时采用的进气道形式总的来说可归为皮托式、埋入式、集气舱式三类，如图 2-9 所示。皮托式进气道进气口正对飞行来流，直接利用来流冲压，巡航时气动效率较高，气动和结构设计相对简单。根据进气口的具体形式，皮托式进气道又可细分为简单皮托式进气道、进口带障碍物的皮托式进气道、进气口斜切的皮托式进气道。进口带障碍物的皮托式进气道通常是为了设置直升机主减速器传动齿轮及其保护罩或惯性粒子分离器中心体。采用斜切处理的皮托式进气道一般是出于机体保形的需要以提高隐身性能、减小旋翼下洗流气动干扰、降低吸入地面砂石、树叶等外物的风险等。埋入式进气道内通道可为三维曲面、平面或二维曲面等型面，主要目的是降低发动机的雷达截面积（radar cross-section，RCS），提高直升机隐身性能。由于不能直接利用来流冲压，相比皮托式进气道，埋入式进气道气动性能较差，出口的总压损失和流场畸变均较大。因此，埋入式进气道的气动设计难度较大，且采用埋入式进气道的直升机的机动性能会受到一定的限制，这也是埋入式进气道在直升机上没有得到广泛使用的原因。集气舱式进气道的特点是：进气口与机体完全融合，不突出机体表面，且在其下方设置了较大的空间，此类进气道三维型面简单，气动、结构设计难度相比于皮托式、埋入式进气道较小，但气动效率也较低。

(a) 米-8皮托式　　(b) AW-159埋入式　　(c) AW139集气舱式

图 2-9　直升机进气道类型

进气道安装位置对直升机砂盲降落时发动机砂尘吸入具有显著影响。砂尘进入发动机的情况复杂，比如直升机悬停时砂尘被旋翼下洗流冲击、扩散区超过一倍半径[29]，被卷到空中的砂尘颗粒会被再次吸入到桨尖处的低压区，形成类似穹顶状的砂盲云，吞没整个直升机[30]，在此过程中部分砂尘颗粒会到达发动机进气口位置。另外，当直升机在砂盲中低速滑行时会进入再循环模式［图 5-4(b)］，砂尘颗粒会被直升机对流涡夹带到机身前方，进而被吸入发动机。在这种情况下，发动机安装位置越靠前，被吸入的砂尘量就可能越大。

为了降低直升机涡轴发动机砂尘吸入量，需要对发动机采取一定的防护措施，目前主流的防砂方法是采用发动机空气粒子分离器（engine air particle separator，EAPS），详见第 3 章。研究表明，不同的旋翼机，其进口位置、入流条件、产生的砂盲的严重程度及砂尘浓度往往也是不同的。进口流量取决于当前工作模式（悬停或前飞）及满足该旋翼机要求的发动机尺寸。总的来讲，旋翼机越大，所需流量越大。从 EAPS 设计的角度出发，发动机进口位置对吸入的颗粒质量可能存在着显著影响，比如当进口面平行于来流（面朝侧面或向上的进气道）时可提供一定的防护作用[31]，这些内容将在第 3 章机体设计防砂技术部分详细阐述。

第 3 章
涡轴发动机防砂措施

3.1 传统粒子分离器

直升机在砂盲条件下工作时会充分暴露涡轴发动机在外物吸入方面的弱点,尤其是砂尘。为此,直升机发动机通常都要求装备先进的分离系统以保护旋转部件免受冲蚀损伤。不仅是砂尘,在海洋环境中发动机吸入盐水后易导致腐蚀及熄火;在植被区域如草地,叶子会堵塞进气通道,造成流动畸变及压力损失;在某些情况下石块、鸟、冰块等外物吸入后会破坏压气机叶片,导致一系列问题。因此,有必要在发动机上安装进气过滤器或其他形式的外物分离技术,即发动机空气粒子分离器(EAPS)。值得一提的是,EAPS 的使用也会带来一些负面效果,比如重量增加、阻力增加、分离系统功率需求、定期检查、可靠性问题及包括地勤在内的安装费用等。

目前直升机上采用的气粒分离系统主要包括以下三类:

(1) 涡旋管分离器(vortex tube separator,VTS),依靠类似旋风分离器系统产生离心力分离颗粒[图 3-1(a)];

(2) 惯性粒子分离器(inertial particle separator,IPS),依靠进气道几何曲率的快速变化使颗粒在惯性力作用下进入清除流道,实现气粒分离[图 3-1(b)];

(3) 进气阻拦过滤器(inlet barrier filters,IBF),依靠进气道前部的网格来捕获颗粒[图 3-1(c)]。

惯性粒子分离器是当今燃气涡轮发动机中常见的气粒分离系统,一些制造商还实现了将其与其他两类过滤技术相结合。因此,惯性粒子分离器可视为单独的一类,而其他两类为其补充或翻新技术。实施 IPS 系统的决定在飞机设计过程的早期就已经做出,由制造商的要求决定,而 VTS 和 IBF 技术往往是根据运营商的要求实施。因此,IPS 装置一般由发动机制造商设计,而 VTS 和 IBF 装置由机身制造商外包给私人公司。IPS 作为发动机的一个集成部件,首次应用在 UH-60 黑鹰直升机的通用 T700 涡轴发动机上。其后,AH-64 阿帕奇直升机也将该发动机作为默认选项。然而,IPS 即使在不需要使用时也会产生一定的压力损失。因此,VTS 在一些现存直升机的改装方面取得了较好的成果。例如,在 20

(a) 涡旋管分离器　　(b) 惯性粒子分离器

(c) 进气阻拦过滤器

图 3-1　传统气粒分离系统[1]

世纪 90 年代的海湾战争中,装配了美国颇尔航空公司设计的涡旋管分离器的英国皇家空军的 CH-47 支奴干直升机(图 3-2)能在沙漠环境中飞行 145 小时(10%的时间处于砂盲云中)而无须更换发动机。相较而言,没有发动机保护措施的美国陆军 CH-47 直升机平均每飞行 1 000 小时就需要更换 20~40 台发动机[32]。与前面两种颗粒分离技术相比,IBF 技术相对较新。过滤材料技术的进步给阻拦过滤器技术提供了较高的颗粒分离效率及较低的压力损失。因此,目前有许多运营商为了获得更高、更可靠的分离效率而牺牲维护时间,将当前 EAPS 换成了 IBF。例如,贝尔 429 直升机过去倾向于使用 VTS 来防砂,而现在也提供了 IBF 选项。

EAPS 系统的关键设计目标如下:

(1) 高分离效率(砂尘清除率);

图 3-2　加装了涡旋管分离器的 CH-47 支奴干直升机

（2）低总压损失（即"压降"）；
（3）低总压畸变；
（4）重量轻；
（5）阻力小；
（6）成本低（包括制造和维护成本）。

从上述 6 个维度出发，不同的 EAPS 具有各自的优势和劣势。例如，IPS 迎风面积较小，因而受到的阻力较低，但需要抽吸泵连接清除流道以提高砂尘颗粒清除效率。IBF 为被动除砂装置，不需要外加功率但由于颗粒沉积纤维表面因而受到的阻力较大。表 3-1 列举了三种 EAPS 各自具备的优势和劣势。

表 3-1　三种 EAPS 系统的主要优、劣势

EAPS 装置	优　势	劣　势
涡旋管分离器	● 低总压损失 ● 高分离效率 ● 可设置旁路活门	● 迎风面积大 ● 存在结冰问题 ● 受到外物损伤影响 ● 清除流道需要抽吸泵 ● 需提取进气流量（5%~10%） ● 与发动机入口集成困难
惯性粒子分离器	● 低总压损失 ● 易与发动机入口集成，结构紧凑 ● 低总压畸变 ● 易于优化	● 分离效率相对较低 ● 需提取进气流量（15%~20%） ● 无旁通能力 ● 清除流道通常需要抽吸泵（鼓风机）

续 表

EAPS 装置	优 势	劣 势
进气阻拦过滤器	● 高分离效率 ● 低总压畸变 ● 无清除流量 ● 无需放气流	● 颗粒沉积导致压降增加 ● 地面维护成本高、时间长（清除筛网中的砂尘） ● 表面积大，以减小压降 ● 集成困难

任何颗粒分离技术的有效性都取决于入口速度，而入口速度实际上是管道面积的函数。对于涡轴发动机，管道面积受到几个设计和操作因素的限制，包括发动机与机身的集成、发动机的预期寿命、地面维护及其他限制。在对进口装有粒子分离器或过滤器的涡轴发动机进行分析时，需重点关注的性能参数包括分离效率、进气压力损失和进气（质量）流量损失。残留的颗粒除了会对发动机部件造成直接的侵蚀损伤外，还会造成润滑油污染、控制装置结垢、小通道堵塞等间接损伤。进气道性能的损失导致推进效率的损失，例如，轴功率降低，并且很可能导致燃烧室温度升高。分离器自身的动力要求（离心机、叶轮、压缩机空气引气液压系统等）会使问题更加复杂。

可靠性是另外一个问题。例如，安装在波音贝尔 V - 22 鱼鹰倾转旋翼机上的劳斯莱斯 AE - 1107C 发动机上原始的 EAPS 发生故障，导致了三架飞机遭受灾难性损坏并且是磨损的主要来源。显然，分离器放置的位置会影响这种损坏的程度，因此其成为设计过程中的一个重要因素。在改装中，设计师可能会受到固定发动机位置的限制，但在新型旋翼飞行器中如果粒子分离器放置在让机身来承受最大外物损伤（foreign object damage, FOD）的位置，则可以避免上述风险。另外，由于涡轮进口温度升高，在温度升高的环境中发动机效率会降低，在发动机气体再吸入的情况下也是如此。因此，进一步考虑将 EAPS 设备安装在机身上不太靠近尾气流场的位置以减轻推进系统尾气再吸入的风险，尤其在考虑军用旋翼飞行器上的武器集成时，这一点非常重要。

在过去的四五十年内，上述三种传统分砂技术的出现给人们提出了一个问题，即哪种技术在提高发动机性能方面最有效？最好的发动机 EAPS 是能将空气中的颗粒 100% 分离而不造成任何压力损失、不需要从发动机引入额外能量、不产生机身阻力、重量轻、成本低、维护少，当然这样的 EAPS 是不存在的。因此，需要从多个维度建立不同的性能指标，从而对不同的 EAPS 进行评估。EAPS 的目的是清洁空气，因此对砂尘颗粒的分离效率是核心指标。由于存在壁面摩擦、流动分离、二次旋流等损失来源，任何一个 EAPS 都存在一定的压力损失，即压降。另外，EAPS 需用功率的使用体现在以下三个方面：一是驱动清除流流动以排除砂尘颗粒；二是在存在压力损失的情况下保持核心流量；三是克服 EAPS 装置造成的附加阻力。

因此，下文将针对以上三种传统气粒分离系统的压降、分离效率、需用功率等方面的性能建立较为简化的理论分析模型。

3.1.1 涡旋管分离器

涡旋管分离器（VTS）是一种基于离心力分离颗粒的空气过滤器。一个单独的涡旋管包含入口处的一排螺旋静叶及底部一个收缩的内管道，如图3-3所示。当气粒混合的污浊空气进入涡旋管时，首先经过螺旋静叶，受到叶片施加的径向和切向速度分量而产生滚动。由于颗粒比重较大，因而受到较大的离心力，在惯性效应下被甩到涡旋管外边缘。涡旋管下游有2个出口流道，主流道位于中间、连接发动机入口，外侧较窄的圆环状旁通流道（或称清除流道、扫气流道）连通鼓风机将分离出来的砂尘颗粒抽出并排入大气。通过改进涡旋管设计可以获得较高的粒子分离效率、较为紧凑的结构和较低的压力损失。值得一提的是，可以利用其他的能量或形式取代鼓风机来解决砂尘吹除问题。例如，可以利用直升机前飞时来流空气气流或悬停时的旋翼下洗气流来达到吹除累积砂尘的目的；可以设置发动机引气开关和管路，利用发动机引气吹除累积的砂尘；可以对发动机进气道防冰后的气体进行引导和再利用来吹除砂尘。

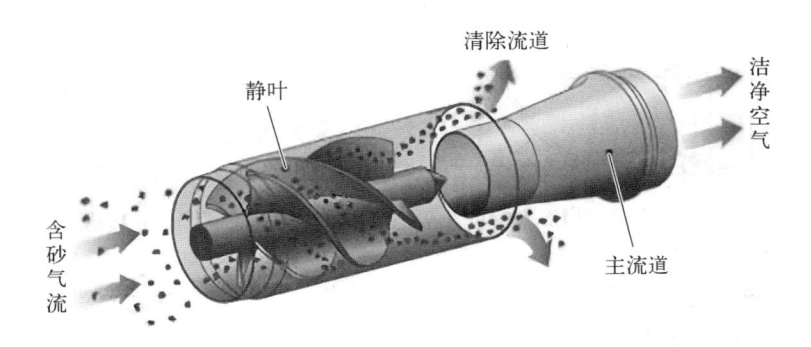

图3-3 涡旋管分离器（VTS）工作原理示意图

图3-4所示为一个典型的涡旋管粒子分离器发明专利。外管道（12）的内径为18 mm、总长度为60 mm，其中涡流发生区（18）的长度为20 mm。分离区（20）内涡流将砂尘颗粒与空气分离，产生洁净空气。与之相邻的是第二个管道（26）即主流道，与分离管道共轴但直径较小，洁净空气从该管道流过、最终进入发动机。本例中主流道带有一定锥度，向下游扩张，有些发明中主流道直径不变，通常取决于脏空气的清除方式。离心后的颗粒物（22）通过内外管道之间的环形孔进入清除流道（46）。脏空气通常会通过通道底部或管壁（48）上的孔进入所有涡旋管清除通道出口共用的腔室并排放到外界环境中。通常需配备风扇或鼓风机使扫气气流

流化,扫气气流占主气流的 5%~20%。在本例中,进入设备的主气流以 4.4 g/s 的质量流量为基础,当然对于不同尺寸的设备及不同的入流条件,主流流量会有所不同。与所有进气防护装置一样,在实现良好的分离效率和最小的压力损失之间存在着不断的斗争。除了改变涡旋管的排列,还可以通过特殊的发明设计达到在没有额外压力损失的情况下提高分离效率的目的。例如,本例中的专利描述了一种固定清除流道内壁面的新方法,该方法无需现有技术采用的但对流动旋转分量有不利影响的辐条固定方法。在 0.96 kPa 的压降下工作并采用约 10% 的扫气流量来测试 AC 粗砂(Arizona AC coarse,ACC)[33],本装置据称能够实现约 98% 的砂尘总质量分离效率。通过修改螺旋叶片或涡旋管的排列也可以达到提高砂尘分离效率的目的,其重要性正如文献[34]所说"如果进气系统的分离效率从 94% 提高到 95%,发动机的预期寿命就会翻倍,如果效率再提高到 97%,预期寿命就会再翻一倍"。

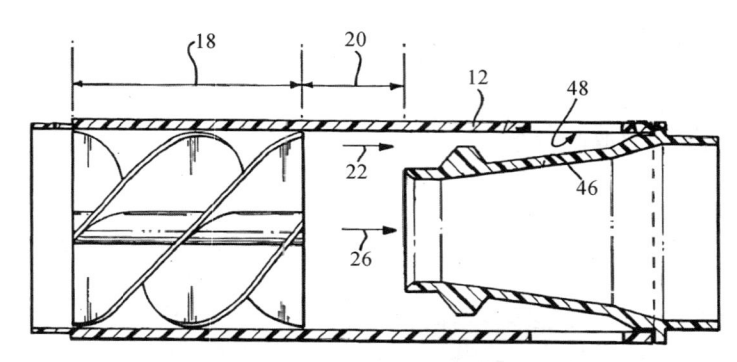

图 3-4 美国专利 US Patent 4,985,058 公布的涡旋管粒子分离器[34]

VTS 性能对于其螺距、车削长度、扫气比等几何参数异常敏感。典型 VTS 的简化示意图如图 3-5 所示。VTS 压降由摩擦及动压两部分损失组成,包括主流道和清除流道两部分,这里作为简单评估而忽略了惯性损失。摩擦损失计及分离器各部分,包括螺旋区(h)、分离区(v)、收集区(co)及清除流道(s)。根据达西定律,圆柱内流损失导致的压降 ΔP 写作:

$$\Delta P = \rho_f \frac{C_f L U^2}{2 D_H} \tag{3-1}$$

式中,C_f 为摩阻系数,L 为区域长度,U 为流过该区域的平均气流速度,D_H 为该区域的水力直径。

当涡旋管面向前方,同时旋翼飞行器以大于涡旋管周向速度的飞行速度前飞时,主流道压降 ΔP_{core} 及清除流道压降 ΔP_{scav} 分别表示为

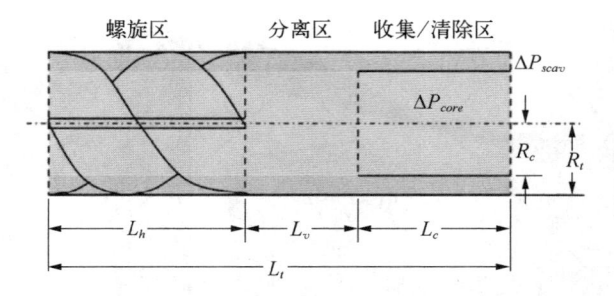

图 3-5 单个涡旋管分离器的几何参数定义

$$\Delta P_{core} = \Delta P_h + \Delta q_h + \Delta P_v + \Delta P_{co} - \Delta P_{ram} \quad (3-2)$$

$$\Delta P_{scav} = \Delta P_h + \Delta q_h + \Delta P_v + \Delta P_s - \Delta P_{ram} \quad (3-3)$$

式中，Δq_h 为螺旋区流动所需动压造成的压降，ΔP_{ram} 为旋翼飞行器前飞产生的冲压恢复项，其余为各区域的压降分量。

VTS 分离效率 η 可表示为

$$\eta = 1 - \exp\left(-Q_f \frac{8\pi}{18\mu_f} d_p^2 \frac{L_v}{R_{co}^2 H_t^2}\right) \quad (3-4)$$

式中，Q_f 为流体体积流量，L_v 为分离区长度，R_{co} 为收集区半径，H_t 为涡旋管螺距。目前市面上较为先进的一款由美国唐纳森（Donaldson）公司研制的 Strata 系列涡旋管粒子分离器，其对 ISO 粗砂[35]的最大分离效率可达 99%[36]。

VTS 需用功率 W_{VTS} 为保持清除流流动所需功率 $W_{s,VTS}$、主流流动所需功率 $W_{c,VTS}$ 与 VTS 面板克服阻力所需功率 $W_{D,VTS}$ 之和[37]，即

$$W_{VTS} = W_{s,VTS} + W_{c,VTS} + W_{D,VTS} \quad (3-5)$$

在直升机上应用时需要将单一的涡旋管布置成阵列的形式，嵌于面板内（图 3-6），多个阵列面板组成一个完整的 VTS 系统安装于发动机进口。VTS 的设计需重点考虑涡旋管数量、涡旋管排布、清除流设计、螺旋叶片设计等方面，通常取决于需安装面板的直升机[38]。涡旋管数量决定了可以提供发动机的空气流量。涡旋管排布影响清除效率、阵列之间压力平衡、发动机性能等。另外，涡旋管会产生噪声。对于噪声有严格规定的机场，可在分离器后部主流道内布置吸声面板，但这样做也会带来额外的压力损失。清除流设计包括清除流道几何及设计点工作状态，决定了总分砂效率。螺旋叶片的设计需从叶片前缘、后缘、表面、翼型形状、弦长、毂长等多方面出发，以实现在满足高分离效率的同时降低总压损失。文献[39]从设计、理论与应用等角度对涡旋管分离器进行了描述，简单介绍如下。

图 3-6 CH-53E 直升机 T64-GE-416 涡轴发动机安装的涡旋管分离器进气口阵列

1. 清除流

研究发现,清除流装置的设计在决定系统的整体分砂效率方面起着非常重要的作用。涡旋管分离器的效率是离心力、螺旋区长度以及扫气(或清除)流量与洁净空气流量比例(即"扫气比")的函数。当然,最佳的清洁气流始终是首要的要求。因此,应将清除气流控制在最小限度以实现有效的颗粒分离。

与控制清除气流有关的问题似乎取决于涡旋管基座的设计。例如,可以在清除流道的侧壁中使用导管将脏空气从指定位置排出。如果孔口堵塞,则有可能导致气流再次循环并进入清洁空气流管,从而加剧本分离性能的恶化程度。此外,由于颗粒的高转速,未被排出的颗粒将继续在清除流道内循环,从而磨损壁面,可能导致灾难性故障。有些发明采用在清除流道入口增加一个分体式的垫圈式法兰的方法缓解了这类问题,但不可避免地导致了效率损失。同样,结构复杂性的增加不仅会影响可制造性,还会增加清除流道内湍流的可能性,从而导致颗粒再次污染洁净空气。

2. 螺旋叶片设计

螺旋叶片的主要功能是使空气旋转形成涡流。对叶片前缘、翼型形状、轮毂长度、弦长、叶片后缘和叶片表面等进行修改,可以提高分离效率、降低压力损失。在几乎所有的情况下,一组有四个叶片,沿管道横截面方向观察,每个叶片的弦长沿周长方向的扫略角至少为 90°以使得每个叶片与其相邻的叶片重叠。这样做确保旋流力能作用到每个砂尘颗粒上[40]。另外,前缘攻角决定了空气来流的旋流角,迎角越大,单位行程内产生的旋流越大,代价是压降越大。维持良好平衡的理想攻角通常在 55°~70°范围内[40]。如果由于空间限制而不得不使用较短的轮毂,则首选大攻角前缘以达到至少 90°的叶片重叠。一些专利研究并揭示了一些可以改进的参数,以实现更高的分离效率。例如,美国专利 3,517,821[41]表明采用椭球形前缘以及修改压力面使空气的流动路径为螺旋形可以降低压力损失。类似地,对吸力面进行修改,通过降低叶片前缘附近由于流动分离而形成的涡流的强度可以进一步提高压力系数。该发明还通过实验确定了尾缘加羽状物可以缩小叶片尾迹的宽度,从而成比例地降低压力损失。

很明显,在大多数情况下改进是针对现有的涡旋管分离器的。由于到目前为止还没有相关的数学理论用于指导螺旋叶片的设计,因此针对涡旋管螺旋叶片的改进设计都是通过实验建立起来的。有些发明家提出了一些能提高效率而不损失压力的观点,例如,在洁净空气管道所在位置增加第二组叶片以分离更细的砂尘颗粒[42],在贯穿整个叶片长度上布置沟槽用于将黏附在叶片表面的水滴和其他颗粒转移到管道外围[43]。尽管没有一般性的数学理论来支撑,但是这些改进方法的背后都有其潜在的科学原理。

3. 涡旋管排列

如前所述,VTS 以阵列的形式布置在直升机上。Roach[44]将其定义为由多个轴向平行排列的涡旋管作为一个单元安装在一起的组件,为了获得良好的清洁效率,通常使用的最大排数为 6 排,但早期的发明采用了较多并排排列的 VTS 组成的面板,如图 3-7 所示的美国专利 3,449,891[45]。这个专利较为特别,其设计思路是将涡旋管面板排列形成一个盒子或圆柱体(40)。这样的布局产生了一个腔室,当旁路活门(60)打开时可以向发动机进气道(20)提供轴向气流。这样的设计使得发动机在无尘环境中工作时可以充分发挥其性能,并且在分离器堵塞时可以使用应急进气系统。

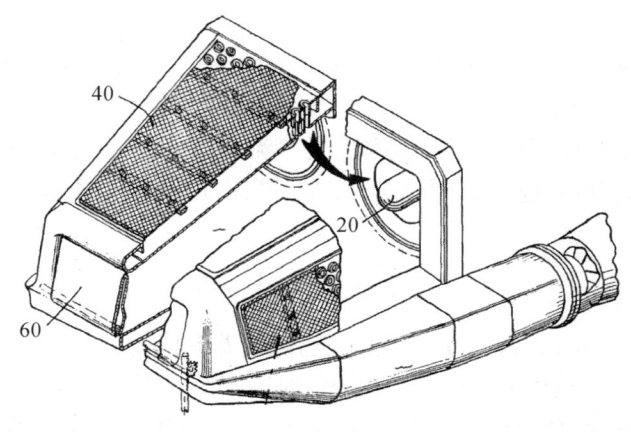

图 3-7 美国专利 3,449,891 提出的带旁路活门的涡旋管分离器阵列[45]

随着机场引入更严格的规定,减少发动机噪声的要求推动了 VTS 排列技术的进步。旋翼飞行器噪声的一个来源是压气机发出的噪声,特别是在起飞阶段质量流量较高的情况下。然而,如果旋翼飞行器需要在尘土飞扬的环境中着陆时,除了现有的降噪装置之外,粒子分离器也是必不可少的。Roach[44]设计了这样一种装置,其中洁净空气舱内的吸声板位于 VTS 的尾部,以弯曲、之字形或成角度的形式排列。这种布局通过偏转气流来减弱声波,但缺点是在实施过程中发现这样的布局导致了大约 0.65 kPa 的额外压力损失,几乎是粒子分离器压力损失的一半。然而,吸声板逐渐成为旋翼飞行器的重要硬件,通过降低舱内空气速度可以在一定程度上减轻压力损失。

4. 涡旋管理论

这里用一个基本的流体动力学模型来预测 VTS 的主要性能参数。如图 3-8 所示为典型涡旋管分离器示意图,倾斜的表面表示螺旋叶片,入口截面用"1"表示,截面"2"在叶片下游,截面"3"位于粒子分离器的底部,截面"4"为常规出口面。在扫气一侧,它是一个与管道相连的端口,并与外界大气相连。粒子分离器呈圆锥形,流体在通过扫气口时产生收缩,从而造成压力损失。

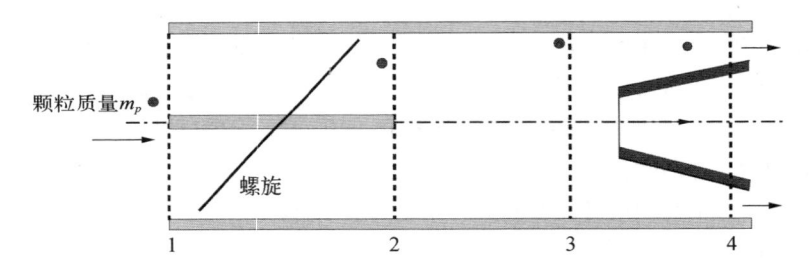

图 3-8 涡旋管分离器示意图

分离效率的定义是被清除出进气道的颗粒的占比,可以由质量、体积和数量来表示。分离效率特性通常与扫气比有关。扫气比的定义为扫气流流量与主流流量之比。扫气流指的是从环形的扫气流道流出的气流,主要是一些大尺寸砂尘颗粒与空气的混合物。主流指的是进入发动机流道的"洁净"流。颗粒初始质量浓度 c 表达式为

$$c = \frac{\dot{m}_p}{\dot{m}} = \left(\frac{\rho_p}{\rho}\right)\left(\frac{\dot{V}_p}{\dot{V}}\right) \tag{3-6}$$

式中,$\dot{m}$ 为质量流量,ρ 为密度,$\dot{V}$ 为体积流量,无下标代表与空气相关的变量,带下标"p"代表与颗粒相关的变量。在分析时通常给定 c 的值,且截面"1"处的初始条件都为已知条件,如果给定等效截面面积,则可由质量流量计算出平均进气速度,反之亦然。

在一阶分析中可以假设颗粒以相同的平均速度跟随气流一起输运。假设涡旋管进口截面积为 A,则有

$$\dot{m} + \dot{m}_p \approx \rho(A - A_p)\bar{U}_i + \rho_p A_p \bar{V}_i \tag{3-7}$$

式中，$\bar{U}_i$ 为颗粒 i 在与气流相同方向上的速度分量，$\bar{V}_i$ 为颗粒 i 在与气流垂直方向上的速度分量，A_p 为颗粒迎风面积。

假设 $A_p \ll A$，结合方程(3-6)和方程(3-7)得到：

$$\bar{U}_i \approx \frac{\dot{m}(1+c)}{\rho A + \rho_p A_p} \tag{3-8}$$

如果假设颗粒以与气流相同的速度运动，则

$$\frac{\dot{m}_p}{\dot{m}} \approx \left(\frac{\rho_p}{\rho}\right)\left(\frac{A_p}{A}\right) \tag{3-9}$$

因此，可得到：

$$\frac{A_p}{A} = c\left(\frac{\rho}{\rho_p}\right) \tag{3-10}$$

砂尘颗粒与空气的密度比为 2×10^3。因此，$A_p \approx 5 \times 10^{-4} cA$，$A_p \ll A$。

5. 平衡半径

首先要考虑的一个方面是涡旋管中的颗粒动力学。颗粒以一定的轴向速度进入涡旋管，经过螺旋叶片后迅速偏移，造成角动量的突增。在叶片出口处，颗粒具有转动速度分量及残余的径向速度分量。进一步向下游，流动达到稳态条件，径向分量不再显著。颗粒运动路径呈螺旋状，半径为 r。

颗粒有三个速度分量，分别为径向速度 U_r、切向速度 U_t、轴向速度 U_x。假设颗粒直径为 d_p（或半径 r_p），密度为 ρ_p。颗粒受到气动力、浮力和离心力作用。在螺旋运动中，根据小雷诺数条件下球形颗粒的斯托克斯定律，颗粒阻力为

$$D = 3\pi d_p \mu U_r \tag{3-11}$$

浮力由颗粒与气流的密度差计算：

$$B = -V\rho \frac{U_t^2}{r} = -\frac{1}{6}\pi d_p^3 \frac{U_t^2}{r} \tag{3-12}$$

式中，V、d_p、r 分别为颗粒的体积、直径及飞行路线的曲率半径。

离心力 F_c 为

$$F_c = m_p \frac{U_t^2}{r} = \frac{1}{6}\pi \rho_p d_p^3 \frac{U_t^2}{r} \tag{3-13}$$

假设过程达到稳态，三个力平衡，即

$$D + F_c + B = 0 \tag{3-14}$$

求解颗粒飞行路线曲率半径 r 得到：

$$r = \frac{(\rho_p - \rho)d_p^2}{18\mu} \frac{U_t^2}{U_r} \tag{3-15}$$

方程(3-15)即可得到直径 d_p、具有切向速度 U_t、径向速度 U_r 的颗粒的平衡曲率半径。

假设分离器直径为 d_0，则轨迹曲率半径 $r > d_0/2$ 的颗粒很可能会被分离。因此，存在这样一个临界直径 d_{pc}，大于等于 d_{pc} 的颗粒大概率能被分离。令 $r = d_0/2$，改写方程(3-15)得到：

$$d_{pc} = \left(\frac{9\mu d_0}{\rho_p - \rho} \frac{U_r}{U_t^2} \right)^{1/2} \tag{3-16}$$

当然，存在一些影响分离效率的干扰因素，如气流随机湍流、颗粒与壁面之间的碰撞等，后者会导致大尺寸颗粒被吸入主流道而非分离出清除流道，这是因为颗粒撞击壁面后会发生反弹。

颗粒旋转及径向速度分量取决于分离器的构造。对于给定入流条件，叶片出口处的切向速度取决于叶片的形状。因此，$\zeta = U_t/U_x$ 也应为一个设计参数。据此定义，得到以进口（轴向）速度表示的临界半径，表达式如下：

$$r = \frac{(\rho_p - \rho)d_p^2}{18\mu} \zeta^2 \frac{U_x^2}{U_r} \tag{3-17}$$

轴向速度分量取决于涡轴，可由下式估算：

$$\dot{m} = \left(n \frac{\pi}{4} d_{\text{VTS}}^2 \right) \rho U_x \tag{3-18}$$

式中，d_{VTS} 为涡旋管直径，n 为涡旋管分离器的数目。

6. 颗粒分布

颗粒的类型和分布取决于工作环境。砂尘的特性有很大的变化性，因此需要一些标准来帮助工程分析，例如，美国军用标准 MIL 810D（灰尘和砂粒），MIL 8593（砂粒），英国标准 BS-1701（细砂和粗砂），ISO 12103 PT 1（超细砂、细砂、中砂、粗砂）等。一种较为方便的颗粒统计特性表征方法是绘制重量与颗粒尺寸的百分比。事实上，这样的分布可用于快速评估低于或高于阈值尺寸颗粒的百分比。

公式(2-8)给出了砂尘颗粒尺寸的对数正态分布特性。如果一个颗粒样本的平均粒径 μ_1 和标准差 σ_1 已知，那么公式(2-8)中的 μ 和 σ 可分别表示为

$$\mu = \ln \mu_1 - \frac{1}{2}\left(1 + \frac{\sigma_1}{\mu_1^2}\right), \quad \sigma^2 = \ln\left(1 + \frac{\sigma_1}{\mu_1^2}\right) \tag{3-19}$$

假设置信水平 $1 - \alpha_c = 0.99$（即 $\alpha_c = 0.01$），对数正态分布的对应区间为

$$x_1 = \exp(\mu - \sigma q^*), \quad x_2 = \exp(\mu + \sigma q^*) \tag{3-20}$$

式中，q^* 为正态分布的 $1 - \alpha_c/2$ 分位数。如果 $p_\alpha = 1 - \alpha_c/2$，那么

$$q^* = \Phi^{-1}(p_\alpha) = \sqrt{2}\,\mathrm{Erf}^{-1}(2p_\alpha - 1) \tag{3-21}$$

累积密度函数（CDF）如方程(2-11)所示。

颗粒的截面积、质量及体积服从相同的对数正态分布。累积密度函数方程(2-11)可将各种特性的计算百分数化。因此，如果颗粒直径 d 为独立变量，则分离效率变为

$$\eta = 1 - \mathrm{CDF}(d_{pc}) \tag{3-22}$$

方程(3-22)为颗粒质量中未被过滤的比例，这个量是由粒径分布和临界直径唯一决定的。

从方程(2-11)可知清除流量计横截面积的比例，从初始浓度可知颗粒的总质量流量。比较方程(3-10)、方程(3-6)、方程(2-11)可发现：

$$A_{ps} = [1 - \mathrm{CDF}(d_p)]A_p \approx [1 - \mathrm{CDF}(d_p)]\left(\frac{\rho}{\rho_p}\right)cA_1 \tag{3-23}$$

7. 压力影响

假设分离器扫气流道出口与入口之间的压力差（扫气压力损失）为 Δp_s，分离器主流道出口与入口之间的压力差记作 Δp_c，涡旋管前部到收集器（即扫气流道）的压力损失记作 Δp_e，且外部流场和主流之间没有压力差，则气流从外部流经涡旋管时在扫气流道一侧产生的压力变化为 $\Delta p_e + \Delta p_s$，在主流道一侧产生的压力变化为 $\Delta p_e + \Delta p_c$。由于在分离器内部存在流动分离，因此可以合理地假设压力只有很小的变化。因此，可以假设 $\Delta p_c = 0$。比值 $\lambda_p = \Delta p_s/\Delta p_c$ 是一个设计参数，可作为一个已知值，表达式如下：

$$\lambda_p = \frac{\Delta p_s}{\Delta p_c} = \frac{\Delta p_s + \Delta p_e}{\Delta p_c + \Delta p_e} \approx \frac{\Delta p_s + \Delta p_e}{\Delta p_e} = 1 + \frac{\Delta p_s}{\Delta p_e} \tag{3-24}$$

求解 Δp_s，得到：

$$\Delta p_s = (\lambda_p - 1)\Delta p_e \tag{3-25}$$

如果分离器内压力变化不可忽略，且该量的大小与 Δp_s 相等、方向相反，则

$$\Delta p_s = \frac{\lambda_p - 1}{\lambda_p + 1}\Delta p_e \tag{3-26}$$

实际的 Δp_s 介于方程(3-25)和方程(3-26)确定的两个极值之间。

扫气流量 $\dot{m}_s$ 可由下式计算：

$$\dot{m}_s \approx \kappa_1 A_s \sqrt{\frac{\Delta p_s}{\rho}} \qquad (3-27)$$

式中，κ_1 为孔口效率因子，A_s 为等效横截面积，即扫气流道出口的几何横截面积 A_4（图3-8）减去砂尘颗粒所占面积 A_{ps}（计及砂尘颗粒的堵塞效应）：

$$A_s = A_4 - A_{ps} \qquad (3-28)$$

当 $A_4 \approx A_{ps}$ 时，扫气流被砂尘颗粒堵塞，只有砂尘颗粒流经扫气流道。A_{ps} 可由方程(3-23)计算。结合上述方程可得扫气流量与设计参数 λ_p 有关的函数，即

$$\dot{m}_s \propto (\lambda_p - 1)^{1/2} \qquad (3-29)$$

从方程(3-25)推断出收集器上游压力损失 Δp_e 越大，λ_p 越大，则扫气流量也越大。对于给定尺寸分布的颗粒，涡旋管性能还取决于其他几个因素，尤其是分离器自身的几何（前部入口直径及出口直径）及进气叶片的几何（由此导致的旋转速度分量）。

Δp_e 的确定是衡量扫气流量的关键因素。将压降 Δp 与一个压降系数 κ 关联起来，可写作：

$$\Delta p = \frac{1}{2} \kappa \rho \bar{U}_i^2 \qquad (3-30)$$

式中，$\bar{U}_i$ 为平均气流速度。压降系数 κ 取决于集成装置的几何，不易计算。实际上，这个量取决于摩擦系数和形状因子。定义摩擦因子 R_o：

$$R_o = f_o \frac{L_v}{D_h} \qquad (3-31)$$

式中，f_o 为摩擦系数，L_v 为涡长，D_h 为水力直径。f_o 可从完全湍流假设来估算：

$$f_o = 0.314 Re^{-1/4} \qquad (3-32)$$

式中，Re 是以水力直径为参考长度、平均气流速度为参考速度的雷诺数，$Re = \rho \bar{U}_i D_h / \mu$，$\mu$ 为空气动力黏性系数。涡长估算较为困难，因为其取决于几个因素，包括几何和流动条件，可以假设 L_v 等于涡旋管长度 L。

基于涡旋管分离器的美国专利 3,520,114[46] 的研究结果表明，当扫气流量达到 8%~9% 时，分离效率可以提高 7%~8%，当扫气流量达到 10% 时，分离效率约为 90%，最高可达 93%，进一步增大扫气流量不会增加分离效率。Ballard[47] 的结果表明，涡旋管分离器分离效率随着飞行速度的增大而降低，这是因为随着飞行速度的

增大,发动机功率要求和进气质量流量下降。因此,对于给定的进气面积,平均进气速度降低,分离效率也相应降低,与本节一阶理论分析结果一致。

8. VTS 技术总结

综上所述,涡流管颗粒分离过程复杂,其效率取决于整个系统的设计。螺旋叶片的作用在传递切向和旋转速度分量方面很重要。收集器的形状对于确定扫气流道和主流道的压力损失至关重要。扫气压力在决定扫气流量时很重要,因此也决定了进入发动机的净质量流量损失。前置段和收集器之间的压力损失对设备整体性能的影响有限,因为质量流量的损失最终会导致发动机输出的轴功率降低。

颗粒结构(平均直径、标准偏差和形状)的变化会导致系统运行效率的改变。然而,这是所有 EAPS 技术中常见的问题,提前了解作战区域将有助于更好地设计 EAPS。原则上,同一架直升机可以有几个不同改装的 VTS 系统。

在涡旋管分离器使用过程中还发现了其他一些问题,包括在结冰条件下性能相对较差,以及要求进口气流尽可能正对涡旋管入口面。除了大颗粒造成的破坏外,涡旋管分离器具有相对一致的分离效率,这是一个显著的优势。

3.1.2 惯性粒子分离器

IPS 指的是与涡轮燃气发动机集成、安装在发动机进气口、以清洁含砂的入流空气为目的的装置。在管道引起气流方向的变化之前,向入流空气施加径向或切向速度分量,由于砂尘颗粒质量远大于空气分子质量,空气夹带的颗粒的线性动量阻碍了粒子运动方向的快速变化,使得颗粒能轻松从核心气流中分离出去。高浓度的颗粒随着较低流量的气流进入清除流道并被鼓风机抽走,而较为清洁的高流量气流则进入连接发动机的主流道。惯性粒子分离器工作原理如图 3-9 所示。惯性粒子分离器的形状、大小和类型取决于发动机的质量流量及进气形式(径向还是正向)。对于轴对称构型的粒子分离器,可以在上游进气口设置预旋叶片以增强砂尘颗粒的离心力、提高砂尘分离效率。此外,可以通过主动流量控制和自适应表面等新技术来改进现有的 IPS,这些技术可以在粒子分离器工作过程中调节、改变装置流动状态和几何构型,以优化当前飞行条件下的性能。

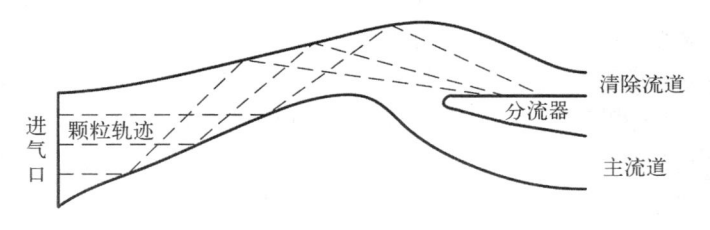

图 3-9 惯性粒子分离器工作原理示意图

IPS系统的管路通常是固定、非柔性的。发动机的进气速度随着发动机运转状态的改变而改变,导致发动机进气流速不同,IPS分离效率随之变化较大,在低进气速度条件下分离效率较低。因此长期在地面砂尘环境下进行慢车运转,砂尘颗粒的危害性较大。解决的思路是一方面在符合适航标准和手册要求的前提下尽量控制地面环境下的慢车运转时间,另一方面在发动机和机型设计阶段,设计可以优化流道曲率或增加曲率调节功能。

由于IPS运行工况变化范围较大,IPS内流场特性和砂尘颗粒运动轨迹较为复杂,因此目前尚无IPS压降与分离效率的解析模型,可采用RANS、LES等计算流体力学(computational fluid dynamics, CFD)数值模拟方法进行评估。至于IPS需用功率,由于IPS通常需要在清除流道出口接抽吸泵以提高砂尘排除效率,因此IPS不是被动分离器。另外,由于IPS入口单位迎风面积的流量比其他两类EAPS大得多,因此阻力消耗的功率可忽略不计,IPS需用功率可表示为保持主流流动所需功率$W_{c,\text{IPS}}$与清除流流动所需功率$W_{s,\text{IPS}}$之和[37],即

$$W_{\text{IPS}} = W_{c,\text{IPS}} + W_{s,\text{IPS}} \tag{3-33}$$

IPS设备之间最明显的区别体现在应用层面,无论是正面(或称"轴向")进气还是径向进气。正面的轴向进气IPS装置为进气气流提供径向速度分量,同时使气流加速通过环形管道,并使用环形分流器将气流分为含砂脏空气和洁净空气。径向进气IPS通过位于管道外围的勺子状收集器,从螺旋形或U形管道的外壁清除颗粒,其原理是,当气流通过管道时颗粒受离心作用而向外侧运动。除了正面进气外,通常还采用旋流叶片来传递流速的切向分量以进一步增强分离效果。IPS系统的设计也是需要经过深思熟虑才能最大限度地减少重量和最大限度地提高紧凑性。例如,被清除的颗粒可以通过径向螺旋或轴向管道排出。进一步在主流道内布置叶片可作为额外的分离器,用于去除进入发动机气流中的旋流并防止颗粒反向流回发动机。

1. 一般特征

正面进气IPS由与发动机共轴的中心体(16)以及一个用于将气流分裂成一股脏气流和一股清洁气流的分流器(17)组成,如图3-10所示。中心体将来流气流导入截面积渐缩的环形管道。环形管道半径先增大到位置(15),然后逐渐减小至发动机入口位置(14),这种设计使得流体在位置(15)处发生快速转弯进入主流道(14,即发动机流道),但在黏性力作用下仍附着于环形管道内表面。而砂尘颗粒由于惯性较大不能随流转弯,环形分流器(17)将气流分为两支,其中一支含有大部分砂尘颗粒及扫气比为10%~30%的空气流量,进入清除流道并被排出至外界大气,另外一支主要为洁净空气,其沿着中心体内壁面进入发动机。对于预旋型IPS,预旋叶片使含砂进口气流旋转,产生的离心力使较重的砂尘颗粒运动到外围

并进入清除流道。安装正面进气 IPS 的典型直升机机型如波音公司研制的 CH-47D 支奴干直升机,如图 3-11 所示。

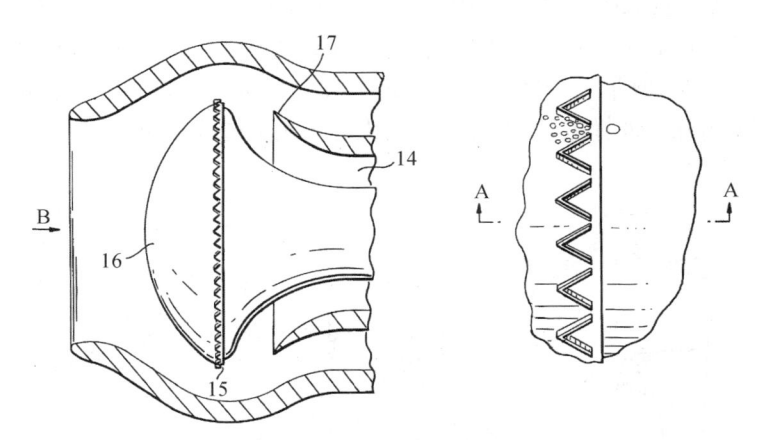

图 3-10　美国专利 4,389,227 公布的正面(轴向)进气 IPS[48]

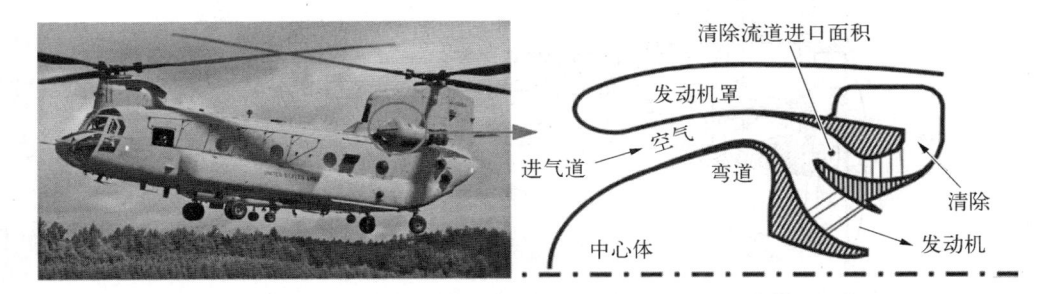

图 3-11　CH-47D 支奴干直升机配备的轴对称型惯性粒子分离器及其原理示意图

典型径向进气(或称涡旋型)IPS 可与发动机集成,如图 3-12 所示,或作为正面进气道的一个附件,如图 3-13 所示。对于前一种情况,IPS 被发动机制造商设计成发动机的一个组成部件。在图 3-12 案例中,空气通过具有凹导管(10)的两个轴对称径向入口(11)中的其中一个入口,被吸入轴向压气机。前表面(12)迫使空气进入弧形路径,使较重的颗粒通过旁路管道(14)离心分出。尖唇(15)作为分流器,用于将旁路气流转移到旁路管道中。脏空气通过环形导管(19)从两个径向入口收集并被排气射流泵抽到大气中。后一种类型的径向 IPS 更多的是作为现存发动机的一种改进,由于空间限制或其他因素妨碍轴向 IPS 的使用,因而将径向 IPS 添加到正面进气道内。图 3-13 中的径向 IPS 提供了两个串联的惯性粒子分离器(200 和 202)。第一个惯性粒子分离器(200)的进气管道为(203),第一个惯性粒子分离器(200)包括等直段(204)的进口和产生颗粒初始离心梯度的圆弧段(206)。圆弧段内隔板(208)形成一个收集室(210),用以收集具有较大离心力的大尺寸砂尘颗粒并由颗粒清除装置(211)清除。第二个惯性粒子分离器(202)包括一个螺旋状管道将气流导入发动机(214)。螺旋状管道内壁(216)与外壁(218)形成外管道(220)和内管道(212)。外管道(220)为第一个惯性粒子分离器(200)的扫气流道,其进口为(219)。内管道(212)用于分离从进气管道(203)进入的气流中的小尺寸砂尘颗粒[由扫气装置(224)收集],干净的空气则进入发动机进气口(214)。另外,扫气装置(224)也用于清除从外管道(220)进入发动机的气流中的砂尘颗粒。

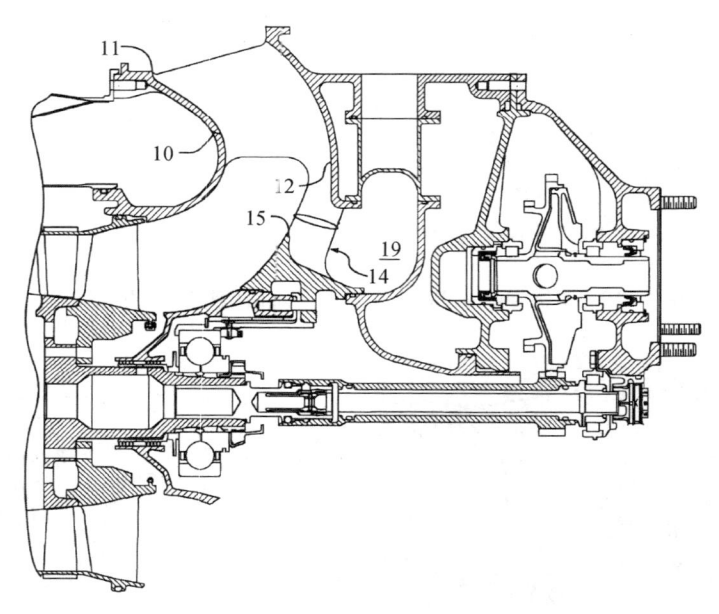

图 3-12　美国专利 6,134,874 公布的径向 IPS[49]

轴向分离器和径向分离器各有优缺点。轴向分离器通常用于带有动态或冲压进气道的发动机,其垂直于气流方向安装以增加压力恢复。轴向分离器或其导管入口位于主旋翼桅杆的前方,这样布置的目的是将废气再摄入(exhaust gas re-ingestion,EGR)的风险降至最低。而径向分离器用于具有"静态"进气道的发动机,通常位于旋翼桅杆的后方。静态进气道通过与气流平行的进气口接收气流,当与图 3-12 所示的径向进气道相结合时,会导致压气机入口的流动畸变增加。然而,径向进气道更加紧凑,如果像图 3-12 中的专利那样集成到发动机中,则比正面轴向 IPS 设备的重量代价要低得多。

除了上述两类 IPS 之外,还有许多其他粒子分离原理的表现形式,或者是对现有设计的补充。设计的主要驱动因素是提高分离效率或降低压力损失,潜在的途径包括中心体的创新性设计,旋流叶片的增加,扫气系统的改进,等等,但在大多数情况下,专利的发展与实际的分离技术密切相关。值得一提的是一种颠覆传统的

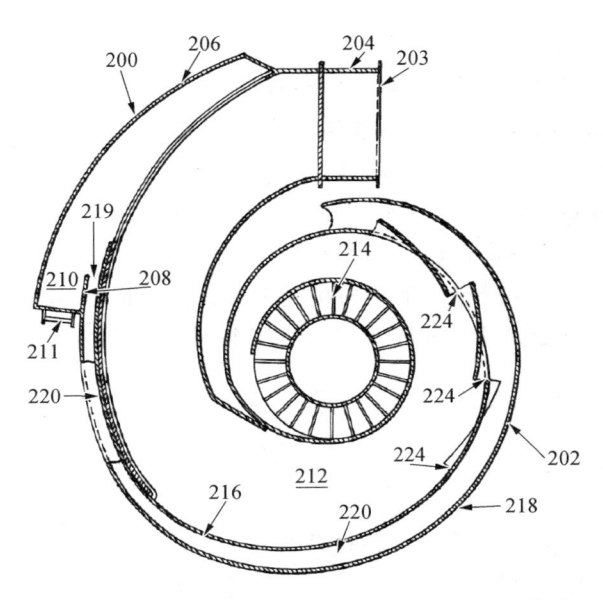

图 3-13　美国专利 3,993,463 公布的径向 IPS[50]

类二元型 IPS,其横截面为跑道型,目前主要应用于一些小型直升机或公务机的发动机上,未来有望应用于倾转旋翼机、高速直升机等高速飞行的垂直起降(vertical take-off and landing,VTOL)飞行器上。图 3-14 所示为西科斯基 S-76D 直升机 PW210S 发动机采用的类二元型 IPS 系统,由(前部)进气总管、(中部)分流管、(后部)清除管三段管道组成。进气总管负责引导进气,分流管将进气分流为干净空气和含砂空气两部分,干净空气经 90°折角进入发动机进行压缩燃烧,空气中的砂尘颗粒由于具有较大惯性继续向前运动进入清除管道。清除管道内径逐渐收缩至固定管径,排气口与发动机尾喷管出口齐平。根据伯努利原理,发动机尾喷管处较大的排气速度导致了局部负压,局部负压则起到了加速清洗管道内空气排出的作用。

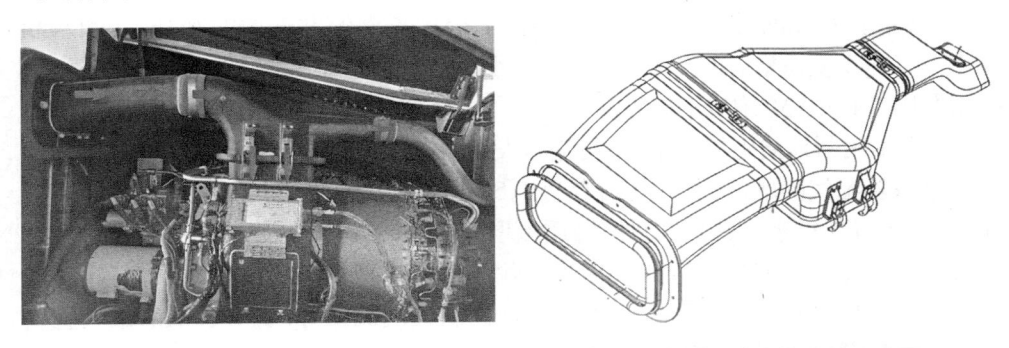

图 3-14　S-76D 直升机配备的类二元型惯性粒子分离器系统实物及其示意图

2. 中心体设计

中心体的主要作用是给来流施加一个径向的速度分量,以及提供一个精确设计的表面将较重的颗粒反弹到清除流道。需要注意的是,质量太大而不能被气流携带并经历速度变化的颗粒,从中心体反弹后可能会再次从外罩上反弹并进入干净的主流道。美国专利 3,148,043[51] IPS 展示了设计如何利用颗粒在中心体上反弹来实现分离颗粒的目标,如图 3-15 所示。反弹效应不仅与砂尘的形状、大小和材料的组合有关,而且与外壁面的表面粗糙度有关。因此,当外壁面被砂尘颗粒侵蚀时,反弹过程发生变化,IPS 将不可避免地受到影响而不能按照原先设计的性能进行工作。

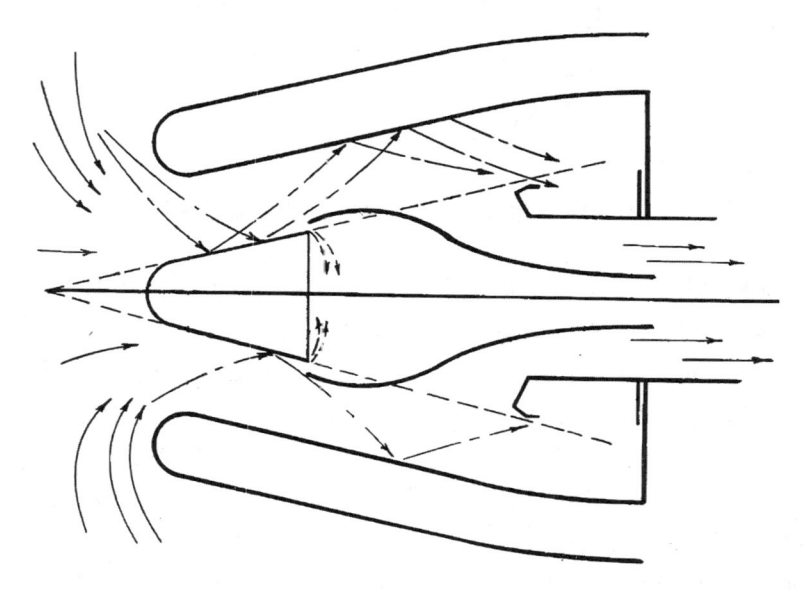

图 3-15　美国专利 3,148,043 公布的利用颗粒在中心体上反弹实现分离目标的 IPS[51]

IPS 装置存在的另一个问题是中心体上会积累潮湿空气中的水分,尽管水滴撞击不存在恢复系数,但这些水滴往往尺寸过大而不能被气流夹带。因此,当水滴撞击并附着在中心物体上,与其他水滴结合并沿着表面向下游流动时,问题就出现了:水会不间断地向下游流动,最终进入发动机。另外一些 IPS 案例采用了不同的技术来减轻湿气问题。例如,美国专利 4,389,227[48] 在中心体最高处采用了 V 形栅栏,其布置使得水分积累并最终因质量增加而从表面析出,如图 3-10 所示。该装置的设计使得气流将产生的水带入清除流道。根据进口尺寸和质量流量要求,中心体也可以具有不同的形状。为了合理控制进气流动方向,中心锥的最大直径至少为装置开口直径的 75%[51]。

3. 扫气系统设计

扫气流排气系统是分离器的一部分,通过扫气流排气系统将含砂的脏空气排出到外界大气。设计驱动因素包括提供足够的吸力、足够的流量、可接受的使用寿命、可接受的重量、良好的可靠性、向外排气以及与发动机和机身的集成等,但关键要求是需要将排气系统集成到粒子分离器上。扫气系统由分流器上的导管、提供吸力的叶轮和排气管道组成,这些管道的布置和尺寸因发动机而异。

图 3 - 16 所示为美国专利 3,148,043[51]公开的一种将脏空气切向清除的分离器。脏空气不沿轴向流动,而是在叶轮的帮助下沿切向排出。虽然这种设计结构紧凑,并且没有像轴向排气那样的集成要求,但从吸力源到管道再到改变扫气气流方向的功率要求更高。尽管如此,结构紧凑有很大的优势,不仅在空间上而且在重量上都有很大的好处。要实现这一优势,在管道的布置上存在一定的困难,尤其当分离系统很复杂时,管道布置方案会非常复杂,如美国专利 6,698,180[52]中,分流器(50)首先将气流分成两股,然后对其施加径向速度分量使上层气流径向向外流动而下层气流径向向内流动。分流器周围环绕有内罩(34)和外罩(35),从而分别定义了常规布置的内、外两个 IPS 装置。这种"双重"分离技术提高了砂尘分离效率,但需要一个复杂的清除系统。内分离器的扫气流道(38)接收脏空气然后通过多个空心支撑杆(124)中的一个输送至涡旋管道(122)。涡旋管道在鼓风机或引

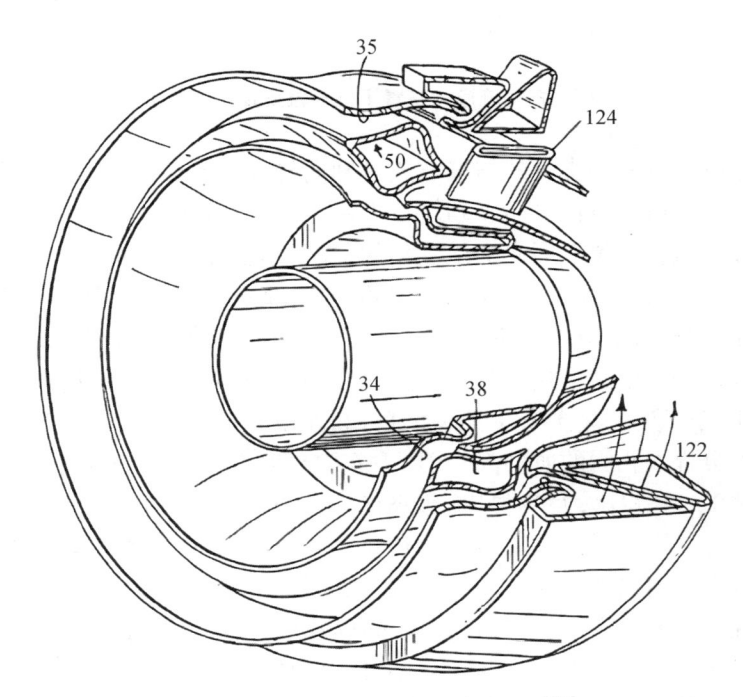

图 3 - 16 具有切向扫气系统的 **IPS**[51]

风机的作用下,将脏空气沿切向排入大气。外分离器的清除过程相同。切向扫气 IPS 存在的一个风险是扫气流道中的颗粒可能会因局部反流(如分离泡)的存在或颗粒在壁面上的反弹而被再次吸入到洁净气流中。因此,产生了采用多个重叠叶片的发明,如图 3-17 所示的美国专利 3,832,086[53]。这种构型依赖于旋流叶片在分离前产生旋风流,但与上面提及的涡旋式清除方式相比,旋流叶片一方面可以阻止颗粒反弹回洁净气流中,另外一方面提高了脏空气的清除速度。

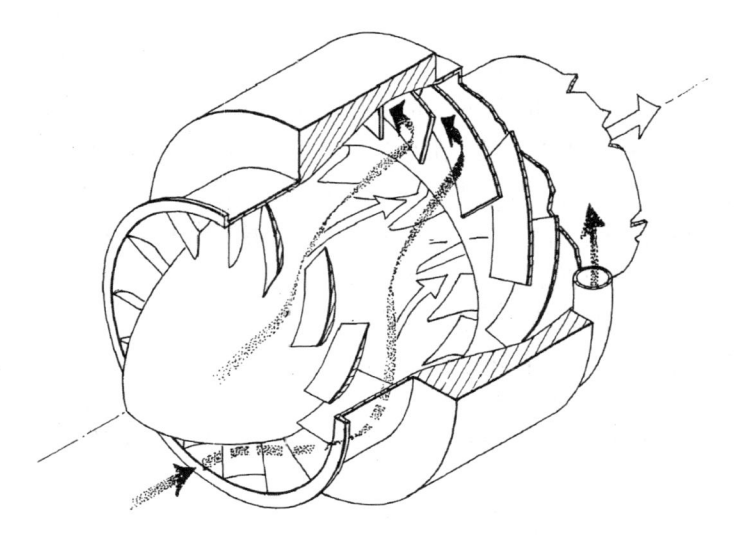

图 3-17 扫气流道内布置了抗颗粒反弹叶片的 IPS[53]

扫气系统另外一种常见的扫气方式是轴向排气。然而,由于空间和重量的限制,被清除的空气通常首先进入环形腔,然后通过一个排气管道即扫气蜗壳装置排出。这意味着质量流量在周向上是变化的,导致颗粒抽吸速率不均匀并且有从吸力最小的周向位置再次吸入的风险。此外,质量流量分布的变化还会影响洁净气流的周向压力分布,造成压气机进口压力分布不均匀、效率降低。解决这一问题的一种方法是创建一个迷宫式的管道,通过相同长度的管道将多个周向分布的通风口连接到排气口[54]。这样确保了每个通风口承受相同的压差,从而从环形清除流道的每个部分提取相同的质量流量,但可能需要更高额定功率的叶轮。

与其他 EAPS 相比,大多数 IPS 设备的一个缺点是都需要鼓风机、引风机或泵等驱动装置。脏空气通常占来流空气流量的 15%~30%,具体值取决于设备的运行工况。这个数值很重要,因为脏空气流量占比过小会影响分离效率,过大又会影响发动机性能。通过在装置和扫气室之间设置压差,使用驱动装置确保提取预定量的来流空气。当然,驱动装置的动力来自发动机,因而降低了发动机性能水平。消除这种情况的一种方法是使用尾气来设置压差。McAnally[55]描述的粒子分离器通过在发动机尾气中设置一个喷嘴来提供吸力,该喷嘴与气流平行,并通过导管连接到分离器的扫气室。在发动机尾气中产生的真空吸引脏空气并通过管道与废气混合排放,带来一个额外的好处即具有冷却尾气的效果。需要注意的是,虽然这样的做法不需要提取功率,但也存在问题。例如,发动机排气必须更突出,以提供足够的长度使两股气流合并及产生足够的真空,但这样做增加了发动机的整体长度,增加了重量和成本,抵消了不使用动力抽吸源节省的成本。然而,如果脏空气和废气混合得更好,这种方法的潜力可以被最大化地发挥出来。美国专利 4,265,646[56]中的颗粒分离器将分离器处的环形扫气室通过两根导管连接到与发动机排气喷嘴打褶的环形排气口,形成一系列的溪流。由于较大的边界界面引入了较大的剪切力,因此相邻溪流能在短距离内较好地混合。

4. 驼峰和分流器设计

驼峰和分流器的排布是影响分离器整体性能的重要设计参数。驼峰,即内表面的最高峰,提供了气流偏转的途径,分流器将气流分为干净的主流和含有大量砂尘的脏气流。人们普遍认为,这两个部件的间距和气流偏转角度决定了分离效率和压降。例如,美国专利 6,508,052[57]认为:分流器与驼峰之间的距离影响能分离的颗粒的大小。距离越大,通常能分离出来的小颗粒越少。此外,驼峰导致气流的速率也影响分离出来的颗粒的大小。空气偏转越慢,通常能分离出来的小颗粒也越少。这在美国专利 6,702,873[58]中得到了反映:通过减小主流道进口面积或减小整个系统进气部分与轮毂之间的角度,颗粒分离效率可能会得到最低限度的提高。因此,通过改变这些参数,可以设计出优化的粒子分离系统。

美国专利 3,766,719[55]为研究分流器/驼峰间距如何影响分离效率和系统效率(压力损失)提供了一个很好的例子。根据该发明的研究,为了很好地平衡这两种效率,分流器和驼峰之间的轴向距离应该远大于两者之间的径向距离,如图 3-18 所示,其中 A 表示轴向距离,B 表示径向距离,C 是主流道入口宽度。表面(20)的斜率也是一个重要的参数,决定了气流偏转的角度。较陡的坡度可以获得较高的分离效率,但同时会增加压力损失及流动分离的风险。从图 3-18 可以看出,由于尺寸 C 受到发动机流量的约束而需要预先给定,因此比率 A/B 间接确定了壁面(46)斜率的优先值,该比率的变化会极大地影响分离器的性能。对该 IPS 进行测试,结果揭示了比率 A/B 变化带来的影响,同时加深了对此类设备性能的认识。该专利相关研究结果表明,当 $A/B = 2.0$ 时,压降为 1.30 kPa,分离效率为 88.0%;当 $A/B = 4.0$ 时,压降为 0.62 kPa,分离效率降为 83.5%。一个可接受的折中方案是介于这些值之间,即 $A/B = 2.5$,此时压降为 0.75 kPa,分离效率为 85%。压降与分离效率之间的权衡是所有 EAPS 的共同特点。该专利的另一个观察结果是,增加驼峰处的流速达到环形喉道处的速度值可以提高砂尘分离效率。这是由于惯性效应,夹带粒子的气流速度增大,具有更大的动量,更多的气流被清除,并将更大质量的颗粒离心分离出去。在较低的速度下,想要达到同等的分离效率,则需要更大的扫气流量,这可能不太现实,因为发动机对主流道流量有要求。然而,增加驼峰处的流速会使空气更加难以偏转,从而增加压力损失。例如,实验表明,当喉道速度为 47.8 m/s 时,压力损失为 0.60 kPa,但需要 40% 的扫气流量才能达到 85% 的分离效率。与此同时,当喉道速度为 73.2 m/s 时,压力损失为 1.5 kPa,但只需 17% 的扫气流量即可达到 85% 的分离效率。在零空速时喉部的速度由其环形横截面积决定。从上述分流器/驼峰参数对流动及分离效率的影响可以看出,IPS 几何形状的微小改变会极大地影响其性能。

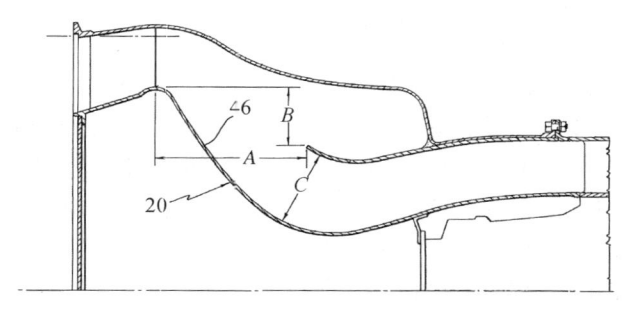

图 3-18 McAnally 设计的 IPS 几何参数[55]

5. IPS 理论

相较于 VTS 和 IBF,IPS 更适合于计算流体动力学(CFD)建模,事实上,所有发表的关于粒子分离器的技术文献都集中在 IPS 方面。由于最终 IPS 工作原理是通过分叉型管道分离颗粒以"清洁"空气,因此碰撞和反弹等现象的预测是必不可少的,如 Hamed 等[59]提出的相关理论,将确定性的和随机性的粒子弹跳模型与拉格朗日跟踪法相结合,用于求解雷诺平均 N-S(RANS)方程的完全湍流解。粒子的路径被整合到 RANS 的解中,直到发生碰撞反弹。反弹是随机的,为粒子跟踪提供了新的初始条件。为了计算分离效率,必须从入口跟踪几千个颗粒。Vittal 等[60]重点针对无预旋叶片的 IPS 采用了类似的方法,粒子路径通过只考虑了边界层修正的拉格朗日跟踪法预测。与实验结果的比较表明,在扫气流量大于 14% 的条件下,对细砂的分离效率可达 90% 以上,而粗砂的分离效率则降低了 5%。Musgrove 等[61]通过计算设计了在燃烧室下游放置百叶窗式通道的 IPS 以及用于收集被分离颗粒的收集室。然而,这项技术似乎并不适用于涡轴发动机,原因是涡轴发动机的颗粒分离必须在压气机的上游完成。Saeed 和 Al-Garni[62]开发了一种基于逆设计方法的数值方法,该方法使用不同程度的近似,包括将 IPS 简化为一组翼型体,采用拉格朗日方法跟踪粒子。然而,该方法缺少颗粒-固壁反弹模型,且该方法基于无黏流动模型,这种理想假设在真实情况下是不太可能发生的。Taslim 等[63]使用 CFD 方法结合颗粒动力学来预测传统涡轴发动机进气道设计的清除效率,这项工作的主要贡献是考虑了颗粒-壁面恢复系数和非弹性效应的粒子碰撞模型,结果表明极细的颗粒(粒径小于 10 μm)无法被分离。

由此可见,在 IPS 分析领域利用 CFD 建模进行学术研究的方法已经比较成熟,原因是 IPS 设备很适合用 CFD 来进行分析,且相较于实验方法更加容易。尽管 IPS 几何变化范围广、应用的求解器也多种多样,但目前该领域研究仍较为单一:基本上都是轴向型、采用轮毂和分流器的传统粒子分离器。然而,现实中却有大量的 IPS 设计,如径向进气、带旋流叶片的扫气室等。此外,从文献调研结果可以得出,轮毂和分流器的性能在很大程度上取决于局部流动条件,而局部流动条件又由发动机质量流量要求决定。因此,每个研究案例都仅限于为特定的发动机设计 IPS 系统,即所设计的 IPS 缺乏普适性。IPS 设计对当地条件的敏感性使得在考虑实际情况时很难得到通用的分析结论,理由是实际情况中的颗粒与用于验证 CFD 数据的测试砂存在很大的差异。虽然这可能是所有粒子分离器分析领域的共同问题,但它强调了在进行 IPS 理论分析时需要根据具体情况采取具体的分析方法。因此,IPS 理论对于 VTS 和 IBF 综合分析方法的建立没有太多帮助。

6. IPS 技术总结

IPS 是目前结构最紧凑、重量最小的发动机防护系统。在进气防护领域,与同类粒子分离系统相比,IPS 在紧凑性和低压力损失方面具有明显的优势,但代价是牺牲了一定的分离效率,可以通过观察进气防护单位面积的体积流量来判断。例如,VTS 可以获得每平方米仅 0.5~1 kg/s 的气流,而 IPS 通常可以获得每平方米超过 5 kg/s 的气流[64]。这意味着进气面积增大,因而也带来了明显的阻力损失。当扫气流量达到 15%~30% 进气量而需要考虑额外的前部面积时,IPS 的这一有利特性就变得非常重要了。与其他进气防护措施相比,IPS 压力损失小,然而典型的 IPS 分离效率在 50%~85% 之间,与 IBF 和 VTS 相比,IPS 在分离效率方面存在着较大的差距。研究结果表明,IPS 较好地平衡了分离效率和压力损失,而分离效率和压力损失又与几何形状有关,最显著的是驼峰和分流器的形状。

IPS 大多是由发动机制造商设计的,作为发动机的一个集成设备,由于 IPS 系统的几何形状对局部流动条件有很大的影响,因此压气机进口的轮廓需要精确是必要的。在正面进气发动机的进气道上可以安装轴向分离器,而如果发动机有径向进气道,则可以安装在发动机内部。两者都采用惯性分离技术,但都有各自的优点。最值得注意的是,正面 IPS 装置可以通过冲压效应恢复一些损失的压力,并且进气道位于远离发动机排气的位置,从而降低了热气体再吸入的风险。径向进气发动机不一定这样,它们通常更紧凑,因而重量和轴向长度减小。粒子分离器的选择取决于对所考虑的旋翼飞行器发动机的要求。

3.1.3 进气阻拦过滤器

术语进气阻拦过滤器(IBF)适用于包含过滤介质且作为飞行器附件的产品。IBF安装在直升机发动机进气道前面用于过滤所有进入发动机的空气。对于较大的直升机,如UH-60黑鹰,IBF可作为直升机的一个附件。而对于较小的直升机,如欧洲直升机公司的AS350直升机,IBF被设计到机身中作为一个完全集成的设备。除了过滤器外,IBF还包括一个整流罩用于替换机身现有部分(或纳入新设计)、一个带有附着点的框架,以及一个由液压驱动的旁路活门以便在过滤器故障时允许自由来流空气进入发动机。IBF在整个旋翼飞行器工业的发展过程中都有使用,用来保护发动机免受砂尘颗粒摄入引起的叶片侵蚀和外物损伤。IBF最初是20世纪60年代为在东南亚作战的美国陆军直升机开发的,该技术后来逐渐被IPS设计所取代。IBF颗粒收集方法与IPS等其他设备不同,它通过多孔筛网来物理阻隔颗粒物,因而该技术的分离效率可高达99%以上。尽管初始压力损失相对较低,但是随着时间的推移,砂尘颗粒在过滤器表面逐渐形成一个"饼",称作"滤饼",进一步阻碍了流动,因而压力损失随着时间的推移而不断增加。为了缓解这个问题,IBF需定期检查、维护和清洗。

对发动机进气道气流的任何限制都会导致一定程度的性能损失。发动机的设计是为了接收均匀、稳定、干净的层流空气,偏离这一状态会使发动机无法充分发挥其性能。因此,设计时首先要考虑的是确保滤芯的尺寸合适,以保证足够量的空气进入发动机,既能过滤掉砂尘颗粒又不会造成很大的压力损失,众所周知,这是所有类型进气防护装置的通用设计要求。然而,压力损失是不可避免的,波动的压力损失会对发动机更加不利。对于IBF设计来说,还应尽可能地减少冲压导致的压力损失。直升机不同的飞行模式会导致不同程度的冲压压力。例如,当直升机从前飞过渡到悬停时,冲压压力的损失会导致发动机效率下降,不利于发动机稳定运行。因此,最好设计一种性能相对独立于直升机运动方向的过滤器。旋翼飞行器的类型也是设计师在安装过滤器时需要考虑的主要因素之一。如果要对现有直升机的进气防护装置进行改装,一个重要的考虑因素是防护装置与机身的集成。如果由于进气防护装置的改装导致机身轮廓发生剧烈变化,则可能需要对旋翼机进行重新认证,这既昂贵又耗时。因此,选取的进气防护装置要与现有机身有机融合才是理想的解决方案。另外,将过滤器与机身融合可以降低结冰的风险。在结冰情况下,冰会积聚并堵塞过滤器的毛孔,导致发动机性能下降,并可能随着时间的推移而恶化,且冰将更容易在正对来流的表面上积聚。因此,减少这种影响的一种方法是调整过滤器的方向,使过滤气流与迎面而来的气流平行。

衡量IBF性能的参数有捕获效率、压降等。过滤器在滤砂的同时,由于其纤维构成的滤网对进气造成了阻力,造成了进气阻拦过滤器固有的压力损失。而且随着收集的砂尘颗粒的增多,阻力的作用总面积不断增大,导致压力损失进一步增大。压降增大的发展过程可分为两个阶段:收集颗粒阶段,也称为"深层过滤",此即压降增大发展的第一阶段,此阶段的分离效果得到增强;当过滤器达到容量极限时,颗粒开始沉积在过滤网表面,形成所谓的"滤饼",此即压降增大发展的第二阶段。在第二阶段,滤布仅仅作为"滤饼"的一种支撑,而"滤饼"则变成主要的过滤介质,此过滤过程称为"表面过滤"。造成 IBF 装置压降的多孔介质有两种:过滤介质和表面滤饼。当过滤器达到容量极限时表面滤饼逐渐积累,而容量则根据颗粒特性而变化,对于给定厚度的过滤器,容量由单位面积的质量确定。颗粒的捕获增加了过滤器的阻力,并导致压降随着时间的推移而增加。由于 IBF 对发动机性能的影响是瞬时的,因此这种压降的上升非常显著。此外,当表面滤饼开始形成时,压力的上升是不连续的,其特征是梯度增加。对这种瞬态压降的研究要从多孔介质中流体流动的基本原理出发。

根据达西定律,IBF 压降 ΔP 可表示为

$$\Delta P = \frac{\mu_f}{k}\frac{\mathrm{d}V}{\mathrm{d}t}\frac{L}{A} \qquad (3-34)$$

式中,L 为砂床长度,$\mathrm{d}V$ 为 $\mathrm{d}t$ 时间内流体体积,A 为砂尘横截面积,k 为流体通过多孔基体的渗透系数。

捕获效率亦称"分离效率"或"收集效率",其定义为过滤掉的砂尘质量与投入的砂尘总质量之比。IBF 捕获效率通常通过实验获得。对于 AC 粗砂而言,棉类过滤器能达到 99.3% 的捕获效率。过滤纤维捕获颗粒很难预测,主要难点在于过滤过程中流动条件(Stokes 数,$Stk = \dfrac{d_p^2 \rho_p U_p}{18\mu_f d_f}$,$U_p$ 为颗粒速度,d_f 为纤维纱线直径)的变化导致了颗粒捕获机理的变化,主要有以下三种捕获机理[65],如图 3-19 所示。

(1) 扩散:当颗粒在随机布朗运动中漫步、穿过流体流线时被纤维拦截,在常温常压条件下颗粒直径大于 500 纳米时几乎不存在布朗扩散。

(2) 直接拦截:颗粒沿着纤维周围的流体流线运动过程中由于体积过大被拦截,当捕获很小的颗粒时可以忽略其作用。

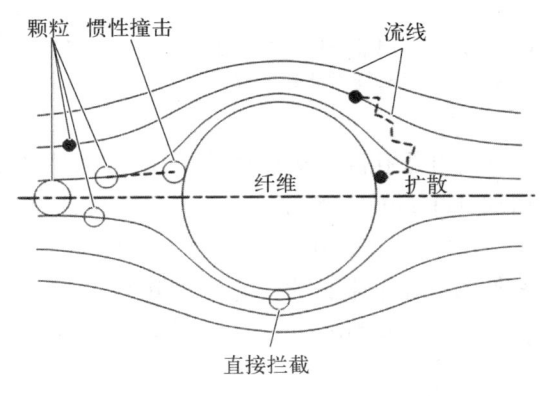

图 3-19 单个纤维的颗粒的三种捕获机理

（3）惯性撞击：颗粒由于较大的惯性不能顺着流体流动路径运动而沉积于纤维表面,当捕获很小的颗粒时可以忽略其作用。

颗粒在流体中的运动主要取决于它的尺寸、形状、质量、温度和速度(包括平动速度和角速度),而其是否黏附于过滤器纤维或其他颗粒则取决于颗粒的恢复系数、表面粗糙度和电荷,以及可能影响吸引力和排斥力(包括黏附力)在内的所有不同流体特性。

还有其他捕获机理,如筛分、范德华力(由电荷不平衡引起)和静电吸引力[1]。筛分机理是由于颗粒直径超过了纤维间孔的直径而被截留。范德华力和静电吸引力的存在与否主要取决于颗粒的尺寸、入射速度、流体黏性、纤维的直径和加载电荷能力。假设 IBF 材料为棉类及颗粒最小尺寸为 1 μm,则可以忽略静电吸引力和范德华力,而只考虑上述四种机理。

单个纤维通过 N 种捕获机理过滤砂尘颗粒的捕获效率 η_N 可表示为

$$\eta_N = 1 - \prod_{i=1}^{N}(1 - \eta_i) \qquad (3-35)$$

式中,η_i 为借助第 i 种捕获机理过滤砂尘的捕获效率。Brown[66]通过实验数据拟合得到了单个纤维的捕获效率。

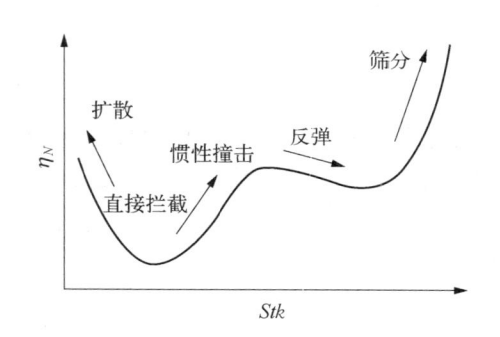

图 3-20 不同捕获机理对纤维捕获效率主导性随斯托克斯数的变化

图 3-20 展示了单个纤维对砂尘颗粒的捕获效率随斯托克斯数/雷诺数的变化趋势。当 $Stk < 0.025$ 时粒子运动受到气体分子之间撞击的干扰,即以布朗扩散机理为主;当粒子直径增大时,粒子开始随流体流线运动。当粒子足够靠近纤维时会被直接拦截。当 $Stk > 0.2$ 时粒子的惯性使其越过流线而被捕获。当 Stk 进一步增加,粒子开始在纤维表面发生反弹,粒子与纤维交界面的附着力不足而导致粒子穿过纤维孔隙未被捕获,因而纤维捕获效率出现小幅降低。当粒子直径进一步增加,IBF 纤维开始像筛子一样起作用,捕获效率迅速上升。

IBF 需用功率的计算方法与 VTS 类似,只不过 IBF 是被动清除装置,即不需要额外的抽吸泵来驱动清除流排除砂尘。因此,IBF 需用功率为保持主流流动所需功率 $W_{c,\text{IBF}}$ 与 IBF 克服阻力所需功率 $W_{D,\text{IBF}}$ 之和[37],即

$$W_{\text{IBF}} = W_{c,\text{IBF}} + W_{D,\text{IBF}} \qquad (3-36)$$

1. 过滤器元件设计

IBF 的滤芯由三到六层材料构成,过滤介质通常由聚酯、毛毡或最常见的编织棉制成褶皱状,并浸渍了一种特殊配方的油,如图 3-21 所示。这种油有多个用处:一是通过充当"黏性阻拦网"来捕获更细的颗粒;二是可以作为一个很好的使用指标,随着污染的增加,油从红色或绿色变为棕色或黑色;三是油具有疏水性,能防止吸水结冰从而延长过滤器寿命。褶状外形增加了过滤器的有效表面积、降低过滤器的压降。目前有两种不同类别的织物过滤器:非机织织物过滤器和机织织物过滤器。前者是纤维床,由随机分类的纤维组成,主要用于深度过滤。后者是排列成晶格结构的纤维纱线,主要用于表面过滤。IBF 目前采用多层机织织物,较大的颗粒聚集在其表面,但较小的颗粒也可能积聚在层间,从而增强了过滤过程。现有的大多数 IBF 使用浸过油的编织棉过滤器,新型的非机织织物有望在未来得到应用,据称其具有更强的分离能力,但需要配合使用黏合剂。另外,在过滤介质中增加涂有环氧树脂的金属丝网,有助于减少磨损损伤及防止外来物体损伤,同时起到加固结构和保护过滤材料的作用。通常的做法是将编织棉层与环氧涂层钢丝网夹在一起,钢丝网由不锈钢或铝等耐腐蚀和耐磨材料制成。典型的网孔尺寸为 60%~70% 的开放面积,如美国专利 6,595,742[67] 所示,优选间距为每英寸①设置 16 条钢丝。金属丝的厚度通常在 0.005~0.015 in(0.127~0.381 mm)之间。由于进气阻拦过滤器中没有安装自清洁或颗粒清除装置,因此需要定期维护。随着时间的推移,滤芯会堵塞,并会因压力损失的增加而降低性能。因此,需要在滤芯上布置压差传感器以监测压降,即测量静压压力与环境压力的差值。当压力损失超出厂家设定的极限值时,传感器会将压差通知到飞行员。当过滤器过度堵塞时,液压

图 3-21　S-76C++直升机 Arriel 2S2 发动机的 IBF 系统

---

① 1 英寸(in)= 25.4 毫米(mm)。

驱动的旁路活门会打开让自由空气进入发动机。旁路活门通常朝后使得在无防护状态下将外物吸入发动机的风险降至最低。

过滤器尺寸是一个重要参数。研究发现,通过增加过滤器的有效表面积,可以减少过滤器上的压降。此外,据 Scimone[67] 报道,为了在侵蚀环境中获得最佳寿命,过滤器的尺寸应使在发动机商业起飞功率(take-off power, TOP)条件下过滤器元件附近的空气的平均速度小于 30 ft/s(约 9.1 m/s),最好在 15 ft/s(约 4.6 m/s)至 25 ft/s(约 7.6 m/s)的范围内。来流空气的速度是通过计算单位有效过滤器表面积的体积流量来确定的。因此,如果发动机的体积流量已知,则可以将上述平均流速作为比值以合理地确定滤芯表面积的大小。

褶皱过滤器的总表面积是单个褶皱的总面积乘以褶皱的数量。定型可通过改变褶高、节距或在开口范围内改变滤网的形状来完成(例如,将滤网表面做成曲面)。典型的褶高在 1~3 in(2.54~7.62 cm)之间,而褶间距为每英寸 3~6 个褶(例如,每厘米最多约 2.5 个褶)。滤芯的尺寸通常为总表面积的 6 倍。褶皱的好处除能在不增加剖面面积的情况下增加过滤器的表面积外,还能提高过滤器结构刚度。例如,美国专利 6,595,742[67] 采用了梳状结构来进一步提高过滤器的刚度,如图 3-22 所示。梳状体横跨从过滤器延伸的多个齿状体,与褶状体啮合。这样的做法有助于保持过滤器的形状,从而实现均匀的流动面积以及低而稳定的压降。在方便清洁滤网的前提下,可以根据过滤器的大小使用多个梳状结构。

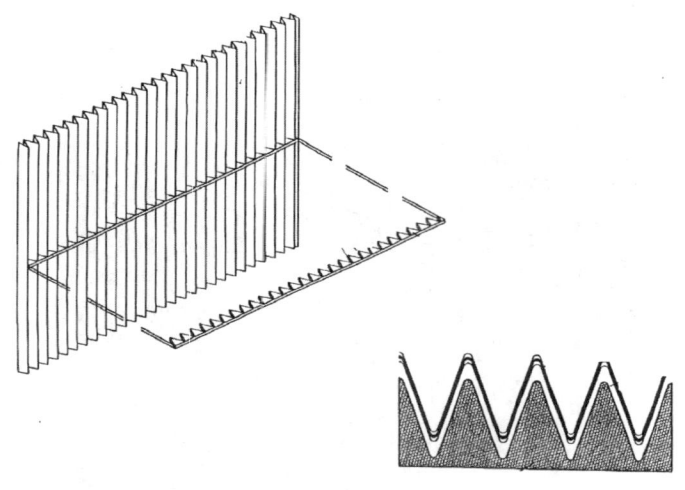

图 3-22　带有梳状结构的褶皱过滤器元件[67]

由于 IBF 中没有自清洁或颗粒去除装置,因此需要定期维护。IBF 系统的本质是,随着时间的推移,滤芯会堵塞,并且由于压力损失的增加而不断失去性能。为了监测这一点,一个压力传感器被放置在过滤器元件上,它根据环境压力测量充气压力。

2. IBF 对性能的影响

安装 IBF 的最大好处当然是去除空气中的砂尘颗粒，一些制造商声称已经实现了实验室内对 SAE 粗砂 99.28% 的过滤效率。IBF 系统比前面两种 EAPS 系统更轻、更便宜，而且与涡旋管分流器阵列不同，IBF 对气流的畸变很小。据说褶皱的过滤器表面反而有助于稳定气流。

IBF 的主要缺陷是性能随着时间的推移而恶化。当滤芯堵塞时，空气越来越难以通过，从而导致压力损失的增加。当洁净空气通过新的滤芯时，压力损失在 0.5 kPa 左右。在充满砂尘的环境中工作 100 小时后，压力损失通常会上升到 3 kPa 左右，这比另外两类 EAPS 系统受到的压力损失要大。

3. 应用

IBF 在很多类型和尺寸的直升机上都有应用。例如，像 UH‑60 黑鹰直升机这样的旋翼飞行器可能在初始型号设计时没有考虑进气口防护，而在机体改进时加入了 IBF。例如，美国专利 7,192,562[68] 涉及一种用于 UH‑60 黑鹰直升机的发动机空气过滤器及密封系统，该系统简单地安装在发动机进气道前面的机身上，如图 3‑23 所示，新增的是一个由三块过滤面板和一个正面旁路活门组成的盒子。

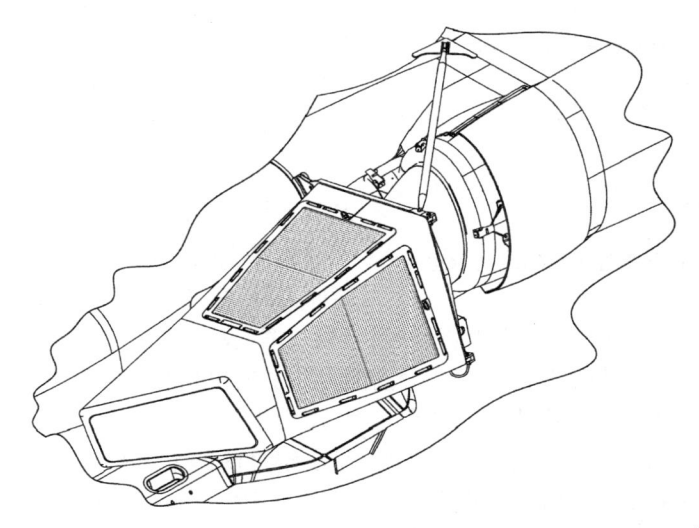

图 3‑23　为西科斯基 UH‑60 黑鹰直升机设计的发动机空气过滤器[68]

对于大型旋翼飞行器来说，将进气防护系统与机身相结合是特别困难的，这是因为大型旋翼飞行器通常都带有两个突出的大型发动机以满足更大的动力要求。相比之下，较小的旋翼飞行器，特别是单引擎的飞行器，可以将发动机埋入机身内，通过机身两侧的进气口为发动机提供足够的空气，因此可以很容易地安装进气防护装置。发动机制造商可能会在发动机进气前留下一个充气室，如贝尔 206B 直升机，这样就可以根据客户的需要安装各种类型的进气防护装置。贝尔 206B 直升机的进气保护装置埋入机身内，而其他一些直升机，如麦道 MD500 直升机，由于其发动机较大，因而过滤器融入机身的侧面以获得更大的过滤器平台面积。

4. IBF 理论

目前，关于 IBF 系统的公开技术出版物几乎没有。因此，很难获得有关 IBF 系统相关的工程信息。但是，有关"过滤"的话题受到广泛的关注，过滤技术广泛应用于工程实际且有充分的记录。因此，我们对 IBF 系统的认知不可避免地建立在与"过滤"有关学科的理论体系之上。

过滤有两种方式，即深度过滤和表面过滤。深度过滤是指含砂空气透过过滤介质时砂尘颗粒的分离过程发生于介质的整个深度范围内。深度过滤器通常由一叠纤维或一层砂组成，并依赖于颗粒对过滤器成分的黏附。由于该过程中砂尘对过滤器的污染很大，因此深度过滤器不能重复使用。与之形成鲜明对比的是第二种过滤方式，称为表面过滤（捕获机制），过滤器类似筛子，分离效果取决于介质中孔径的大小。当颗粒太大而无法通过过滤器时便开始在过滤器表面积聚，形成一个"滤饼"，如图 3-24 所示。滤饼短时间内增大能进一步提高过滤器的分离能力，但不利结果是增加压力损失。然而，与深度过滤器不同的是，滤饼可以从过滤器的表面去除，使得这种类型的过滤器可重复使用。由于这个原因及其几乎 100% 的高分离效率，表面过滤成为 IBF 元件采用的主要工艺。不过，进气阻拦过滤器的高分离能力几乎被相应的介质压力损失所抵消。

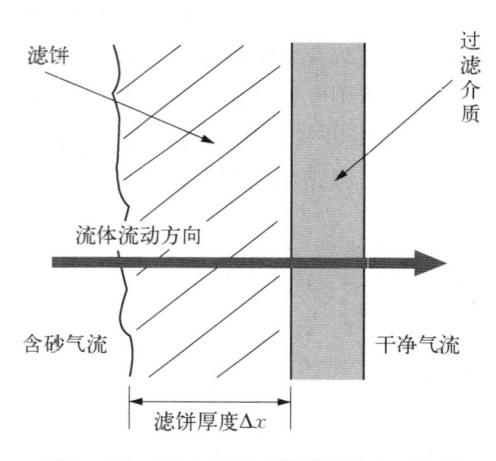

图 3-24 通过表面过滤器的流动示意图

决定表面过滤器有效性的因素有多个，压力损失是其中之一。压降越低，过滤器性能越好。由于滤饼增强了过滤过程，是决定过滤器整体性能的重要因素，因此有必要考虑滤饼在过滤器上的存在。压力损失归因于空气通过过滤介质或滤饼内相互连接的孔隙时发生的摩擦损失。影响这一过程的因素体现在水平层流的达西定律中，该定律指出，均匀过滤介质的压降与过滤器厚度、流体体积流量和流体黏度成正比，而与过滤面积和渗透率 k 成反比。渗透率是流体通过多孔介质的难易程度的度量。虽然达西定律中的其他因素可以归因于流动特性或过滤器的尺寸，但渗透率是介质基质的直接属性。Bear[69] 提出，固体基体相关的性能主要包括晶粒（或孔隙）尺寸分布、晶粒（或孔隙）形状、扭曲度、比表面积和孔隙率。由于滤饼是由各种各样的未知性质的颗粒组成的,上述性质很难测量,因此,目前研究大多采用经验、半经验或理论方法来确定滤饼的渗透系数。另外,如果能够确定某些滤饼特性对多孔介质渗透率的影响,则可确定给定流动条件下相应的压降。例如,Chen 和 Hsiau[70]的一项研究表明,较大的表面速度会增加滤饼上的压应力,导致更大的压实和更大的阻力,其结果是产生更大的压力损失。相反,即使滤饼的平均厚度仅增加 1 mm,收集效率也会提高 0.686%。尽管这个实验是用烧煤发电厂的灰尘进行的,但这个原理显然可以推广到其他类型的砂尘颗粒。

与滤饼特性研究相比,阻拦过滤介质的渗透率通常被认为是一个设定值,由材料、编织和纱线性能决定。织物的渗透率基于空气的流动,用以评估过滤器在规定压力梯度下传输空气的能力,通常以每分钟每平方英尺通过多少立方英尺的空气来衡量,不考虑过滤器厚度和空气黏度,并应用达西定律进行经验量化。现代 IBF 使用的过滤介质是棉织物,夹在两个环氧涂层钢丝网之间。影响过滤器性能的另一个参数是"纳垢能力",即过滤器在低于预定压降的情况下截留颗粒的能力。较强的纳垢能力能增加过滤器的维护间隔,从而延长使用寿命。褶皱、网孔及织物材料都能影响过滤器的纳垢能力。

应用达西定律可以得到一个实用的过滤器模型,流过发动机进口面积 A 的空气质量通量可以写作:

$$\dot{Q} = \frac{kA}{\mu} \frac{p_1 - p_2}{\Delta x} \tag{3-37}$$

式中,k 为过滤介质渗透率,Δx 为过滤器厚度,μ 为空气的动力黏性系数。对图 3-24 中的情况应用该方程,得到通过过滤器的速度 U 为

$$U = \frac{p_1 - p_2}{\mu}\left(\frac{k}{\Delta x}\right)_f = \frac{p_2 - p_3}{\mu}\left(\frac{k}{\Delta x}\right)_c \tag{3-38}$$

式中,下标"f"和"c"分别代表过滤器(filter)和滤饼(cake)相应的量。消除中间压力 p_2,可得

$$U = \frac{p_1 - p_3}{\mu[(\Delta x/k)_c + (\Delta x/k)_f]} \tag{3-39}$$

一般假设过滤器渗透率不变。因此,过滤器性能取决于滤饼的特性或其阻力:

$$\alpha = \mu \frac{\Delta x}{k} \tag{3-40}$$

当滤饼厚度随时间增加时,发动机进口压降也随之增加。进口速度 U 的变化比较温和,原则上对于在恒定质量流量下工作的发动机不应该有任何变化。

滤饼厚度随工作时间的变化可由质量平衡方程计算得到:

$$\Delta x_c = \frac{V_c}{A_f} \quad (3-41)$$

式中，V_c 为滤饼体积，A_f 为有效过滤器面积，$A_f/A \approx 6$。

IBF 收集效率（或称分离效率）η 表示被分离的粒子质量 m_{ps}（或质量流量 $\dot{m}_{ps}$）占进气道入口总粒子质量 m_p（或质量流量 $\dot{m}_p$）的比重，即

$$\eta = \frac{m_{ps}}{m_p} = \frac{\dot{m}_{ps}}{\dot{m}_p} \quad (3-42)$$

因此，方程(3-41)即

$$\Delta x_c = \frac{V_{ps}}{A_f} = \frac{m_{ps}}{\rho_c A_f} \quad (3-43)$$

式中，ρ_c 表示滤饼的平均密度，比压实的颗粒密度要小，未压实的砂尘密度可低至 1 200 kg/m³。滤饼厚度随时间的变化可写作：

$$\frac{\mathrm{d}\Delta x_c}{\mathrm{d}t} = \frac{\dot{m}_{ps}}{\rho_c A_f} = \frac{\eta \dot{m}_p}{\rho_c A_f} = \frac{\eta c \dot{m}}{\rho_c A_f} \quad (3-44)$$

式中，c 为砂尘质量浓度，见方程(2-2)或方程(3-6)。方程(3-44)只有在所有分离的颗粒仍滞留在滤饼中时才有效。事实上，这是不太可能发生的，因为当进来的颗粒撞击滤饼时滤饼上颗粒会部分发生不确定地反弹或脱落，甚至会被诸如旋翼下洗流和重力效应等外部因素擦除掉。这些现象使得对滤饼生长过程和通过 IBF 的压力损失的预测更加复杂化。为了考虑这种影响，设 f 为回落/反弹率（$0 < f < 1$），则实际厚度增长率为

$$\frac{\mathrm{d}\Delta x_c}{\mathrm{d}t} = \frac{\eta c \dot{m}}{\rho_c A_f}(1-f) \quad (3-45)$$

上述瞬态问题可以作为常微分方程系统来解决。未知量包括滤饼厚度、进口流速、压降、分离效率和滤饼渗透率。在一阶分析中，可作如下假设以简化计算：① 滤饼渗透率为常数；② 进气速度不受滤饼厚度的影响而取决于发动机的流量要求（恒定；不考虑冲压效应）；③ IBF 制造商出具的报告里 IBF 的分离效率通常为常数，尽管由于滤饼的存在，分离效率有时会得到提升；④ 没有相关资料来评估滤饼的主要特性，如孔隙度和稠度；⑤ 没有相关资料来评估颗粒反弹和回落的影响。

当渗透率为常数时，由方程(3-44)可得滤饼厚度随时间均匀变化，即

$$\Delta x_c(t) = \frac{\eta c \dot{m}}{\rho_c A_f}(1-f)t \quad (3-46)$$

当砂尘浓度 $c \approx 10^{-4}$，且不考虑颗粒反弹或回落（$f = 0$）时，

$$\frac{\eta c \dot{m}}{\rho_c A_f} \approx 2 \times 10^{-7} (\text{m/s}) = 7.2 \times 10^{-4} (\text{m/h}) \tag{3-47}$$

令 $R = \mu[(\Delta x/k)_c + (\Delta x/k)_f]$，则对方程(3-39)进行时间差分，得到：

$$\frac{dU}{dt} = \frac{1}{R}\frac{d\Delta p}{dt} - \frac{\Delta p}{R^2}\frac{dR}{dt} = 0 \tag{3-48}$$

或

$$\frac{d\Delta p}{dt} = \frac{\Delta p}{R}\frac{dR}{dt} \tag{3-49}$$

求解上述方程，得到：

$$\frac{\Delta p}{\Delta p_0} = 1 + \frac{(\Delta x/k)_c}{(\Delta x/k)_f} \tag{3-50}$$

式中，下标"0"表示 $t = 0$ 时刻干净的过滤器。因此，压降的增加与时间成正比，其梯度取决于滤饼与过滤器特性的组合，渗透率的确切物理特性取决于介质的类型。

如果过滤器面积、初始压降（制造商出具）已知，根据方程(3-37)可估算渗透率 k：

$$k = \left(\frac{\Delta x}{\Delta p}\right)\left(\frac{\dot{m}}{\rho A_f}\right)\mu \tag{3-51}$$

方程(3-51)中的参数如下：$\Delta p \approx 0.5 \text{kPa}$，$\Delta x \approx 5 \times 10^{-3} \text{m}$，$\dot{m}/A \approx 20 \text{kg/(s} \cdot \text{m}^2)$，$A_f \approx 6A$。根据上述参数可得标准海平面条件下过滤器渗透率 $k \approx 6 \times 10^{-10} \text{m}^2$。值得注意的是，由于不同的过滤器褶皱、金属丝网、润滑性和大气湿度，这个渗透率值可能会发生相当大的变化。

Krumbein 和 Monk[71] 给出了滤饼渗透率的估算公式，如下式所示：

$$k = 6.17 \times 10^{-34} d^2 (\text{m}^2) \tag{3-52}$$

式中，d 为颗粒的平均直径，单位为 μm。颗粒平均直径为 100 μm 对应的滤饼渗透率在 10^{-11}m^2 数量级。由于颗粒尺寸和孔隙度的差别，滤饼渗透率的大小至少会在两个数量级范围内变化，不确定度至少为 10 D（1 D $\approx 10^{-12} \text{m}^2$）。单独增大孔隙度可将渗透率提高一个数量级。由于缺乏相关应用的技术数据，可以合理假设滤饼的渗透率与过滤器本身的渗透率大小在同一量级，该假设可通过反向工程来验证。实际上，从 IBF 制造商提供的数据来看，在工作 100 小时后 IBF 压力损失将增加到约 3 kPa。进一步假设滤饼厚度 $\Delta x_c \approx \Delta x_f$，对方程(3-50)求解 k_f/k_c 可得 $k_f/k_c \approx 5$，

且 $k_c \approx 10^{-10} \text{ m}^2$，该结果比根据方程(3-52)求得的结果大体上要高一个数量级。如果考虑颗粒回落的影响[即考虑方程(3-45)中的 f]，滤饼渗透率最合理的估算结果为 $k_c \approx k_f$。图 3-25 所示为三个回落系数对应的 IBF 压力损失估计值随工作时间的函数关系。

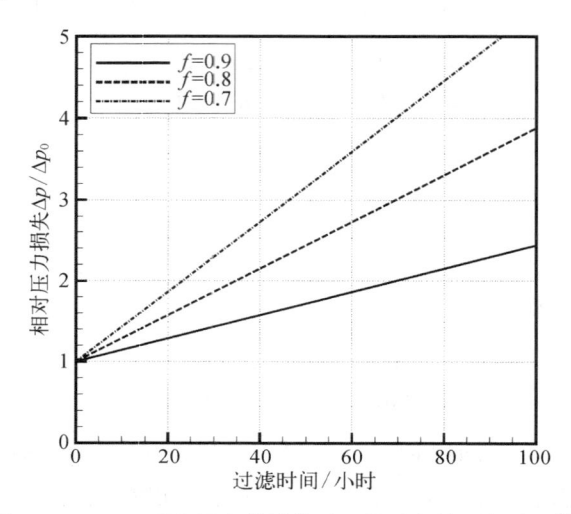

图 3-25 IBF 压力损失估计值随工作时间的函数关系[39]

5. IBF 技术总结

IBF 在过滤发动机来流空气中的砂尘颗粒进而延长了发动机寿命方面取得成功，使其在旋翼飞行器上得到广泛的应用。IBF 系统安装在发动机进气道前面，迫使流入的空气通过多孔过滤器元件。滤芯由三到六层的编织棉等材料构成，并浸渍了一种特殊配方的油，使其作为"黏性阻拦网"来帮助分离，并有助于提高过滤器表面疏水性，预防结冰。过滤介质夹在两个金属丝筛网之间，使元件能够褶皱，这一做法不仅增加了过滤器表面的结构刚性，同时有效过滤面积也增加到总表面积的 6 倍。然而，进气过滤的性能优势被首次安装时约 0.5 kPa 的压力损失所抵消，随着过滤器的使用，压力损失可能会上升到 3 kPa。IBF 的使用寿命取决于其工作环境，典型的使用寿命范围为 1 000～5 000 小时。应根据运行环境每隔 50～300 小时对 IBF 进行清洗、检查、维修，以清除过滤器中堆积的滤饼。

与 IBF 相关的压力损失取决于滤饼和介质的渗透率，以及过滤器的纳垢能力。在一阶分析中，后者在很大程度上被忽略了，并且为了预测压力随时间的恶化而做了一些假设。由于摩擦效应引起初始压降的基础是干净 IBF 的渗透性。根据分析，压降随时间线性上升，上升速率由"回落/反弹因子"决定，该因子用于考虑颗粒受到外部影响而发生反弹或被吹除的可能性。由于滤饼厚度和压降都随时间增长但不会严重阻碍流动，因此一阶分析受到了限制。简而言之，过滤器永远不会堵塞。实际上,这种情况是不可能发生的。在恒定的工作温度下,压降经过最初的非线性跳跃后会随着时间的推移而不断上升,此时元件已变得过于堵塞而无法继续有效工作,过滤器上砂尘颗粒的累积导致渗透率随着污染程度的加剧而成比例降低[72]。需要指出的是,渗透率的定义往往是含糊不清的,其包含了滤饼厚度对流动限制的影响,在达西定律计算压降时其是一个单独考虑因素,如式(3-37)所示。前面的分析将渗透率视为多孔介质基质的一种性质,单独考虑其厚度和面积。恒定渗透系数的假设是基于以下与饼状基质性质有关的一些假设:首先,假设滤饼是均匀、各向同性的,在现实中不太可能存在。均匀滤饼的颗粒不太可能仅由一种材料组成;对于各向同性的滤饼,在大多数分层材料中,沿沉积平面的流动阻力小于分层材料上的流动阻力。然而,这些因素很难预测,因此可以通过统计模型使其保持不变。相反,孔隙度的空间变化更有可能导致渗透率随时间而恶化。随着时间的推移,滤饼中颗粒间的间隙逐渐减小,导致本来可以通过 IBF 的小颗粒会越来越难以穿过滤饼。这种颗粒的持续积聚最终会导致所有气孔被堵塞,空气无法继续通过滤饼。当然,该过程将使更多颗粒被滤饼阻隔,从而提高了过滤器的整体分离效率。影响渗透率恶化的另一个被忽视的因素是局部流动条件的变化。实际上,由于发动机要求和飞机操作的变化,表面速度可能会发生变化。Chen 和 Hsiau[70]研究表明,由于压实效应,滤饼阻力与流速成正比增加,从而有助于减少滤饼的孔隙率,限制了空气可以流动的自由空间的体积。同样,温度不仅可以通过改变空气黏度来影响渗透率,而且如果温度足够低,还可以导致滤饼内发生结冰而使滤饼凝固,造成元件堵塞或部分堵塞,压力异常升高。因此,渗透系数 k 很明显不是过滤器性能的简单决定因素。由于受到各种因素的影响,滤饼不断发生变化,导致不同排列的结构成分。由于缺乏在这一特殊应用上的技术数据,这些因素无法考虑,只能作一些简化假设。然而,研究表明,压降、渗透率和滤饼厚度密切相关,并受到局部流动条件和颗粒成分的影响。未来研究可考虑滤饼的孔隙度和组成、环境因素、滤芯特性,从而通过更加准确的分析方法来证实压降随工作时间增加的变化趋势。

3.1.4 三种分离器之比较

评价不同粒子分离系统的性能,除了从压降、分离效率、需用功率等方面进行比较外,还可以引入品质因子(quality factor, QF)这个概念。品质因子结合了压力损失和分离能力,其定义表达式如下:

$$QF = \frac{-\ln(1-\eta)}{\Delta P} \tag{3-53}$$

式中,η 为 EAPS 的分离效率,ΔP 为总压压降。EAPS 分离效率越高、压降越小,则性能越好，QF 值越大。但 QF 值大并不能直接反映是高分离效率还是低压降的原因，因此在使用 QF 评价时需结合压降和效率的具体情况进行性能分析。

图 3-26 比较了特定构型和参数的三种传统粒子分离器对亚利桑那 AC 细砂（0~200 μm，平均粒径 17.9 μm）和 AC 粗砂（0~200 μm，平均粒径 49.4 μm）的分离能力，图中 CDF 为累积密度函数。从图 3-26 可以看出，进气阻拦过滤器（IBF）分离效率最高，尤其是对 AC 粗砂中最大直径颗粒的分离效率几乎达到 100%。而惯性粒子分离器（IPS）的分离效率最低，尤其是对 AC 细砂，分离效率最高约为 60%。从表 3-2 也可以看出，在全寿命周期内 IBF 对 AC 粗砂的分离效率最高，而 IPS 最低。图 3-27 比较了三种传统分砂装置的需用功率。可以看出，惯性粒子分离器（IPS）需用功率最高。进气阻拦过滤器（IBF）在低流量时需用功率较低，在 4 kg/s 流量之后需用功率随着流量的增大而显著增加，例如，起飞和降落阶段。图 3-28 比较了三种分砂装置品质因子随过滤 AC 粗砂捕获质量和发动机进气流量变化的影响。从图 3-28(a) 可以看出，起初 IBF 表现最好，然而随着捕获砂尘质量的增大，粒子沉积严重对滤网造成严重堵塞，IBF 压降上升，品质因子急剧恶化，在捕获了 5 kg 砂尘颗粒后 IBF 品质因子最低。从图 3-28(b) 可以看出，随着发动机进气流量的增加，三种分砂装置的品质因子都呈线性下降的趋势，表明由于流量增加导致的总压损失并未被提高的分离效率完全抵消。从图 3-28(b) 亦可看出，VTS 和 IBF 性能优于 IPS，VTS 整体性能最佳。当然，需要注意的是，这里仅讨论了文献 [37] 中的特定的三种分砂装置，上述结果和结论并不都具备普适性。在实际应用上述 4 种性能指标比较不同种类的分砂装置或同类装置的不同构型时，应具体情况具体分析。

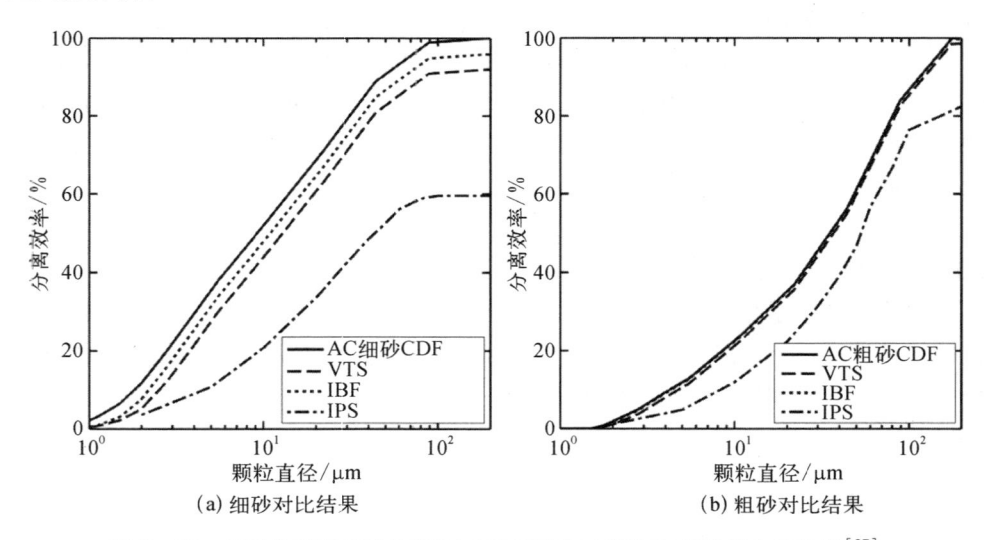

(a) 细砂对比结果

(b) 粗砂对比结果

图 3-26　三种传统粒子分离器对 AC 细砂和 AC 粗砂分离能力的比较[37]

表 3-2　全寿命周期内三种传统粒子分离器对 AC 粗砂分离能力的比较[37]

粒子分离器类型	分离效率	AC 粗砂有效直径	质量平均直径
VTS	95.06%	38.74 μm	1.79 μm
IBF	98.36%	38.74 μm	1.48 μm
IPS	79.08%	49.38 μm	6.24 μm

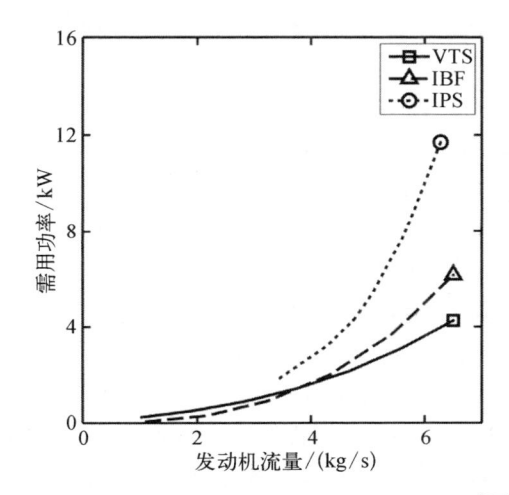

图 3-27　三种传统分砂装置需用功率的对比[37]

(a) 品质因子随AC粗砂捕获质量变化的影响　　(b) 品质因子随发动机进气流量变化的影响

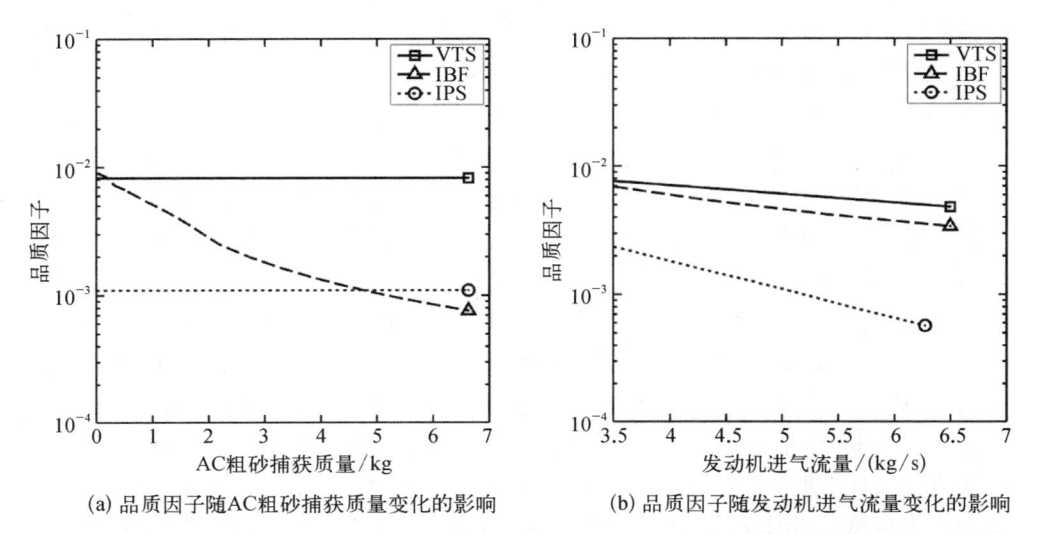

图 3-28　三种分砂装置品质因子随过滤 AC 粗砂捕获质量和发动机进气流量变化的影响[37]

3.2 智能粒子分离器

显然,3.1.2节提及的IPS喉道速度与扫气流量之间的权衡是基于定常、均匀来流条件下的微妙妥协。实际上,由于飞行条件的变化和旋翼下洗流的变化,直升机发动机的进气是非定常、非均匀的。研究表明,粒子分离器内部流动条件是由装置的几何形状决定的,而流动条件又决定了分离器的性能。因此,IPS的性能很可能受到飞行中进气条件的影响,正是这个问题推动了IPS设计的最新发展。

通过结合新技术,可以适应不同飞行条件下性能最优的IPS设计被提出。借助一些检测系统,如侧面光学装置、测速装置、热电偶、砂尘探测器、颗粒分析仪或一些其他的颗粒传感装置,将其布置在分离器后部的洁净空气管道内来决定IPS需要作哪些更改。例如,2004年波音公司提出了一种可变形粒子分离器的专利6,702,873[58],如图3－29所示。控制器通过电子方式耦合到砂尘颗粒传感器(60)和干净流体参数调节系统上,可以通过调整惯性进气粒子分离器(56)的流体参数(如管道壁面形状、分流器长度、洁净流道入口的开口大小或其他流体参数)来微调效率和功耗。参数调节系统通过形状记忆合金作动器(82)和蜗轮(84)对轮毂(中心体,78)和分流器(76)进行控制来实现低压力损失(亦即高气动性能)模式与高分离效率模式的切换。中心体(78)壁面上使用一系列层叠板(85)、蜗轮(84)及记忆合金等材料来实施变形方案。当蜗轮(84)旋转时,层叠板(85)将重新排列,形成不同的刚性形状。另外,利用蜗轮(84)和记忆合金来改变分流器(76)的轴向位置。当IPS处于高浓度砂尘环境时,中心体(78)壁面向外凸起,分流器(76)位置前移,可使粒子分离器的分砂效率得到很大的提高。而当IPS处于洁净空气环境中时,中心体(78)壁面向下缩回直至平缓,分流器(76)位置后移,此时主流道的气动性能得到明显的提升,其出口的气流总压损失下降,流场均匀性也显著改善,此即自适应表面技术。当飞行速度较高造成扫气流量增大时,自适应表面能够降低叶轮的功率消耗和压力损失。这种变形粒子分离器的设计方案很是精巧,但在具体实现上存在较大问题,如基于层叠板的下壁面变形方案结构复杂,实现难度较大,对主流流动有显著干扰,且存在密封、周向变形均匀性等问题。目前,自适应表面IPS技术已被成功应用到TBM 900公务机的PT6A发动机上,如图3－30所示。进气道内主要偏转机构包括上游的滑橇形翻板、下游的旁路活门及驱动翻板和活门偏转的连杆机构。在干净空气条件下,借助活门使清除流道关闭,进入进气道的空气全部进入发动机增压室,此时进气系统处于低流动损失模式。当受污染的空气进入进气道后,通过上游和下游平板的配合使得发动机流道入口面积减小,同时打开活门使得砂尘在惯性力作用下沿下方的清除流道排出到外界大气中,此时进气系统处于高砂尘分离模式,但同时流动损失也有所增加。该设计相当于仅用到图 3-29 中的可移动分流器策略,一方面说明自适应表面 IPS 技术在实际应用过程中可进行一定的取舍,另一方面也表明 TBM 900 粒子分离器砂尘分离效率存在进一步提高的可能性(如通过图 3-29 中的中心体壁面变形策略)。

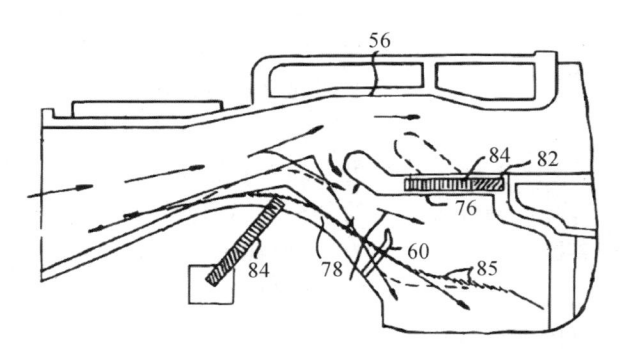

图 3-29 基于中心体壁面和可移动分流器的自适应表面 IPS 技术原理图[58]

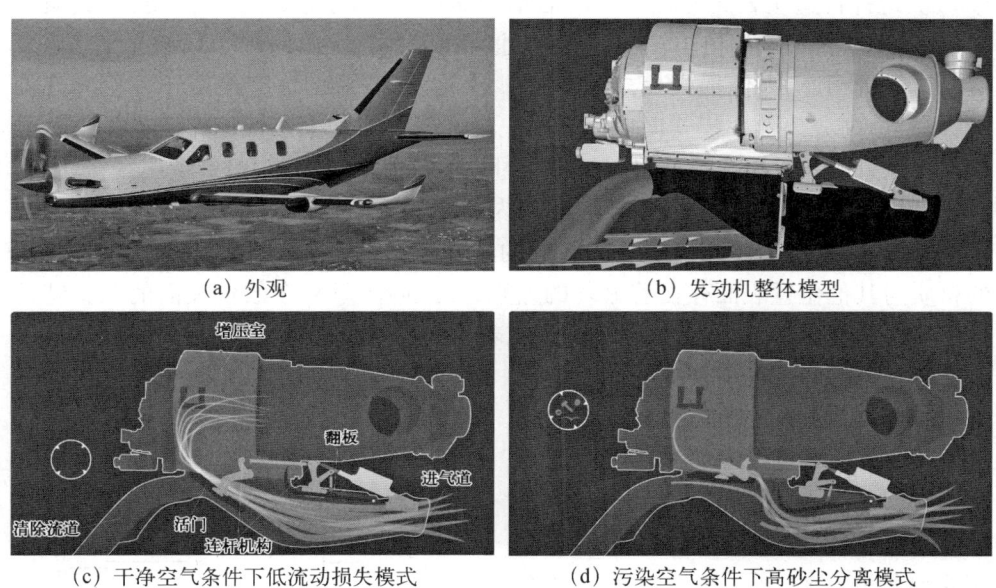

图 3-30 TBM 900 公务机自适应表面 IPS 技术示意图

(a) 外观　　(b) 发动机整体模型
(c) 干净空气条件下低流动损失模式　　(d) 污染空气条件下高砂尘分离模式

同样,欧洲专利 1,908,939 公开了另外一种基于中心体驼峰变形的变几何粒子分离器[73],如图 3-31 所示。该粒子分离器在内壁面的驼峰处设置了一个柔性鼓包(50),柔性鼓包上设置了一个通气孔与压气机相连,通过对其充气可以实现

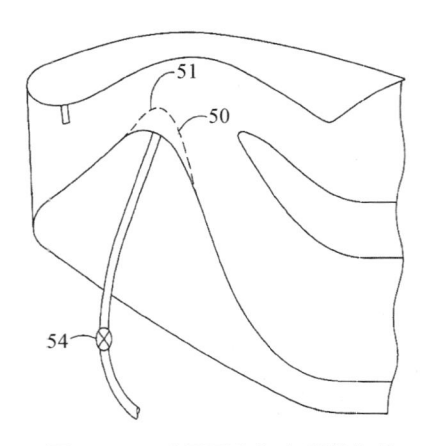

图 3-31 采用可充气变形鼓包的粒子分离器概念[73]

膨胀变形以缩小环形喉道面积。当直升机飞行于干净的空气环境中时,如高空巡航,该柔性鼓包处于放气状态,紧贴在中心体壁面上,此时,粒子分离器工作于低压力损失模式;而当直升机工作于砂尘浓度很高的环境中时,如在沙漠中悬停或低空前飞时,控制阀(54)打开,压气机对柔性鼓包进行充气,柔性鼓包向上凸起,呈现最大变形状态,新轮廓表面为含有颗粒的空气创造了更大的偏转空间,产生了更大的入流加速度,有助于提高分离器对砂尘的分离效率,此时粒子分离器处于高分离效率模式,但代价是压力损失的增加。另外,为了防止鼓包过大带来背风侧流动分离过大的不利影响,在该可充气的柔性鼓包背风表面设置了一排切向排气出口槽用于吹除附面层,降低了流动分离和进气道流动畸变的风险,使干净的气流附着在顶部表面(51)。这种自适应表面的粒子分离器结构简单,调节手段也相对简便,且其质量较小,给发动机带来的负担较小,但同时也存在着一些突出问题:① 该充气管路直接与压气机相连,由低损失模式向高排砂性能模式转换时,直接由压气机充气即可,但是由高分离效率模式向低压力损失模式转换时却无法快速完成;② 柔性鼓包后方设置的一排小孔需要将压气机引过来的气流排至下游,浪费了压气机功率,给发动机增加了负担;③ 由于柔性鼓包内的空气不断向下游排出,在一定的外部气流压力下,维持柔性鼓包向外凸起后的状态存在一定的困难;④ 由于柔性鼓包的材质与其他位置表面存在着显著的差别,导致砂尘颗粒在鼓包表面的反弹特性发生显著的变化,使得粒子运动轨迹存在着一定的不确定性,从而增大颗粒进入主流道的概率并降低分离器的分砂性能。

2016 年,顿洪超等[74]通过专利公布了一种自适应惯性粒子分离器的设计概念,如图 3-32 所示,跟波音公司提出的设计概念相比,除更改中心体壁面和分流器轴向位置外,还可通过更改粒子分离器的外壳型面来保证其工作效率。在实现手段方面,顿洪超等通过气缸来调节外壳和中心体的型面,通过控制杆来实现劈尖(分流器)轴向位置的变化。但在中心体壁面和外壳使用材料、实现方

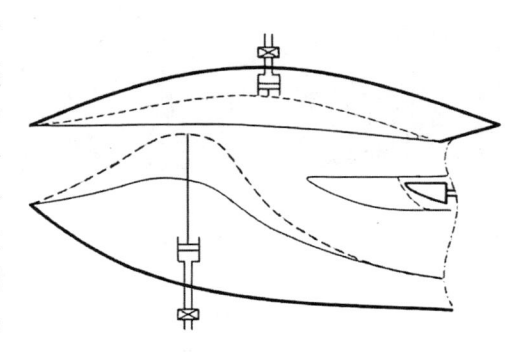

图 3-32 自适应惯性粒子分离器设计概念图[74]

法的问题上,设计概念中只指出结构是可变形的,并没给出明确的结构方案及具体材料,同样存在难以工程应用的问题。

  2018 年,南京航空航天大学凌械[75]提出了一种带柔性可变形鼓包的粒子分离器的设计方案,在粒子分离器中心体鼓包处铺设一层柔性鼓包,通过更改柔性鼓包内的气压改变鼓包高度,其工作机理及三维造型如图 3-33 所示。可变形中心体鼓包主要采用帘线/橡胶复合材料,不仅具有大变形的特点,而且能够承担一定的负载,广泛地运用在轮胎、空气弹簧和缓冲器。当直升机工作于高浓度砂尘环境时,通过增加柔性鼓包高度,使粒子分离器处于高排砂效率模式;当直升机处于巡航状态时,降低柔性鼓包高度,使粒子分离器处于高气动效率模式。通过连续调节中心体鼓包高度,使粒子分离器的工作状态满足工作环境的需求。将柔性可变形鼓包制作出来并借助纹影系统对其轮廓型线进行标定,利用纹影技术产生的平行光照射柔性鼓包,以获得其外轮廓图像,并在改变柔性鼓包内气压的过程中采用高分辨率照相机对其进行实时记录。其中两种典型变形状态的鼓包外轮廓图像如图 3-34 所示。当鼓包高度从 $\Delta r = 0$ mm 增加到 $\Delta r = 7.5$ mm 时,主流总压恢复系数从 0.984 下降到 0.969,喉道下游处中心体及外罩壁面逆压梯度增大,附面层增厚,低能流增多,主流出口总压下降,总压畸变增大;与此同时,AC 砂的分离效率得到显著提高,从 84.34% 上升到 90.23%,提高了 5.89%,而 C 砂分离效率的提高并不明显,从 97.09% 上升到 98.45%。初步验证了鼓包变形对气动性能和分砂性能调节的有效性。

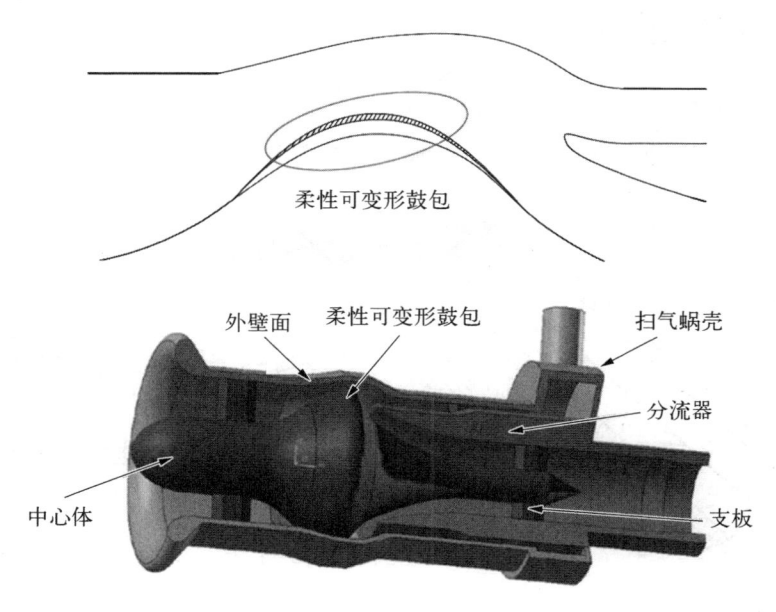

图 3-33 带柔性可变形鼓包的粒子分离器工作机理及三维造型图[75]

(a) $\Delta r = 0$ mm (b) $\Delta r = 7.5$ mm

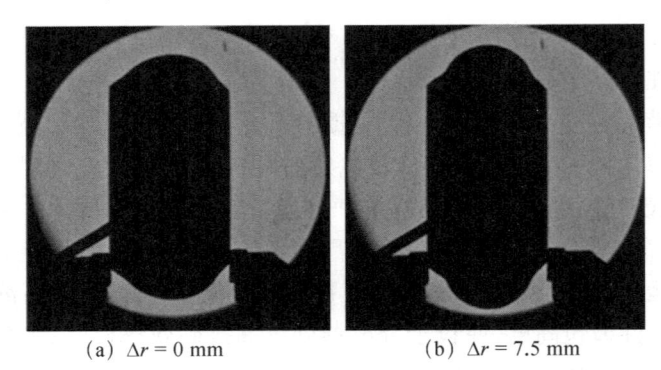

图 3-34 两种典型变形状态的鼓包外轮廓图像[75]

3.3 辅助分砂技术

涡轴发动机粒子分离系统对粗砂普遍具有良好的分离效率,主要挑战在于如何实现对 0~200 μm 细砂的较高分离效率。例如,对于惯性粒子分离器而言,目前性能较高的能达到 90% 以上的粗砂分离效率,而细砂分离效率基本都在 80% 以下。因此,如果能在以惯性粒子分离器为主分砂工具的基础上,设计增加一些辅助分砂功能来提高细砂分离效率,将对整个涡轴发动机砂尘防护水平起到巨大的推动作用。目前,国内外学者在这方面已开展了一些探索性、机理性工作。下面将介绍两种辅助分砂技术:流动控制和声波控制。

3.3.1 流动控制

流量控制的一种应用见于美国专利 7,296,395B1[76],如图 3-35 所示。该专

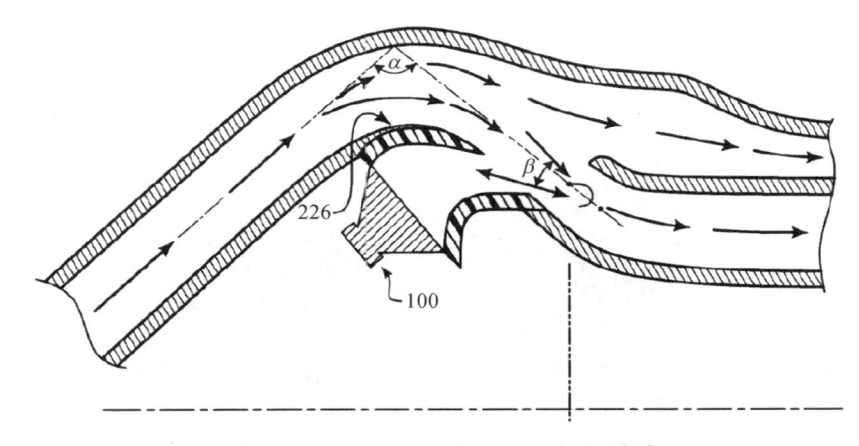

图 3-35 带主动流动控制功能的 IPS[76]

利在驼峰后部安装了一个零质量主动流动装置(100)，通过在一定频率范围内发射与流动方向成小角度(β)的脉冲，使与内壁(226)相邻的边界层保持附着于壁面并给边界层充能。在本例中，有 5 个这样的装置，径向等间距布置，可以在某些入流条件下消除分离的风险，同时能获得更大的流动偏转角度(α)。

南京航空航天大学进气道团队针对整体无旋式惯性粒子分离器对小粒径砂尘分离效率低下的问题，提出了一种通过引入局部射流形成气动鼓包，以提升粒子分离器对小粒径砂尘分离效率的方法，并通过仿真验证了该方法的有效性。从图 3-36 可以看出，在引入射流后，在中心体鼓包内侧出现了一个回流区，中心体近壁面流线在原鼓包位置形成了一个直径更大的"气动鼓包"。从图 3-37 可以看出，砂尘运动轨迹在气动鼓包的作用下朝外壁面偏转，进入主流道的砂尘数量明显减少，证明

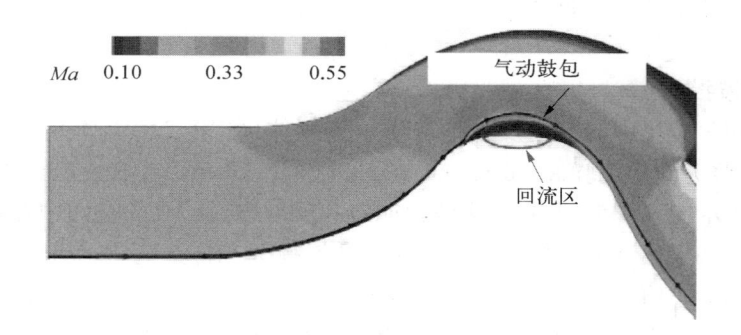

图 3-36 引入射流后的流场特性[77]

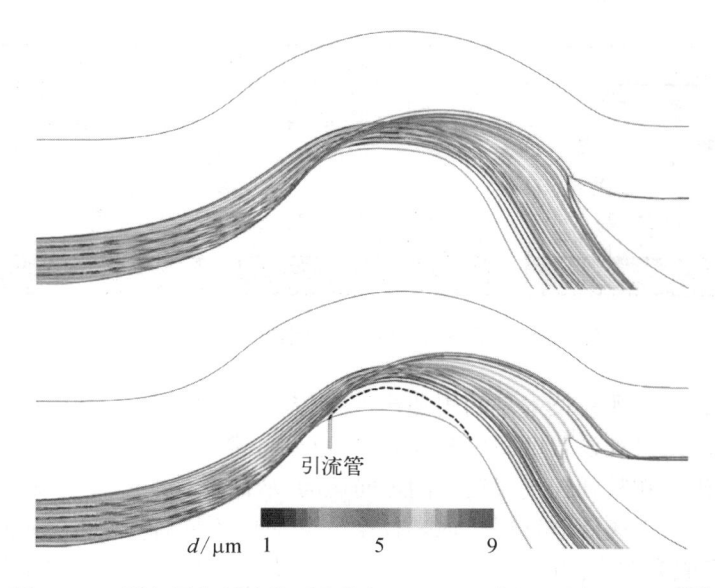

图 3-37 引入局部射流前后小粒径($<9\ \mu m$)砂尘运动轨迹对比[77]

了引入局部射流提高小粒径砂尘分离效率的可行性。但需要注意的是,射流产生的回流区造成了一定的流动损失,总压恢复系数下降。因此,在射流提升砂尘分离效率与降低回流区引起的流动损失之间存在着一定的平衡,即在尽可能提升砂尘分离效率的同时保证总压恢复系数降低并维持在较低水平。随后,研究人员逐一分析了射流位置、射流角度、射流压力三个参数对粒子分离器性能的影响。研究发现:气动鼓包的形成对小粒径砂尘的分离效率提升明显,在出口总压恢复下降不超过 0.5% 的前提下能将 AC 砂的分离效率提高 3.6%,最高可提升 7%;引入射流能有效提升粒径在 9 μm 及以下砂尘的分离效率,对于 9 μm 粒径砂尘可将其分离效率提升至 100%,但砂尘粒径越小,其提升效果也越差;射流引入位置应设置在中心体鼓包壁面上,且在一定范围内,射流角度与来流夹角越大、射流压强越大,对小粒径砂尘分离效率的提升效果也越好。

3.3.2 声波控制

处于超声波场中的粒子及其他声学不连续体(如第二相流体)会受到很小的力,通常这些力在超声驻波(ultrasonic standing wave, USW)中比在行波中更大。以图 3-38 所示的系统为例,在超声波换能器和反射边界形成的空间中存在流体-颗粒两相流。如果驱动换能器以激发腔体的共振频率,则会产生一个驻波,并伴有声压最大值和最小值。粒子通常通过轴向辐射力向场内的压力波节输运。一旦粒子移动到这些节点面,较弱的侧向辐射力以及二次辐射力(粒子与粒子之间的相互作用)将导致粒子在节点面内的某些点处汇聚。

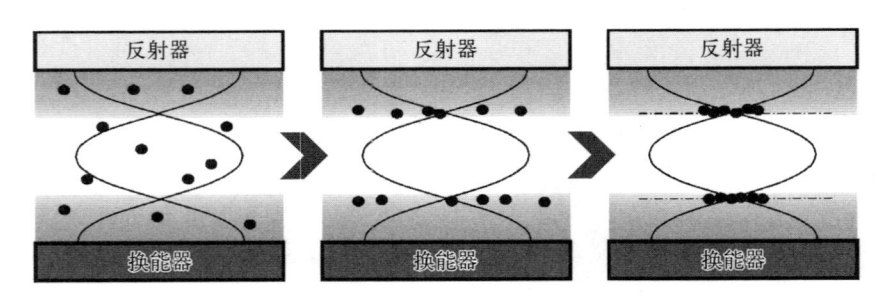

图 3-38 超声驻波中粒子运动原理示意图[78]

声波辅助分离颗粒技术是利用超声波操控粒子的原理,通过在粒子分离器流速相对较低的入口处设置壁面声源阵列,在通道内建立特定时空分布的流场,利用声压差驱动砂尘颗粒朝扫气流道一侧定向运动,从而提升细砂分离效率,其原理如图 3-39 所示。声场能够有规律地操控空气介质中不同种类、尺寸或质量颗粒的行为特性,已成为超声波应用领域的一个热点课题,特别是在分离水中颗粒方面做了大量研究[79,80]。目前已有部分学者关注声波辅助分离颗粒技术在直升机防砂技术方面的潜在应用前景,通过对粒子分离器内细小砂尘颗粒团聚、悬浮、输运等运动行为的辅助操控达到提升粒子分离器对细砂分离效率的目的。本节内容从应用超声波分离砂尘颗粒的机理及需要考虑的因素[81]等方面展开。

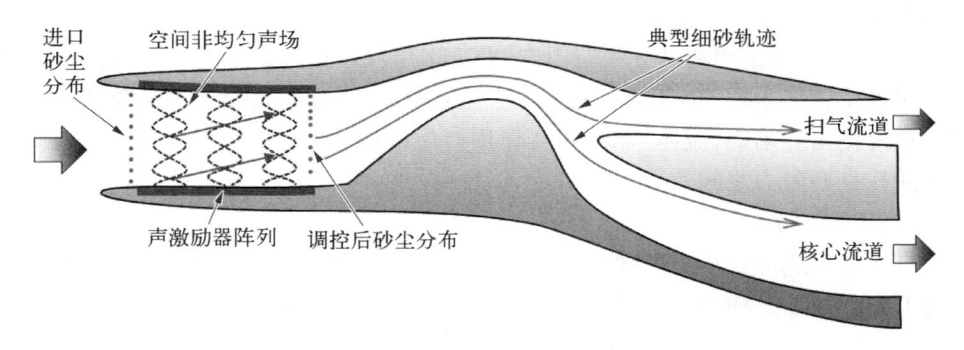

图 3-39 采用声波粒子操纵的 AC 砂辅助分离原理

3.3.2.1 颗粒受力

在靠近固体表面的超声场中,微米、亚微米颗粒会受到两种力:附着力及超声波与粒子相互作用产生的清除力。

附着力一般包括毛细力、范德华力、库仑力和静电双层力。当流体为液体时,由于部件通常浸没于液体中以确保良好的声学耦合,在这种情况下毛细力和库仑力可以忽略。因此,主要的附着力为范德华力和静电双层力。范德华力可分为以下几类:① 取向力;② 诱导力;③ 色散力。其中,色散力(亦称为伦敦-范德华力)被认为是最重要的。静电双层力与有效直径小于 5 μm 的颗粒有关。基于两种材料各自的局部能量状态,在两种不同材料之间产生表面接触电势。为了保持电荷中性,表面电荷将积聚形成一个双层电荷区域,从而产生静电吸引。然而,对于颗粒附着,静电双层力最多只能与范德华力在同一数量级[82],一般可以忽略。因此,对于黏附力的数量级分析而言,通常只考虑范德华力就足够了。

清除力属于流体动力学范畴的力,是由超声场与流体中颗粒之间线性/非线性相互作用产生的。线性相互作用力包括附加质量力(或称虚拟质量力)、阻力、升力和巴塞特力,而非线性相互作用力包括辐射压力和声流阻力(由声流引起的阻力)。线性和非线性作用力之间的一个重要区别是:线性力是与时间相关的,平均值为零,而非线性力具有与时间无关的分量,并且平均值非零。在中等频率(频率高达兆赫)的常规应用中,线性相互作用力通常比非线性相互作用力大得多。超声波在液体中的传播有多种结果。第一,悬浮在液体中的任何颗粒都以驱动频率振荡,并在高频时具有显著的加速度。第二,产生一种称为声流的定常平均流。虽然声流的大小通常小于主声场的大小,但它在平均颗粒输运过程中的作用有时非常重要。第三,超声波路径中的粒子通过辐射使声波散射,降低声能密度,产生一种反作用力,称为辐射压力。壁面附近流体还会发展出黏性边界层,其厚度取决于驱动频率和液体的运动黏度。每种现象都涉及颗粒与流体之间不同的相互作用力。流体的加速导致粒子受到附加质量力,尤其是在高频的颗粒-流体相互作用中发挥关键作用。无论是定常还是非定常流体都会产生阻力,根据雷诺数的不同,阻力的大小不同。因此,主声场诱导瞬时阻力,而二次声流对粒子产生定常阻力。辐射压力也对粒子施加净力,净力随着频率的增加而增加,因此在高频超声颗粒清除中发挥着重要作用。第四,流体-颗粒相互作用产生的巴塞特力,其大小介于附加质量力和斯托克斯阻力之间。

1. 范德华力

有两种描述范德华力的理论:一种是 de Boer 和 Hamaker 的微观理论,另外一种是 Lifshitz 的宏观理论。本节以靠近平板表面的球形粒子为例讨论范德华力。

对于较小的附着距离(附着力最大时颗粒与平板之间的距离)z,范德华吸引力 F_{vdW} 模型如下:

$$F_{vdW} = \frac{Aa}{6z^2} \tag{3-54}$$

式中,A 为 Hamaker 常数,$A \approx 10^{-19}$ J,不同材料的组合存在不同的 A 值,在液体环境中 A 减少一个量级。a 为球形颗粒的半径。随着附着距离 z 的增加,Hamaker 常数 A 不再为常数,而是逐渐减小,附着力迟滞,方程(3-54)逐渐失效。

因此,对于较大的附着距离 z,需计及附着力迟滞的影响,此时范德华吸引力 F_{vdW} 模型如下:

$$F_{vdW} = \frac{2\pi Ba}{3z^3} \tag{3-55}$$

式中,B 为迟滞附着力的 Hamaker 常数,$B \approx 20^{-28}$ J。

当颗粒或壁面发生弹性变形时,范德华力存在额外的贡献项,此时:

$$F_{vdW} = \frac{ha}{8\pi z^2} + \frac{hr_{ad}^2}{8\pi z^3} \tag{3-56}$$

式中,h 为 Lifshitz 范德华常数,r_{ad} 为附着表面积的半径。第一项为无变形范德华力,第二项则计及颗粒或壁面弹性的贡献。

通过将范德华力的大小与作用在球形颗粒的重力进行比较,可以看出范德华力对微米级颗粒清除的极端重要性。颗粒重力 F_{grav} 可表示为

$$F_{grav} = \frac{4}{3}\pi a^3 \rho_p g \tag{3-57}$$

式中，ρ_p 为颗粒的密度，g 为重力加速度。对于 1 μm 直径的颗粒，其受到的范德华力约为其重力的 10^6 倍。

2. 附加质量力

颗粒受到的附加质量力是流体加速的结果，对于球形颗粒，该力与流体加速度方向平行，大小为

$$F_{am} \approx \rho_f a^3 \frac{\mathrm{d}v}{\mathrm{d}t} \approx 2\pi f \rho_f a^3 v \tag{3-58}$$

式中，ρ_f 为流体密度，$v \approx [I/(\rho_f c)]^{1/2}$ 为声波中颗粒-流体的瞬时相对速度，其中 I 为入射声波的强度。

3. 升力

颗粒周围的流体环量对颗粒施加无黏升力，其沿颗粒表面法向的分量用来清除颗粒。通过伯努利方程可以估算颗粒上下表面压力差进而得到升力的估算公式：

$$F_L \approx \rho_f (va)^2 \tag{3-59}$$

对于固体壁面上的颗粒，黏性效应不可忽视，可通过求解纳维-斯托克斯(N-S)方程得到颗粒受到的升力。研究结果表明，由于壁面的存在，贴近壁面的颗粒受到的升力将减小。因此，公式(3-59)可作为升力的上限。

4. 阻力

根据流动雷诺数 Re 的不同，阻力有不同的表达形式。

$$Re = \frac{\rho_f av}{\mu_f} \tag{3-60}$$

式中，μ_f 为流体动力黏性系数。

当 $Re \ll O(1)$ 时，粒子受到的阻力为斯托克斯阻力 F_{ST}：

$$F_{ST} \approx \mu_f av \tag{3-61}$$

反之，当 $Re \gg O(1)$ 时，粒子受到的阻力 F_D 为

$$F_D \approx \rho_f (va)^2 \tag{3-62}$$

5. 巴塞特力

当颗粒半径 a 与边界层厚度 $\delta \approx (\mu_f/2\pi f \rho_f)^{1/2}$ 相当时，边界层内剪切力产生一种称作"巴塞特"型的力，即"巴塞特力"。巴塞特力用于修正当颗粒半径与边界层厚度相当时的阻力及压力场。对于暴露于单色超声波中的粒子，其受到的巴塞特力可由下式估算：

$$F_B \approx \left(\rho a^3 \frac{\mathrm{d}v}{\mathrm{d}t}\right)^{1/2} (\mu_f av)^{1/2} \tag{3-63}$$

6. 辐射压力

King[83]根据颗粒尺寸定义了理想流体中孤立颗粒受到平面波作用诱导的辐射压力。对于极小尺寸的颗粒,即当 $2\pi f \dfrac{a}{c} \ll O(1)$ 时,辐射压力 F_R 为

$$F_R \approx 64\rho_f \left(\frac{2\pi f}{c}\right)^4 a^6 v^2 \frac{1 + \dfrac{2}{9}[1 - (\rho_f/\rho_p)^2]}{(2 + \rho_f/\rho_p)^2} \qquad (3-64)$$

式中,c 为流体介质中的声速。

对于较大尺寸的颗粒,即当 $2\pi f \dfrac{a}{c} \approx O(1)$ 时,辐射压力 F_R 为

$$F_R \approx \frac{1}{89}\rho_f \left(\frac{vc}{2\pi f}\right)^2 \frac{95 - 48(\rho_f/\rho_p) + 36(\rho_f/\rho_p)^2}{5 + 6(\rho_f/\rho_p) + 2(\rho_f/\rho_p)^2} \qquad (3-65)$$

当颗粒处于壁面上时,垂直于壁面的平面声波施加的辐射压力进入壁面,因而辐射压力的作用是使颗粒保持在壁面上。当入射波不垂直于壁面或颗粒处于超声波束边缘时,辐射压力在平行于壁面方向存在一个分量,其作用是将颗粒从壁面清除。

7. 声流阻力

固体壁面附近超声场产生的声流运动也会给粒子施加阻力,该阻力是由平均声流与颗粒相互作用导致的,可由公式(3-61)估算。固壁附近的声流平均速度 $\bar{v}$ 数量级和马赫数与颗粒-流体相对速度乘积的数量级相当,即 $\bar{v} \approx v^2/c$。代入公式(3-61)得到边界层内声流引起的斯托克斯阻力为

$$F_{ST} \approx \mu_f a v^2/c \qquad (3-66)$$

非线性力与线性力的主要区别在于非线性力具有非零时间平均值。声流通常平行于壁面,因此能沿壁面输运颗粒。

3.3.2.2 介质影响

以图 3-40 所示的超声粒子集中器模型为例,阐述在设计超声波粒子分离器时需要考虑的主要因素。悬浮于流体介质中的颗粒随流体从左向右运动。宽度为 $2b$ 的超声换能器嵌入通道壁面内,并以 $\omega = 2\pi f$ 的圆周频率作刚体振荡,其中 f 为频率,单位为 Hz。通道壁面相距 $L = \lambda/2$,其中 $\lambda = c/f$ 为超声波波长,c 为流体中的声速。根据牛顿第二运动定律,

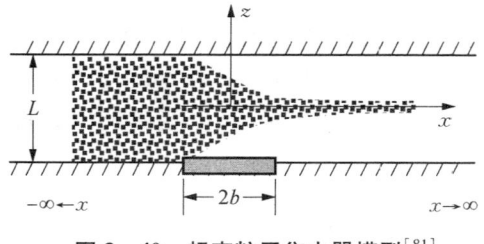

图 3-40 超声粒子集中器模型[81]

粒子运动受力方程如下:

$$\frac{4}{3}\pi\rho_p a^3 \ddot{z} = F_z(x, z) - 6\pi\mu_f a\dot{z} \quad (3-67)$$

$$\frac{4}{3}\pi\rho_p a^3 \ddot{x} = F_x(x, z) + 6\pi\mu_f a(U(z) - \dot{x}) \quad (3-68)$$

式中,a 为表示颗粒半径的变量,x、z 分别为颗粒通过超声换能器时在水平和竖直方向上的位置坐标,μ_f 为流体动力黏性系数,U 为流体速度,F_x、F_z 分别为声波辐射力在水平和竖直方向上的分量。假设超声波驻波完全准直,考虑颗粒可压缩性的辐射力模型为[84]

$$\begin{cases} F_x = 0 \\ F_z = -\dfrac{2\pi^2 p^2 a^3}{\lambda \rho_f c^3} F_0 \sin\left(\dfrac{4\pi}{\lambda}z\right) \\ F_0 = \dfrac{\zeta + (2/3)(\zeta - 1)}{1 + 2\zeta} - \dfrac{1}{3\zeta\sigma^2} \end{cases} \quad (3-69)$$

式中,ζ、σ 分别为颗粒与流体的密度比和声速比,F_0 为粒子压缩系数。

从方程(3-67)、方程(3-68)可以分析水中与空气中颗粒分离的几点物理区别:在给定频率条件下,水中的波长是空气中波长的 4.73 倍。由于换能器在狭窄通道中很难对准且狭窄通道限制了总体的流通率,因此以空气为悬浮介质的超声波粒子分离器在实践中被限制在较低的频率。由于空气是一种稀薄的声介质,因此在超声波辐射力中不存在粒子的压缩效应。在空气中,粒子压缩系数 $F_0 = 5/6$,粒子总会被移动到通道内驻声波的压力波节上。在水中,粒子压缩效应会导致不同结果。例如,树脂颗粒在水中的压缩系数 $F_0 = 0.303$,正值表示树脂颗粒将会聚集在驻声波的压力波节上;而软橡胶颗粒在水中的压缩系数 $F_0 = -0.400$,负值表示软橡胶颗粒将会聚集在驻声波的压力反节点处。然而,树脂和软橡胶两种材质的颗粒在空气中的压缩系数均为 $F_0 = 5/6$,表示两种颗粒在空气中均会聚集在压力波节处。总而言之,不同材质的颗粒在空气中均会聚集在驻声波的压力波节上,而在水中则不全是这种情况。实际上,超声波辐射力还受黏性剪切力和颗粒边界上的热传导的影响[85]。在此情况下,存在另外一个控制参数,即黏性渗透深度 δ。对于相同的波长,空气中的黏性渗透深度为水中的 8.5 倍。

3.3.2.3 所需声压

假设颗粒在通过超声波换能器的同时以平均速度移动到压力波节上,则可以估算颗粒分离所需的声压幅值。以空气作为悬浮介质时 ζ、σ 均趋近于 ∞,根据方程(3-67)可得颗粒的最大横向速度 $\dot{z}_{max}$ 为

$$\dot{z}_{\max} = \frac{5\pi}{18} \frac{p^2}{\mu_f \rho_f c^2} \frac{a}{\lambda} a \tag{3-70}$$

假设颗粒以平均速度 $\bar{U}$ 穿过宽度为 $2b$ 的换能器,同时在横向上以 $(1/2)\dot{z}_{\max}$ 的平均速度穿过 $\lambda/2$ 的最大距离,则所需声压幅值为

$$p = \frac{\lambda}{a} \sqrt{\frac{9\bar{U}\mu_f \rho_f c^2}{10\pi b}} \tag{3-71}$$

假设颗粒半径 $a = 3.5\ \mu m$,频率为 50 kHz,换能器宽度 $2b = 32.5$ mm,流体流动速度 $\bar{U} = 10$ cm/s,则根据公式(3-71)得到所需声压幅值为 159 dB/20 μPa。频率为 50 kHz 时通道宽度 $L = \lambda/2 \approx 3.4$ mm。当波长较短、换能器宽度较大时,所需声压幅值较小。当空气是流体介质时,波长受实际通道宽度的限制。由于发动机通道较宽,因此应用超声波来分离砂尘颗粒时需要较大的波长,导致所需声压幅值较大,这是目前涡轴发动机领域应用超声波分离砂尘颗粒需要解决的关键技术问题之一。

3.3.2.4 换能要求

需要进一步考虑的是在分离通道中产生声场所需的通道壁面宽度幅值。利用一维封闭腔内压力场表达式,共振时的最大压力幅值为

$$p = \rho_f cu \frac{2Q}{kL} \tag{3-72}$$

式中,u 为通道壁面速度幅值,$k = n\pi/L$ 为第 n 个 $\lambda/2$ 共振时的名义波数。对于超声波分离器,Q 为品质因子,包括流体内部、通道壁面上的吸收,以及与从换能器区域传播出去的声波相关的损失。

将方程(3-72)代入方程(3-71)并用 $2\pi fx$(x 为换能器位移幅值)代替 u,得到所需位移幅值为

$$xQ = \frac{n}{4c} \frac{\lambda^2}{a} \sqrt{\frac{9\bar{U}}{10\pi b} \frac{\mu_f}{\rho_f}} \tag{3-73}$$

根据以往研究经验,空气中超声波粒子集中器的品质因子 Q 可达 200。假设颗粒半径 $a = 3.5\ \mu m$,频率为 50 kHz,换能器宽度 $2b = 32.5$ mm,流体流动速度 $\bar{U} = 10$ cm/s,品质因子 $Q = 200$,则换能器所需位移幅值为 264 nm。

分别以空气和水为流体介质,两者的所需壁面幅值之比为

$$\frac{x_a}{x_w} = \frac{c_w}{c_a} \sqrt{\frac{\mu_a}{\mu_w} \frac{\rho_w}{v_a}} \approx 17.86 \tag{3-74}$$

方程(3-74)表明,对于相似尺寸的超声波分离器,空气中所需壁面位移约为水中所需位移的18倍。

3.3.2.5 换能方法

通道内激发超声驻波的方法有两类:压电转导和静电换能。压电转导只在悬浮介质为水时使用[86],有报道在悬浮介质为空气时可使用静电换能[87]。如果在空气介质中使用压电换能器,则压电材料的应力为 15.5 MPa,该应力接近商用压电材料的极限抗拉强度。如果使用较厚的压电元件或复合布置来减小工作应力会导致换能器尺寸远超气流通道的尺寸及整个设备的尺寸不切实际。因此,考虑分离所需的通道壁面位移,压电转导在超声波气粒分离方面的应用可能很有限。

静电换能可作为一种替代压电转导的方法应用于气粒分离。图 3-41 所示为使用导电背板的静电换能器模型,高度为 h、宽度为 w 的脊状突起分布于背板上。该模型的数学表达式如下:

$$(j\omega)mu + \frac{s}{(j\omega)}u - \frac{V_p^2 \varepsilon_0}{(j\omega)x_0^3}u = -\rho_f cu \frac{2Q}{kL} + \frac{V_p \varepsilon_0}{x_0^2}V \qquad (3-75)$$

式中,u 为换能器隔膜的速度幅值,m、s 分别为等效质量和刚度,V_p、V 分别为极化电压和所用电压幅值,x_0 为施加极化电压后隔膜与背板的平均间距,ε_0 为自由空间的介电常数,假设谐波响应正比于 $e^{j\omega t}$。

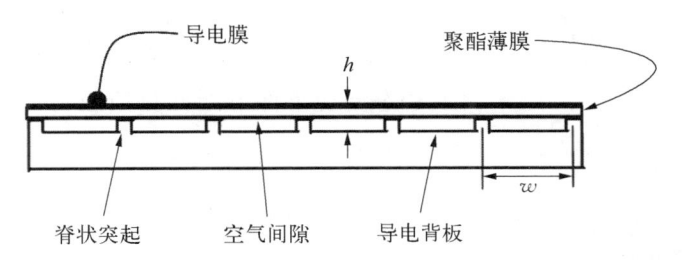

图 3-41 静电超声波换能器设计模型[81]

3.3.2.6 通道几何

超声波粒子分离器利用通道壁之间的共振放大来实现流动流体中的高声压级。通道通常为矩形或圆柱形,超声波换能器产生的声能从驻波场传播出去,降低了可实现的声压幅值。增加分离通道中可实现的声压幅值的一种方法是修改正对超声换能器的通道反射壁的形状。

Anderson 等[81]将矩形分离通道内超声波反射壁面设计为曲形,如图 3-42 所示。该弯曲壁面两侧仅延伸至超声波换能器边缘,深度为 d,曲率半径 R 为

$$R = d\left[\frac{1}{2}\left(\frac{b}{d}\right)^2 + 2\right] \qquad (3-76)$$

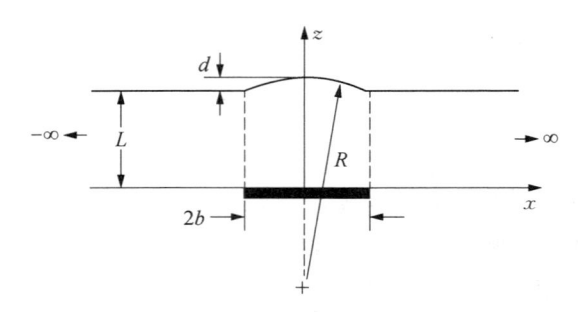

图 3-42 通道型面几何[81]

Anderson 等[81]进而采用有限元分析手段确定了该通道内的声压幅值,计算条件为:换能器宽度 2b = 28.57 mm,通道宽度 L = 3.4 mm,换能器速度幅值 u = 2.95 mm/s,频率 f = 50 kHz。波动方程模型中包含了 τ = 12.42 ns 的松弛时间以计及流体和通道壁的吸收。结果表明,当反射壁面为平面时,最大声压幅值为 124 Pa,而当反射壁为曲形(d/L = 16%)时,最大声压幅值为 320 Pa,约为平面反射壁面的 2.58 倍。

3.3.2.7 效能指标

通过比较超声波粒子分离器与传统惯性粒子分离器的分离效率,可以评估超声波粒子分离器效能,加深对超声波粒子分离器工作机理的认知和理解。考虑如图 3-43 所示的惯性粒子分离器通道几何图,稳态流动条件下斯托克斯阻力与离心力(惯性力)平衡,即

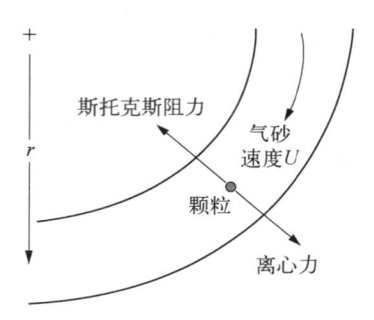

图 3-43 典型惯性粒子分离器通道几何图

$$6\pi\mu_f a\dot{z} = \frac{4}{3}\pi a^3 \rho_p \frac{U^2}{r} \quad (3-77)$$

式中,$\dot{z}$ 为垂直于流体流动方向的粒子速度,r 为曲率半径坐标。求解方程(3-77)中的 $\dot{z}$ 并与超声波分离的 $(1/2)\dot{z}_{max}$[方程(3-70)中的 $\dot{z}_{max}$]比较,得到:

$$\eta = \frac{\dot{z}}{(1/2)\dot{z}_{max}} = \frac{8}{5\pi} \frac{\rho_p(U^2/r)}{[p^2/(\rho_f c^2 \lambda)]} \quad (3-78)$$

式中,η 为惯性分离效能与超声波分离效能之比,是衡量超声波分离效能的一个代表性指标。从定义可以看出,η 与颗粒直径无关。

图 3-44 所示为惯性分离效能与超声波分离效能之比 η 的一个应用算例。曲率半径 r = 10 mm,平均流体流动速度 U = 100 cm/s,颗粒密度 ρ_p = 1 000 kg/m³。从图中可以看出,在 100 kHz、300 kHz、1 MHz 条件下,要达到与惯性粒子分离相当的

分离效能，超声波气粒分离所需声压级(sound pressure level, SPL)分别为 165 dB、160 dB、155 dB。对于曲率半径 $r = 1$ mm，声压级将增加 20 dB。值得注意的是，振荡频率越大，通道宽度越小，所需声压级越小。

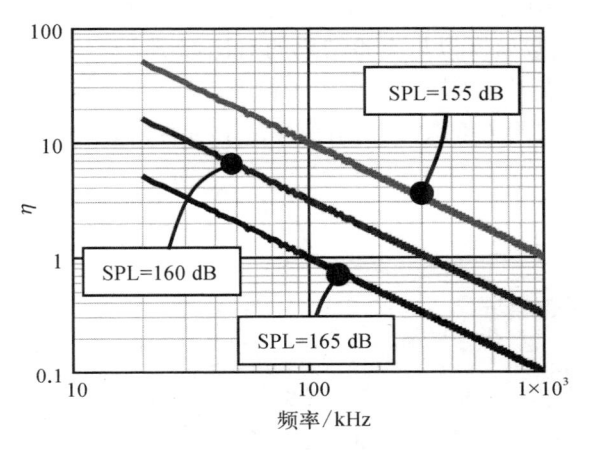

图 3-44 η 随频率的变化关系[81]

3.3.2.8 案例分析

声流有两种类型：一种是由于自由空间内波的空间衰减产生的，如一束衰减的平面行波，这种类型的声流通常与高雷诺数流动有关；另外一种是由振荡流体介质与固体壁面之间的摩擦产生的，如沿波导向下传播的波、共振室内的驻波、固体物体上散射出去的波，与空间衰减导致的声流不同，该效应很大程度上只限于厚度 $\delta = (2\nu/\omega)^{1/2}$ 的一层薄薄的黏性边界层内，式中 ν 为流体介质的运动黏度，ω 为波的角频率。流体介质在边界层之外作无旋振荡，而在边界层之内作有旋振荡以符合壁面无滑移条件。这种有旋运动的一阶项的时均值为零，但在二阶非线性部分存在非零稳态有旋运动。具有二阶有旋运动的黏性薄层被视为涡流片源，在壁面边界层之外广阔空间内诱导稳定声流，类似导体上的表面电流在外部诱导磁场。Nyborg[88]于 1958 年提出了声流极限速度理论，Lee 和 Wang[89]在 1988 年对其进行了修正以研究两个正交、反相驻波在小球黏性边界层内产生的声流特性，后又将其适用性扩展到边界层之外[90]。以往研究结果表明，与声黏性边界层相比，如果边界的曲率半径较大，则内流终端的时间平均速度（"极限速度"）可以近似为局部一阶线性声场的函数（当用滑移边界条件代替表面求解时）。然后可以用以极限速度为边界条件的流体模型来预测大部分流体的流动。图 3-45 为振荡表面上的声流流动示意图，其中 u_L 为声流极限速度，δ_ν 为声流的黏性穿透深度，即黏性边界层厚度。声流极限速度为线性声波速度分量的函数。有限元软件包 COMSOL 已集成了 Lee 和 Wang[89]的极限速度模型，模拟过程分为三步：① 采用线性声模型找到一阶共振声压力、速度场以获取极限速度;② 计算声流极限速度,作为边界条件应用于纳维-斯托克斯蠕动流模型以获取时均流体运动;③ 应用流体流动-粒子跟踪模型模拟超声波辐射压力和声流阻力共同作用下的粒子轨迹。采用 COMSOL 极限速度模型模拟长度 10 mm、宽度 6 mm、高度 0.8 mm 的通道内超声波控制水流介质中的粒子运动轨迹,数值模拟与实验结果的对比如图 3-46 所示。声场中的主要力——声辐射力垂直于换能器方向作用于粒子,将粒子推向节点平面,粒子分布于关于通道中心对称的四个象限内,数值模拟结果与实验结果基本一致。

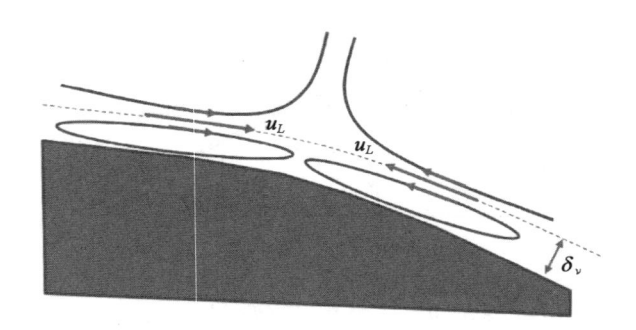

图 3-45 振荡表面上的声流流动示意图[91]

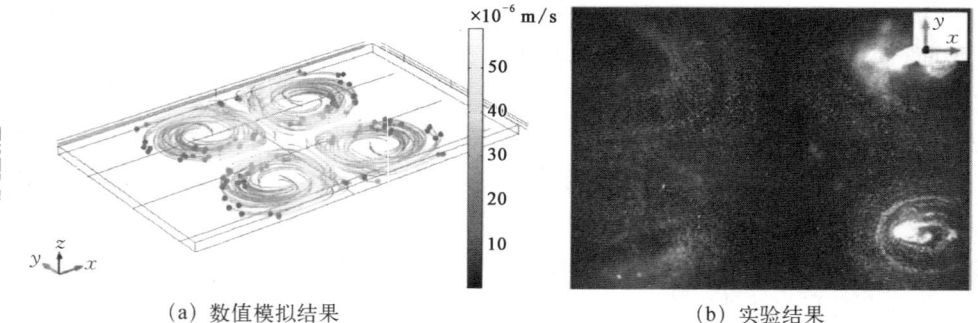

(a) 数值模拟结果 (b) 实验结果

图 3-46 通道内超声波控制水流介质中的粒子运动轨迹数值模拟与实验结果对比[91]

Sukhanov 和 Rosliakov[92]提出了一种在反向聚焦阵列发射的宽带超声波影响下使粒子悬浮于空中的方法,如图 3-47 所示。结果表明线性调频信号适用于粒子声悬浮。实验证明了用二声波阵列和四声波阵列在给定区域内定位粒子的可能性,如图 3-48 所示。从该图可以看出,在二声波阵列情况下,出现了三个不同的粒子悬浮局部区域,中间区域的效果最为显著。通过改变相对阵列发射信号之间的延迟,可以沿着聚焦轴移动粒子。信号之间的时移导致相对发射器的干涉模式发生移位,从而使驻波的中心节点发生移位。在四声波阵列情况下,系统能在中心区域产生 1.3 kPa 的声压。将聚苯乙烯颗粒倒入阵列之间的区域,粒子被捕获并移动到中心区域。通过改变对立阵列信号之间的时间延迟，粒子沿着 X 或 Y 轴在水平面内移动。通过改变聚焦高度可以改变悬浮粒子的高度，从而实现了在宽带超声信号的作用下对悬浮粒子在三维空间中的控制。可以看出，粒子汇聚在几个驻波的压力波节上。当宽频带信号的频谱变窄时，悬浮区域增大，粒子汇聚在更多的节点上。频率调谐时间的缩短会导致悬浮稳定性的恶化。宽带超声场中的粒子控制可能会成为声捕获、粒子操纵和声镊技术发展的新方向。

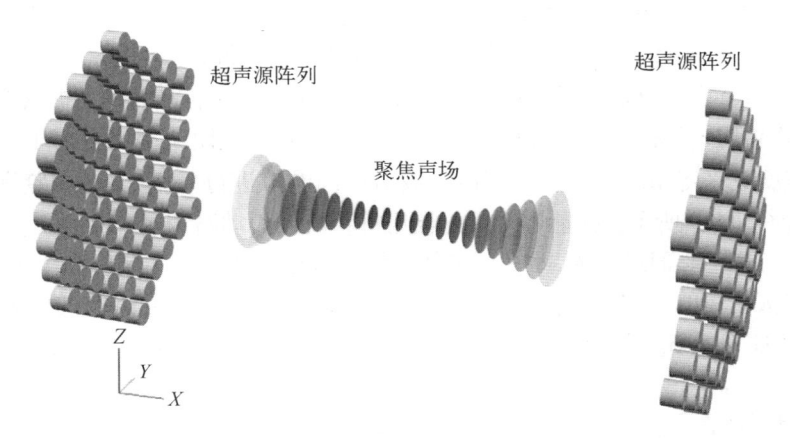

图 3-47 基于反向聚焦阵列发射的超声波粒子悬浮方法示意图[92]

图 3-48 Sukhanov 和 Rosliakov 设计的二声波阵列/四声波阵列反向聚焦超声波粒子悬浮装置[92]

从以上案例可以看出，目前声学分离颗粒的研究主要集中在微通道中的应用。这种通道的宽度通常在激发频率处为半波长（图 3-40），这意味着通道中间存在一个具有一个压力波节的驻波。由于工作频率通常在兆赫兹范围内，因此这种通道的尺寸在微米范围内。然而，真实涡轴发动机通道尺寸通常都在数十至数百厘米量级，因此未来要将超声波粒子分离技术应用到涡轴发动机上首先必须解决超声粒子分离器的尺度问题,即从微观到宏观的转变。目前学术界对宏观尺度超声分离机理的认知还很不足,导致了宏观尺度的超声粒子分离技术仍然面临很大的挑战。Chitale 等[93]提出了一种新的宏观尺度超声分离器,利用多维驻波捕获流体中的悬浮粒子并将这些粒子紧密堆积成团,如图 3-49 所示。该装置为一种对称、双转储、静压腔入口结构,尺度比目前主流超声波粒子分离器提高了一个数量级(厘米级)。在分离转储静压腔和声腔的板上、腔室底部上方设有狭槽或孔线。流体与粒子的混合物依次流入如图 3-49 所示的两个腔体,然后通过狭槽进入声腔。静压腔用于消除流动脉动和不均匀性。狭槽设计是为了将较重的混合物带入声腔上部。声腔内流动方向向上,与重力相反。较重的混合物从底部进入声腔,在重力影响下扩散至整个腔室,并以几乎均匀的速度从底部向顶部充满整个腔室。该团队后又提出了一种利用与流体速度成一定角度的大尺度超声驻波对不同颗粒进行分离、分选和鉴别的新方法[94],如图 3-50 所示。换能器和反射器组件与流体流动路径成 45 度角。含有颗粒的混合物通过中心通道进入,并在两侧使用缓冲流进行加速。左侧有多个出口,不同的分离物从不同的出口流出。采用该系统对 10~53 μm 直径范围内的颗粒进行分离,结果表明该系统对最小直径差别为 5 μm 的粒子具有灵敏的分离能力。

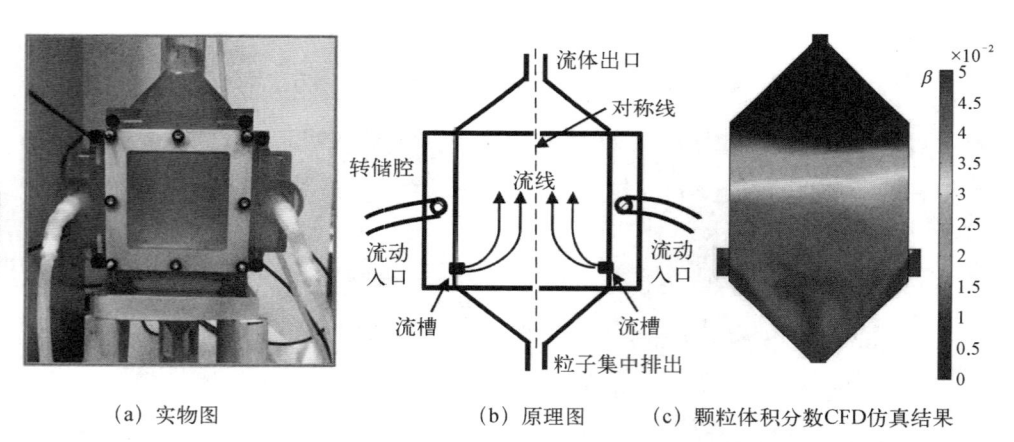

(a) 实物图　　　　(b) 原理图　　　(c) 颗粒体积分数CFD仿真结果

图 3-49　Chitale 等[93]设计的宏观超声分离细胞实验装置

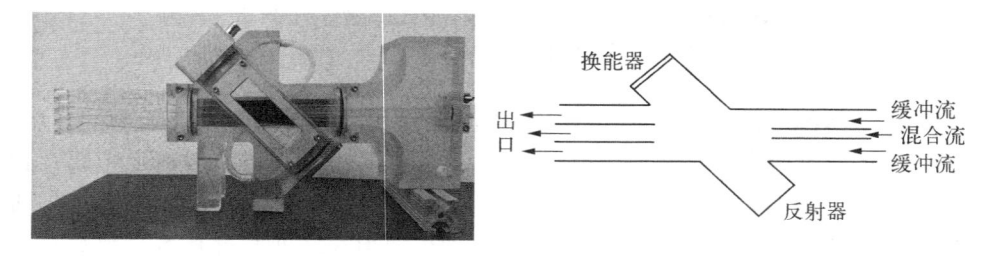

图 3-50　具有倾斜角度的超声波粒子分离装置实物及模型示意图[94]

上述厘米级宏观尺度的超声分离系统采用的是稳态驻波。当两个反向传播的谐波相互作用时,就会产生驻波场。这种相互作用可以通过使用两个声源或一个声源和一个反射器来建立。动态声场为驻波场提供了一种替代方案。与静止的驻波场相比,在动态声场中声力分布与时间相关。表面声波(surface acoustic wave, SAW)的应用就是使用动态声场输运粒子的实例。体声波(body acoustic wave, BAW)也为动态声场中的粒子操纵提供了可能性。输运粒子的手段包括使用不同信号[95]、频率扫描[96]、频率渐变[97]、相位差[98]等。Kandemir 等[99]研究了两种产生动态声场的方法及其在选择性颗粒分离中的适用性。第一种方法采用双频激励产生压力波节匀速行进的伪驻波场,如图 3-51(a)所示,两个反向传播的声波产生一个以速度 v (m/s)传播的伪驻波场,两个换能器之间存在着较小的频率差 Δf(Hz),因此双换能器方法亦称为"双频法";第二种方法使用频率渐变的声波,如图 3-51(b)所示,反射器表面位于声压波腹处,换能器频率渐变(从波长 λ_0 开始),从而使所得驻波场中波节发生移动,波节移动速度取决于时间和位置,该方法称为频率扫描法(简称"扫频法")。根据上述原理,采用聚乙烯颗粒和原理样件实验证实了两种方法都适用于颗粒的分类与分离。图 3-52(a)所示为双频法的实验原理样件,包含两个压电换能器(Noliac NCE41,尺寸为 5 cm×1 cm×1 cm)、两个声学透明聚氨酯板作为内壁、两个吸波块(厨房海绵,尺寸为 5 cm×1 cm×1 cm)。图 3-52(b)所示为扫频法的实验原理样件,包含一个压电换能器和一个不锈钢反射器。两个原理样件都采用 3D 打印,内壁为聚乳酸材质,机盖为聚甲基丙烯酸甲酯材质。换能器上涂有一层薄薄的聚氨酯涂料以形成电绝缘,使用聚氨酯涂料是因为它具有与水相似的声阻抗。为了验证吸波块的作用,在样件中进行了导纳测量。记录放置在水下并远离反射表面的传感器的导纳,绘制导纳图(频率为1.8~2.5 MHz)。当换能器放置在样件中,导纳受到换能器与反射表面之间的水团的固有模态的影响,导纳图中包含与水团的自然频率相关的波峰和波谷。当反射面被吸

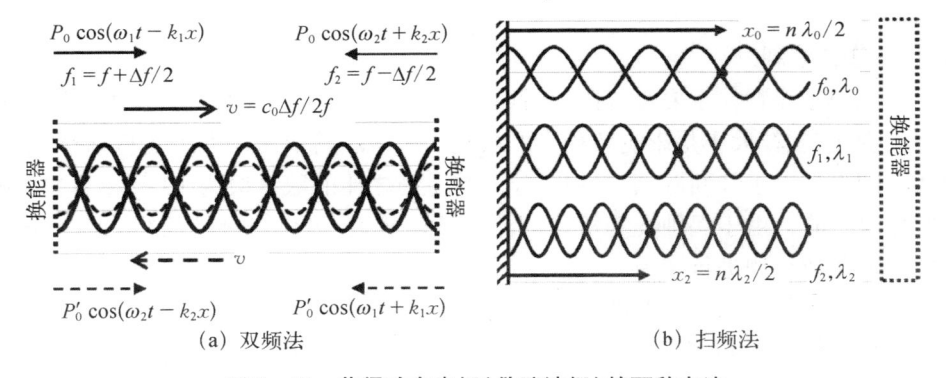

(a) 双频法　　　　　　　　　(b) 扫频法

图 3-51　获得动态声场(伪驻波场)的两种方法

波块覆盖时,波峰和波谷消失,导纳图与单独换能器的导纳图相似。由于吸波块不反射换能器产生的声波,因而阻止了换能器检测水团的振动模态。双频法实验中,平均频率为 2.4 MHz, $\Delta f = 0 \sim 5$ Hz。扫频法实验中,起始频率 $f_0 = 2.19$ MHz,扫描率 $(f(\Delta t) - f_0)/\Delta t$ 由截止频率 $f(\Delta t)$ 和扫描周期 Δt 定义,其中 $f(\Delta t) - f_0 = 300$ kHz, $\Delta t = 3$s。

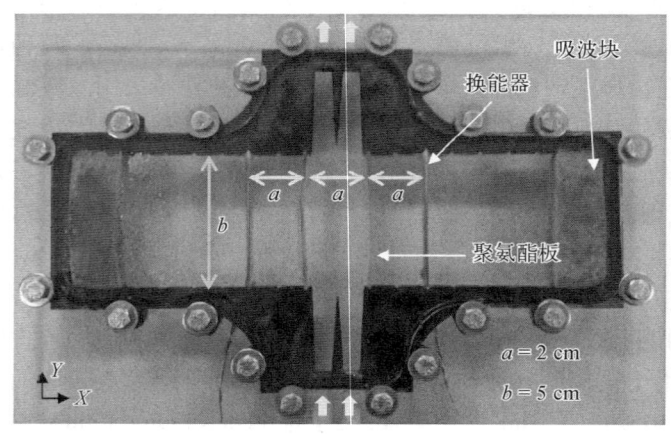

(a) 双频法的实验原理样件　　　　　(b) 扫频法的实验原理样件

图 3 - 52　两种动态声场方法的实验原理样件

总结起来,目前基于超声换能器阵列的粒子操纵技术几乎都是用于细胞、粒子和生物体的操纵,还没有应用于涡轴发动机粒子分离器上进行辅助分砂的公开案例。由于声波的非侵入性优势,在发动机粒子分离器辅助分砂方面具有很大的潜力。相比于水介质,由于空气中的声速大大降低,当分离器尺寸增加到涡轴发动机粒子分离器尺度(亚米级)时,在其他条件不变的情况下,所需超声波频率大大降低(千赫兹量级)、所需声压级仅为水中的数千至数十分之一。

3.3.3　电磁控制

空气中悬浮颗粒主要受流体力、颗粒间力和外力三种力的影响,这些力随颗粒大小而变化,颗粒大小是影响各种力的最突出因素。其中流体力主要包括浮力、阻力和布朗力。对于气固两相流,由于浮力与重力之比的数量级为 10^{-3},浮力的影响通常可以忽略。由于涡轴发动机内部流动速度较大,流体对颗粒的阻力需要通过颗粒阻力系数模型进行建模,一般不能简化为斯托克斯阻力。布朗力是由气体分子围绕颗粒的热运动引起的波动力。粒径越小,布朗扩散运动越强。颗粒的形成和破碎是颗粒间力和气液固相互作用力共同作用的结果。颗粒间力包括范德华力、毛细力、黏滞力、静电力和接触力。在 $10^{-6} \sim 10^{-4}$ m 粒径范围内,范德华力起主要作用，其他力可以忽略不计。当带电粒子处于恒定的电磁场中时，除重力外，磁场力也会改变粒子的运动轨迹。

1. 布朗力

在牛顿力学框架内，颗粒的布朗运动可以认为是随机力的结果，因而布朗力 F_B 可表示为

$$F_B = \xi \sqrt{\frac{6\pi\mu_f a k_B T}{\Delta t}} \qquad (3-79)$$

式中，ξ 为高斯分布随机变量（标准正态分布），μ_f 为流体黏性系数，a 为颗粒半径，k_B 为玻尔兹曼常数，T 为绝对温度，Δt 为计算步长。

2. 磁场力

磁场力 F_Q：

$$F_Q = \chi_m \mu_0 V_p (H \cdot \nabla H) \qquad (3-80)$$

式中，χ_m 为颗粒磁化率，$\mu_0 = 4\pi \times 10^{-7}\,\text{H/m}$ 为真空磁导率，V_p 为颗粒体积，H 为外部磁场的强度，单位为 A/m。

目前利用电磁力来操控微米级颗粒物运动的思想已在实验室中进行了大量原理性实验，典型实例如图 3-53 所示，其应用前景在控制并减少发电厂排放物相关

图 3-53　上海科技大学与上海电力大学联合建立的静电发生器 PIV 实验系统[100]

---

① CCD 相机：带有电荷耦合器件（charge coupled device，CCD）相机。

领域。电磁场对弱磁性的燃煤粉尘有一定的聚结效应,对 PM2.5 的聚结效应更为明显。为探讨磁场和电场对静电发生器捕获性能的影响,在静电发生器实验系统中引入了外加磁场装置,利用粒子图像测速仪(particle image velocimetry,PIV)观察磁场对静电发生器模型中速度场分布和粒子轨迹的影响。线板静电发生器用于捕获砂尘颗粒,PIV 系统用于测量静电发生器中流体流场速度,智能风速计用于测量烟气速度,温湿度计用于确定实验温度和湿度,磁铁用于产生磁场,磁场测量仪用于确定磁感应强度。

3.4 防护涂层技术

防护涂层是目前应用于发动机压气机、直升机旋翼桨叶抗砂尘冲蚀的重要措施之一[101],涉及涂层结构设计、加工制备及效能评价等方面。在涂层结构设计方面,结构形式、硬度、强韧性等都是影响抗砂尘冲蚀的关键因素。多层陶瓷-金属涂层兼具良好的硬度与韧性,且结构形式多样,是抗冲蚀涂层的研究热点。在涂层制备方面,除考虑涂层本身的性能外,还需要兼顾基体材料疲劳特性、制备技术的稳定性、可行性等因素。近年来,随着高能真空等离子体技术的飞速发展,气相沉积逐渐成为制备涂层的主要技术手段。在涂层效能评价方面,要严格按照各类冲蚀试验观范对涂层样品进行冲蚀试验测试。实验室条件难以模拟发动机整机吞砂情况,因此还需要在后续开展发动机整机涂层性能试验,进一步验证涂层在真实砂尘环境下的防护效果。由于涂层可能对部件结构疲劳损伤性能产生影响,因此还需要对覆盖涂层的部件开展疲劳性能测试,确保部件结构疲劳强度在可接受范围内。

在压气机叶片等关键部件上应用抗砂尘涂层,能有效提高部件的抗砂尘冲蚀能力。涂层的结构和强韧性、材料体系和成分对冲蚀环境的适应性非常关键。例如,20 世纪 80 年代,在美国 MDS-PRAD 和通用公司等单位的协助下,美军已经成功地将抗冲刷涂层技术应用于直升机和运输机的发动机上[101],其涂层微观结构如图 3-54 所示。

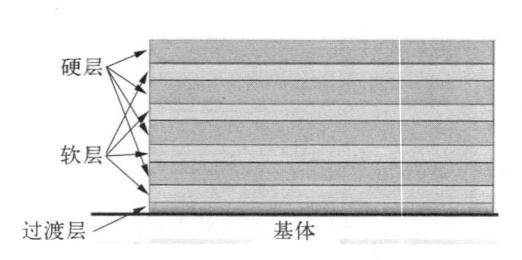

图 3-54 美军成功应用装备的涂层微观结构

3.5 机体设计技术

砂盲严重程度及砂盲云浓度与所研究的旋翼机密切相关。研究表明,直升机各部件设计参数对砂盲云密度有着密切的联系。通过研究砂盲云密度与直升机设计参数的关系,可以为直升机设计者从根本上降低砂尘的不利影响起到一定的启示作用。

3.5.1 旋翼

Phillips 等[29]通过数值模拟研究了旋翼设计参数与砂盲云密度之间的关系。结果表明,对于常规布局的直升机,在相同的拉力系数条件下,桨叶扭转角越小,砂盲云分布范围越广,如图3-55所示;而对于纵列式直升机,该结论则相反[102]。两位研究人员还研究了桨尖形状的影响,结论是除BERP旋翼外,其他桨尖形状没有明显的影响,如图3-56所示。BERP旋翼在地面涡中夹带的砂尘较多,而在旋翼下方的砂尘比其他形状的要少。然而上述预测结果与EH-101灰背隼直升机上的观测结果并不完全一致[103],因此可能还有其他一些影响砂盲云分布特性的参数,如机身尺寸、桨根切除等。当然,由于影响旋翼尾流特性的参数较多,其中一些参数在空气动力学上是相互依赖的,包括旋翼盘载荷、叶片载荷系数、叶尖速度、旋转频率、叶片数量、叶尖形状、桨叶数量、桨叶构型、机身形状、类型和尾桨位置等。因此,要从机体设计的角度来提高直升机砂尘防护效果具有很大挑战。Milluzzo 和 Leishman[104]采用了一种更为定性的方法,即通过观察大量的砂盲照片和录像将砂盲严重程度与给定旋翼机的特定设计参数与操作特性联系起来。砂盲严重程度取决于几个因素:砂盲云密度、砂盲云水平和垂直覆盖范围、砂尘通过旋翼尾迹再循环的趋势以及在尘埃云开始发展时旋翼尾迹的离地高度。Milluzzo 和 Leishman[104]假设地面剪

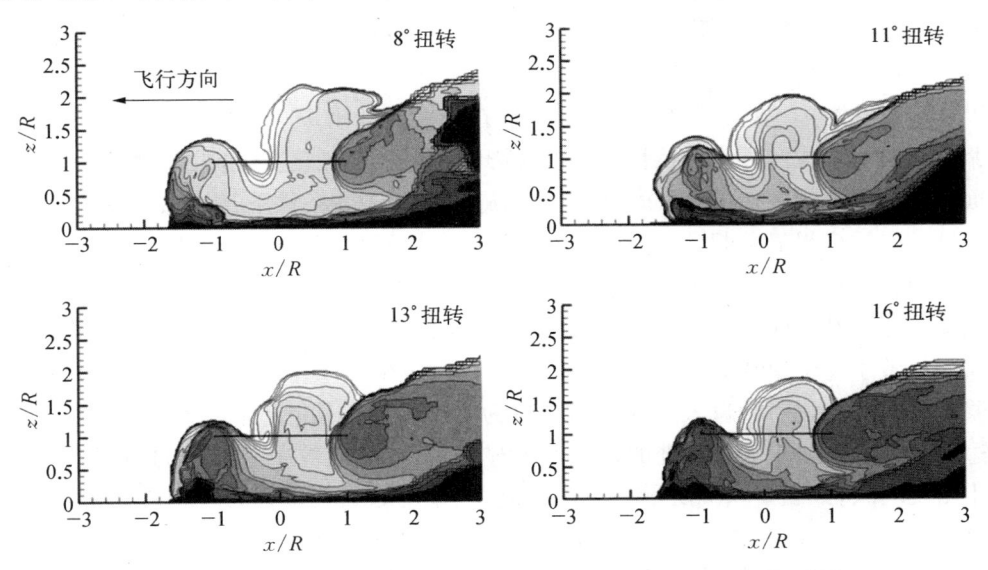

图3-55　5桨叶旋翼低速前飞时砂盲云对桨叶扭转角的敏感性[29]

图中阴影越深表示砂盲云密度越大

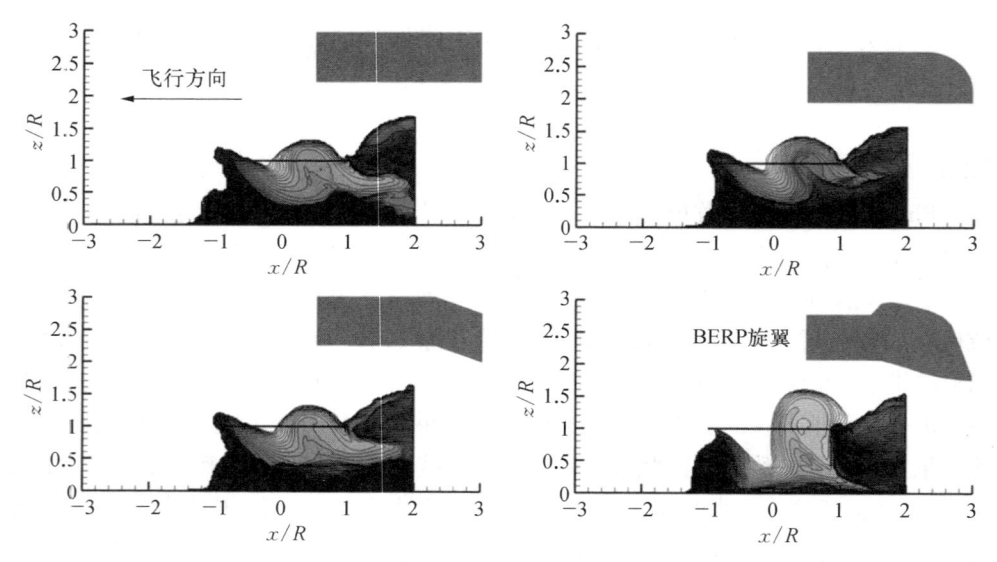

图 3-56　5 桨叶旋翼低速前飞时砂盲云对桨尖形状的敏感性[29]

图中阴影越深表示砂盲云密度越大

切力与下洗流速度和对流桨尖涡诱导流动的某种组合的平均成正比,从而提出了一种低阶相关性方法,即通过一些经典方法或低阶方法来估算平均下洗速度、总尾迹强度和尾涡撞击频率,进而将砂盲云发展速度与旋翼关键设计参数联系起来。

Phillips 等[105]采用欧拉法对一款 5 桨叶、NACA23012 翼型、8°线性扭转角、25%桨叶半径的桨根切除尺寸的基准旋翼进行了桨叶数目对砂盲云强度影响的分析。桨叶数目包括了 3、4、5、7 片桨叶,飞行状态包括推力归一化前进比 $\mu^* = 0.6$、0.3、0(即悬停)。数值模拟结果表明:① 在最大前进比 $\mu^* = 0.6$ 条件下,改变旋翼桨叶数目对形成的砂盲云特性几乎没有影响,这是由于前进比越大,旋翼尾涡与地面之间的干扰越弱造成的。② 在较低前进比 $\mu^* = 0.3$ 条件下,桨叶数目对砂盲云特性的影响变得显著起来。随着桨叶数目的增加,砂盲云中的砂尘强度显著降低。桨叶数目的增加导致桨尖涡的数目相应增加,但每个桨尖涡的强度减弱。桨尖涡强度的减弱及地面上的诱导速度与每个桨尖涡夹带的砂尘数量之间的非线性关系共同导致了每个单独的桨尖涡拾起的砂尘数量减少。③ 在悬停($\mu^* = 0$)状态下,桨叶数目的变化对砂盲云特性的影响较为复杂。随着桨叶数目的增加,旋翼桨盘边缘附近的环状尘云核心处的砂尘密度显著减小,而旋翼中心向上的羽流中的砂尘密度增大,如图 3-57 所示。不仅如此,当桨叶数目为 3 时,旋翼中心向外约 2 倍旋翼半径处砂盲云密度较大且较为均匀,但砂尘分布中的类壁面特征不太明显;而当桨叶数目增加时,砂尘场密度变得不均匀,但都在旋翼中心向外约 2 倍旋翼半径、砂尘密度较高处产生了类壁面结构。

(a) 3桨叶构型　　　　　　　　(b) 7桨叶构型

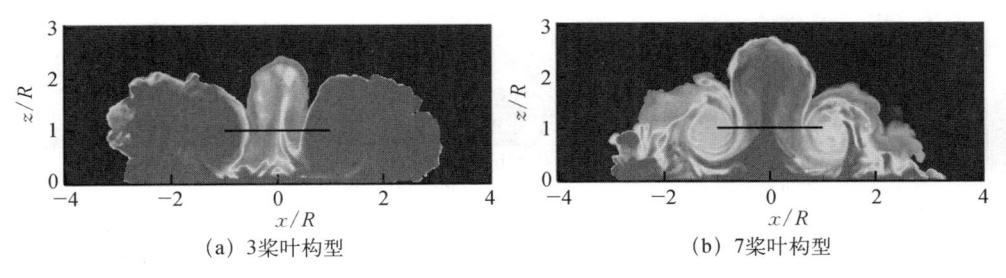

图 3-57　不同旋翼构型产生的砂盲云强度模拟结果(红色表示高值,蓝色表示低值)[105]

Phillips[106]还研究了15%桨叶半径、20%桨叶半径、25%桨叶半径三个桨根切除尺寸对桨尖涡强度和砂盲云特性的影响。从图 3-58 可以看出,旋翼桨盘前部桨尖区域内的径向环量梯度随着桨根切除尺寸的增大而增加。桨根切除尺寸对砂盲云特性的影响较为复杂,如图 3-59 所示:在高前进比 $\mu^* = 0.6$ 条件下,增大桨根切除尺寸使得旋翼前部下方的砂盲云尺寸范围和密度有轻微的增大,与降低桨叶扭转以增强桨尖涡强度的趋势相同;而在前进比 $\mu^* = 0.3$ 条件下,增大桨根切除尺寸反而使得旋翼尖部的砂盲云密度有轻微的减小;当旋翼悬停时,增大桨根切除尺寸使得桨尖区域内的砂盲云密度有轻微的减小。总的来看,桨根切除尺寸对砂盲云特性的影响较前面几种旋翼几何特性的影响要小得多。

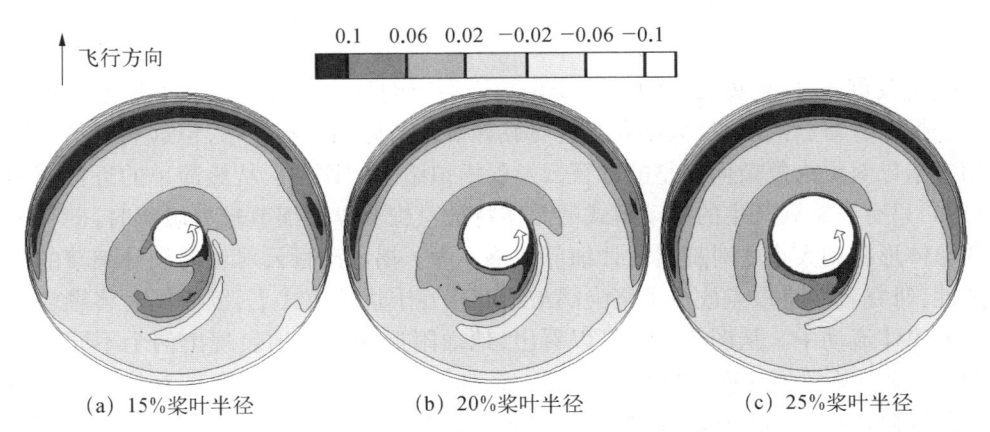

(a) 15%桨叶半径　　　(b) 20%桨叶半径　　　(c) 25%桨叶半径

图 3-58　前进比 $\mu^* = 0.6$ 条件下桨盘附近环量梯度分布随桨根切除大小的变化情况[106]

在实际工程设计中,改变旋翼几何形状显然比改变其整体设计更具可行性。例如,改变桨尖形状相较于改变桨叶扭转或旋翼其他基本参数更为容易。尽管扭转和桨尖形状都会对旋翼载荷产生显著的影响,旋翼载荷又对桨尖涡的形成和发展起着关键的作用,但桨尖的影响并不会通过旋翼系统传递并对砂盲云形状、大小或密度产生明显的影响,而桨叶扭转则会显著影响砂盲云的特性。因此,为何旋翼几何的某些改变会对流场结构产生强烈而直接的影响,并且流场结构对砂盲云的

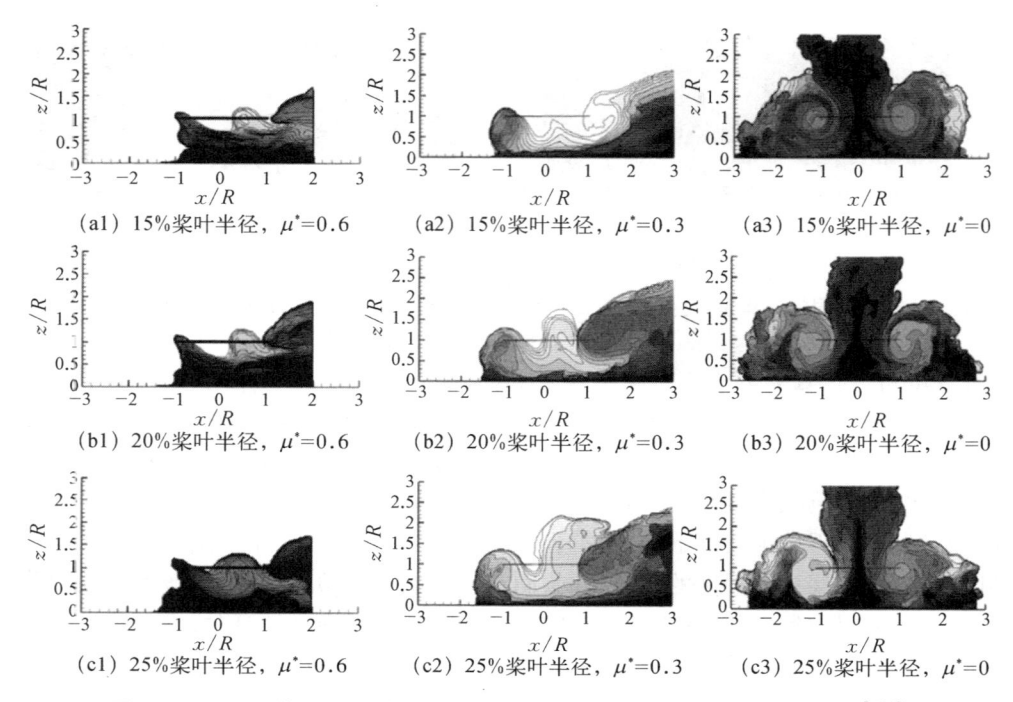

图 3-59　不同前进比 μ^* 条件下砂盲云密度随桨根切除尺寸的变化情况[106]

图中阴影越深表示砂盲云密度越大

产生至关重要,但旋翼几何的这些变化却不会影响砂盲云呢? 虽然上述近似模型无法推断砂盲云的形状、大小和密度对旋翼设计的详细依赖关系,但这些模型可以用来指导对更为复杂而完整的砂盲云发展模拟结果的评判。从最简单的近似模型可知,只有当旋翼产生的流动模式的总体特征对旋翼设计细节较为敏感时,砂盲云的总体形状和大小才对旋翼设计细节敏感。为了揭示砂盲云对旋翼设计细节的敏感性,研究者们将重点放在了桨尖涡与地面相互干扰的模式上,以便同时将颗粒物引入流体流动中。从图 3-60 可以看出,地面附近的涡结构表现出两个不同的机制:在靠近旋翼处存在与旋翼共轴的一系列波流,颗粒被波流夹带着与桨尖涡一同向外侧传播;然而,在较外侧时,颗粒夹带形态逐渐变得无序,波状结构在 2 倍旋翼半径(2R)位置处几乎完全被当地沉积物的颗粒状、无序形态所取代,其长度尺度远小于旋翼半径。这种从靠近旋翼的有序夹带到远离旋翼一定距离处的无序夹带的转变被认为与构成旋翼尾迹的涡丝的固有不稳定性有关。刚生成的桨尖涡的螺旋结构很快被相邻涡丝感应而发生相互干扰,导致强烈的拉伸和重新定向,促使桨尖涡的螺旋对称性及其一致性丧失。对于砂盲云而言,这种旋涡不稳定性的发展造成了气流中两种不同物理效应之间的竞争。旋翼设计细节反映在旋翼桨叶产生的涡量分布上,其基本结果是桨叶设计对升力分布产生显著的影响。旋涡不稳定对扰乱尾流的影响将会随着时间的推移而逐渐消散。因此,只有当改变旋翼设计将桨尖旋涡的不稳定性维持到地面时,才能利用旋翼设计的手段来降低砂盲云强度。

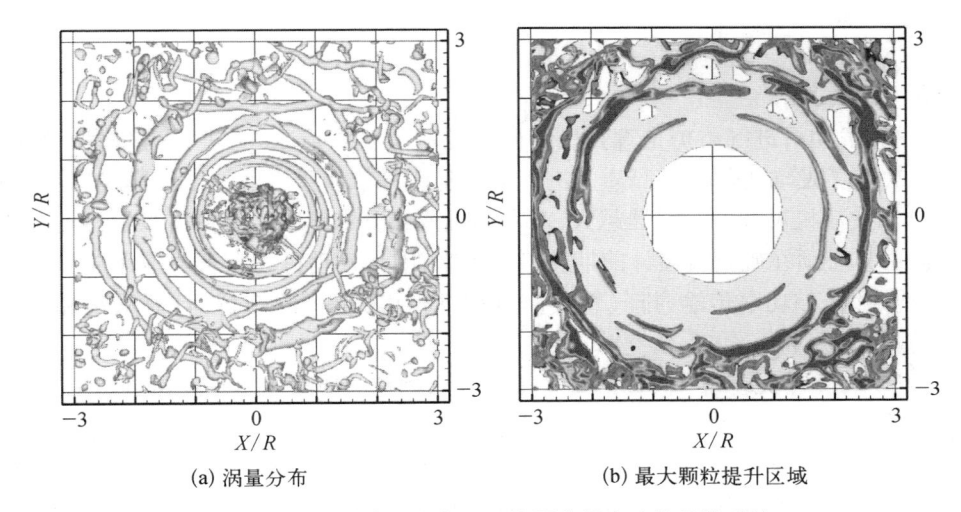

(a) 涡量分布

(b) 最大颗粒提升区域

图 3-60　两叶桨旋翼在 50% 旋翼半径高度处悬停时的涡量分布及最大颗粒提升区域[107]

因此,一个重要的课题摆在直升机砂尘防护研究人员的面前,即如何克服砂盲云演化机制对旋翼设计天然不敏感来设计出能产生更加有利的砂盲特性的旋翼。这方面存在的主要挑战之一是,尽管自由空气中的旋翼尾迹特性已经被广泛研究,但实际上很少有人深入研究过旋翼尾迹在地效中的自然不稳定性是如何发展的。目前已知的是,旋涡不稳定性的增长率是指数级的。因此,依靠稳定流动或流动本身的稳定性来设计砂盲减缓控制策略具有相当大的难度。另一方面,使涡旋系统失稳也可能会对砂盲云特性产生积极的影响。Leishman 教授团队[108]在利用开槽叶尖促进尾迹内单个涡不稳定性方面的初步研究让人看到了希望。Phillips[106] 的一些仿真研究结果也暗示确实有希望通过破坏整个尾流的稳定性来产生一种与涡环状态相似的流动。此时,这些独立的桨尖涡无法达到充分接近地面并足以扬起砂床表面颗粒的程度,从而达到对砂盲免疫的效果。然而,目前使用这种破坏尾流稳定性的做法会造成很大的性能损失,为此还需作进一步深入研究。

3.5.2　机身

机身也是影响砂盲特性的因素之一。Wadcock 等[103]在比较了 EH-101 灰背隼直升机和 UH-60 黑鹰直升机的 CFD 分析结果后推测,EH-101 展现出较好砂盲表现的原因是机身宽大,机头距离旋翼旋转中心较远(机头距离旋翼旋转中心达到旋翼半径的70%),因此减弱了第三象限内的旋翼外洗流,进而减小了砂床表面受到的剪切力,导致卷起的颗粒数减少。由于机身主要还受到直升机总体设计的制约,因此必须在满足总体性能的前提下对机身进行有限度的优化设计以达到减弱砂盲云强度的目的。

3.5.3 进气道

涡轴发动机进气防护是直升机防砂关注的主要焦点之一,进气道是发动机的喉道,决定了发动机的进气品质。进气道质量流量依赖于当前的工作模式(悬停或前飞)和发动机尺寸。飞行器越大,对发动机流量要求越高。流量需求的确定极为关键,并且必须在旋翼机设计前期就确定下来,因为发动机的布置决定了旋翼机许多其他系统(如功率传输、排气管、进气道/机身集成等)的布置,且对重量和平衡的配置也至关重要。

发动机位置及进气道位置会显著影响吸入颗粒的质量。尽管有仿真结果显示,悬停时沉积砂尘被卷起的范围大于旋翼半径范围,但也有证据表明,在某些情况下卷起的砂尘会被旋翼桨盘再次吸入,形成圆顶状的砂盲云,此时砂尘可能进入发动机进气道。此外,当直升机在砂盲云中低速滑行时会进入再循环模式[图5-4(b)],直升机前方对流涡扰动的砂尘被前向桨盘捕获。此时,进气道位置越靠前,吸入的颗粒浓度越高。进气道入口面与气流方向平行(即侧向或向上的进气面)可以通过惯性分离提供一定程度的砂尘防护作用[31]。对于大多数轻型双发直升机,其发动机通常位于主旋翼桅杆后方,涡轮轴的轴线与直升机水平轴一致,排气口位于后方、尾梁上方,如意大利A129"猫鼬"武装直升机(图3-61)。

图3-61 意大利A129"猫鼬"武装直升机发动机侧向进气道

3.6 飞行操纵技术

除上述列举的各类砂尘防护措施外,对直升机进行恰当的飞行操纵也可在一定程度上降低砂盲或砂尘云的强度,从而达到缓解砂尘对直升机不利影响的目的,如增大前进比。从Phillips[106]的研究结果可以看出,直升机前飞时砂盲云范围较悬停时要小,且随着前进比的增大砂盲云范围不断减小,如图3-62所示。美国陆军联合研究项目办公室的EH-60L直升机砂盲飞行试验[9,109]也验证了这一点。在前飞条件下,EH-60L直升机与砂盲云前部的距离随着飞行时间的增加而变大,有效降低了进气道吸入砂尘颗粒的概率。

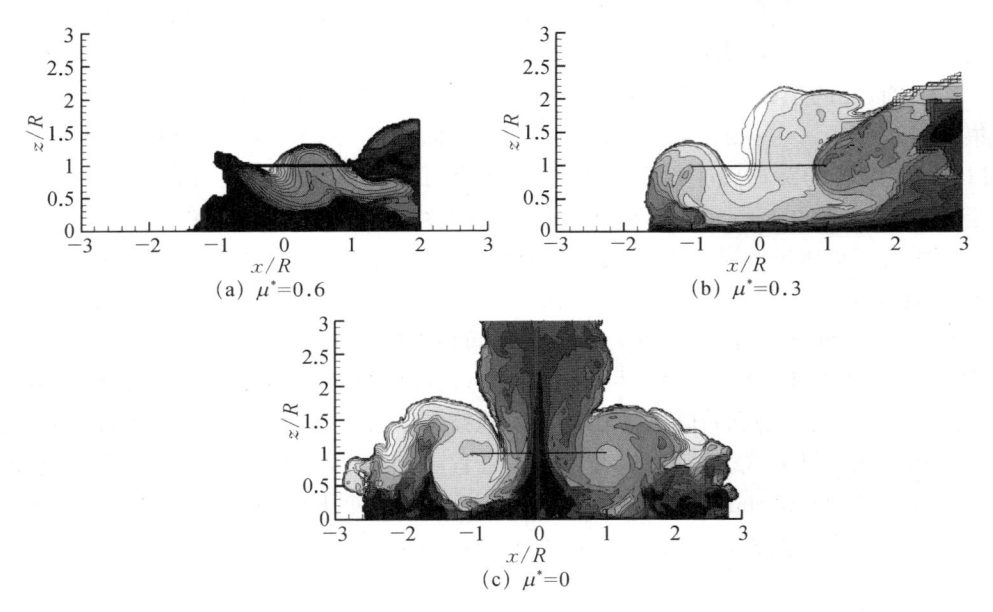

图 3-62 三种前进比 $\mu^* = 0.6$、0.3、0(悬停)条件下砂盲云密度分布情况[106]

图中阴影越深表示砂盲云密度越大

目前国际上已开始针对砂盲问题制定技术解决方案,以减轻在低空操纵时视觉环境退化对旋翼飞行器的影响,特别是在起飞和着陆期间[110]。基于漂移、离地高度、下降率、地面速度、姿态、坡度、地形特征、着陆点位置、障碍物高度、移动障碍物检测等视觉线索,为飞行员提供了更直观、显著的信息,从而提高飞机的航向意识,加强飞机的控制决策。有了这项新技术,飞行员基本上可以在没有外界视觉参考的情况下悬停、降落和起飞直升机,同时立即识别非故意的机体运动。

低速飞行符号系统的应用有助于防止直升机在砂尘环境中发生漂移、坠机等危险情况。美国陆军阿帕奇直升机飞行员使用AH-64悬停符号系统来进行砂盲着陆,类似的驾驶舱提示已经转移到了美国空军直升机驾驶舱。已应用于新型"支奴干"直升机上的罗克韦尔·柯林斯公司的通用航空电子架构系统(common avionics architecture system, CAAS)采用了"砂盲态势感知升级(brownout situational awareness upgrade，BSAU)"的符号系统,该项目也是美国陆军黑鹰 UH‑60M 升级的一部分,由此衍生的显示技术将用于老化的美国海军 CH‑53E 和装备新的电传系统 CH‑53K 直升机。美国海军陆战队 MV‑22 和空军 CV‑22 倾转旋翼机具备飞行路径矢量显示技术,允许机组人员根据悬停指示器上的提示手动进行砂盲着陆或自动使用电传悬停保持功能。与此同时,波音"支奴干"直升机工程师声称,CH‑47F 直升机中的数字自动飞行控制系统(digital automatic flight control system, DAFCS)以较低的成本达到了预期的效果。DAFCS 具有自动驶离模式,在飞行员由于砂盲而失去空间方向时可以挽救生命。

目前,北约正在制定砂盲解决方案,寻求将透明红外传感器与合成视觉显示器集成在一起。一些测试结果表明,中长波前视红外(forward looking infra-red, FLIR)传感器的穿透粉尘性能是光电相机的两倍。目前安装在攻击直升机上用于瞄准和导航的 $3\sim5~\mu m$ 或 $8\sim12~\mu m$ 的前视红外系统在砂盲环境下基本上是不起作用的。英国国防部与莱昂纳多公司合作,开展了一项名为"全工况操作和创新驾驶舱基础设施(All Condition Operations and Innovative Cockpit Infrastructure, ALICIA)"的研究项目,研究有关驾驶舱布局和人机界面(human machine interface, HMI)的未来设计和配置,该项目的目的之一是探索在有再循环砂尘的情况下协助机组人员起飞、进场和着陆的方法。在实施技术解决方案时,重要的是要考虑人的因素和文化思维方式。特别是,与常规着陆程序相比,要认识到需要更严格的仪表飞行规则(instrumental flight rules, IFR)培训。为了使飞行员更好地适应新技术,技术方案应尽可能直观、易使用,并配备强有力的培训措施。

第 4 章
砂尘环境研究方法

直升机涡轴发动机砂尘环境是一种典型的气固两相流条件。解决直升机砂盲和涡轴发动机砂尘防护问题,需遵循一定的研究方法。从飞行器设计角度来说,砂尘环境研究方法可概括为实验模拟、数值模拟、虚拟现实仿真和飞行试验四类。

4.1 实验模拟

4.1.1 砂尘环境感知

目前,粒子浓度测量方法主要有滤膜称重法、β射线法、振荡天平法、电学法(压电晶体法、静电探针法等)、激光法等。其中滤膜称重法为目前大气颗粒物测量的标准方法,但测量过程烦琐,无法实现实时监测;β射线法测量精度高,但测量周期较长,且目前更多用于实验室测量;振荡天平法可做到在线连续测量,但受温度和湿度影响较大;基于电学法的压电晶体法和静电探针法灵敏度高、线性度好、抗干扰能力强、可在线监测,但使用较长时间后砂尘会积聚在晶体表面,需要清洗;激光法测量速度快、与测量物体无接触,但由于实际砂粒形状通常不规则导致散射方向多变、测量精度有限。激光法和电学法均可实现在线监测,因而在发动机砂尘环境监测方面得到较多应用,下面将对这两类方法的研究现状及趋势进行简要分析。

弗吉尼亚大学[111]与劳斯莱斯北美技术公司合作团队采用弥散玻璃球颗粒的粒子图像测速仪(PIV)来捕获粒子分离器中砂尘速度场和轨迹,而空气流场采用弥散的橄榄油滴颗粒进行示踪,原理如图 4-1(a)所示。马里兰大学 Leishman 教授团队[112]采用矿物质油雾作为连续相(空气)的示踪粒子,而砂尘颗粒直接由高速相机拍摄,对旋翼下洗流中的砂尘场进行气固两相流流场显示测量,如图 4-1(b)所示,这种 PIV 技术称为双相(dual-phase)PIV。然而,目前 PIV 方法应用在三维空间内粒子浓度场的捕获、机载应用、实时在线监测等方面仍存在着一定难度。Whitehouse 等[113]设计了如图 4-2 所示的实验装置来模拟旋翼下洗引起的砂盲环境,并通过集成于机身的激光散射测量系统实时测量三维空间内的砂尘浓度场。

实验中,将交替使用的银色和红色光学目标放置于地面上,反射光信号的采集频率为 100 Hz,分辨率为 10 bit。Lin 等[114]利用激光散射技术制成了一种双光嵌入式砂尘传感器(图 4-3),其中的光学质量传感器可以测量尺寸大于数个微米的粒子群,另外一个光学粒子传感器则用于测量尺寸小于 0.3 μm 的小粒子个体,并实现了在 AGT1500 发动机上的装配。Li 等[115]将激光的发射及接收通过光纤传输,解决了测量系统的敏感性部件(如激光、探测器、电子元器件)受外部环境的影响,使其能在最高 175℃ 温度中工作,从而提高了测量系统对砂尘环境的测量范围,目前该探测仪已应用到 SH-60 直升机上(图 4-4)。

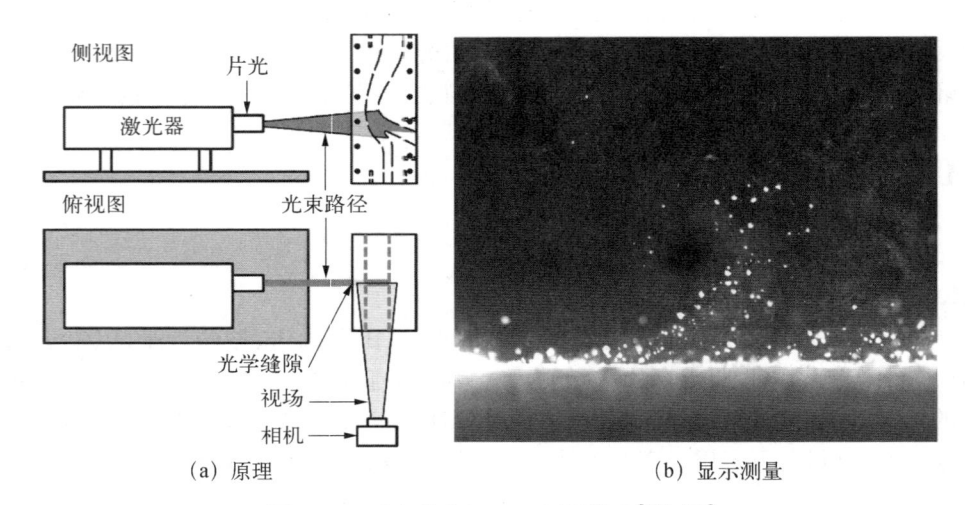

(a) 原理　　　　　　　　　　　(b) 显示测量

图 4-1　砂尘分布场 PIV 测量技术[111, 112]

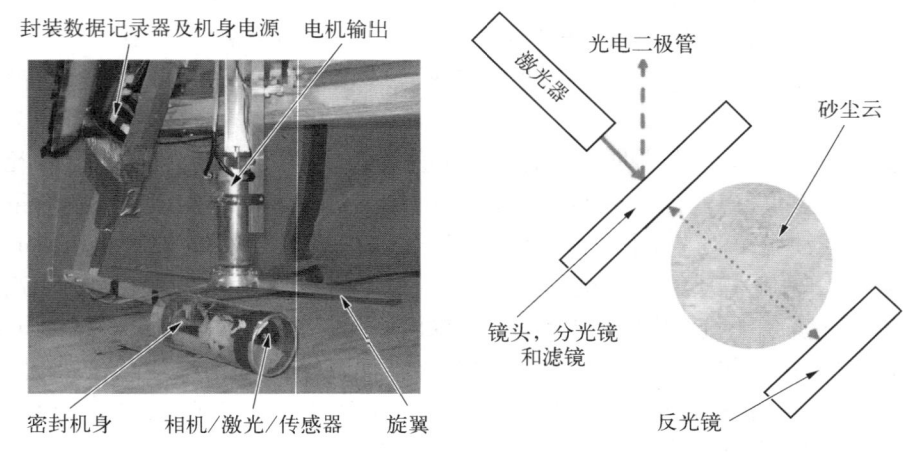

图 4-2　旋翼砂盲实验装置及基于激光散射的砂尘环境测量系统[113]

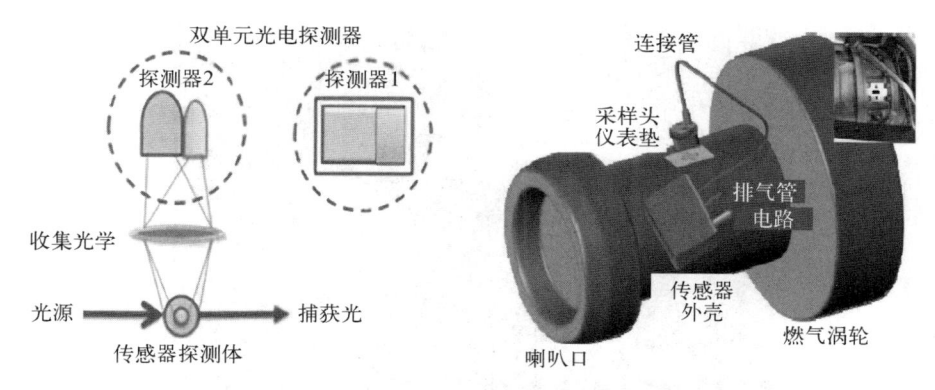

图 4-3　一种双光嵌入式砂尘传感器原理图及其在 AGT1500 发动机上的装配示意图[114]

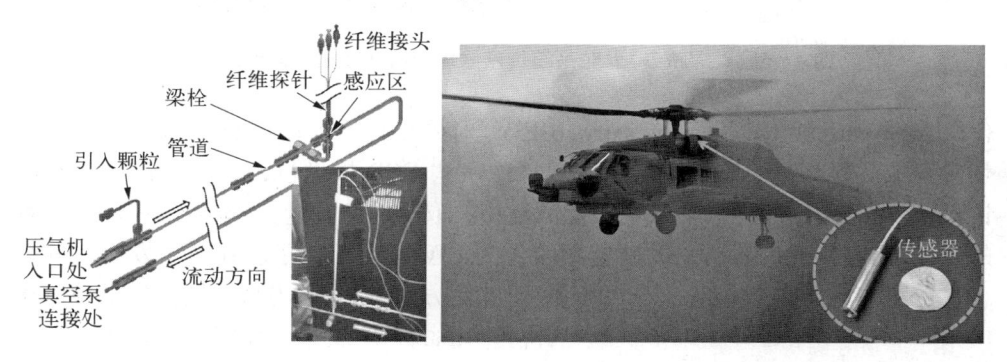

图 4-4　耦合光纤的激光散射粒子探测仪及其在 SH-60 直升机上的应用[115]

洛克希德·马丁公司基于波音 AH-64D"长弓阿帕奇"飞行员夜视系统提出了一种能同时解决砂盲和避障问题的系统——"探路者"引航系统,以取代现有的前视红外目标传感器,用于货运和通用直升机。该系统长波红外传感器塔台与头盔显示器集成,如图 4-5 所示[116]。"探路者"传感器具有 1 728×960 像素分辨率和 52°×30°视场,相比之下,前视红外传感器为 640×480 像素分辨率和 25°×20°视场。根据与美国陆军夜视实验室的合作研究与开发协议,洛克希德·马丁公司在贝尔 UH-1H 直升机上试验该"探路者"引航系统。

与激光法相比,电学法在固体颗粒物探测,尤其是进气道砂尘环境感知方面的应用相对较少。Weickert 等[117]发明了一种改进的静电传感器用于测量发动机砂尘粒子浓度场。Powrie[118]利用静电技术对航空发动机供油系统进行监测。至于压电传感器则更多地用在大气悬浮颗粒及宇宙尘埃浓度的监测上,目前鲜见航空发动机砂尘环境感知方面的应用。

国内方面,空军装备研究院雷达所马志宏等[119]采用激光数字式粒子成像测速

图 4-5 "探路者"引航系统传感器塔台与头盔显示器集成[116]

仪(digital particle image velocimetry, DPIV)对砂尘环境实验中颗粒速度场及浓度场进行了实验测量。该技术采用电视摄像机式 CCD 摄像机,不需经湿处理,直接记录粒子图像,用相继两帧数字图像的互相关取得速度向量,其本质是忽略空气场的测量,而直接利用砂场中的砂尘颗粒作为 PIV 的示踪粒子。在航空发动机砂尘环境监测方面,目前国内采用较多的是静电探针法。Huang 等[120]采用如图 4-6 所示的静电感应式传感器对发动机燃烧碎片进行了监测,得到了相应的静电感应信号。孙见忠等[121]利用静电效应设计了一种粒子监测系统测量了通过管道的粒子的直径和浓度。针对传统电容传感器灵敏度不高且绝缘材料介电常数、电容会随温度变化而变化等问题,东南大学 Ding 等[122]开发了一种静电-电容耦合的传感器用以测量粒子速度、浓度及质量流率。另外,采用基于激光散射及压电晶体法的粒子监测技术被广泛用在大气颗粒物浓度的测量上,但鲜见应用于航空发动机砂尘环境的感知。

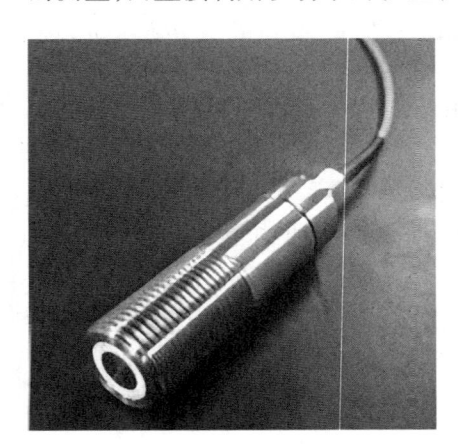

图 4-6 Huang 等采用的静电感应式传感器[120]

综上所述,我国目前在航空发动机砂尘环境感知方面主要采用了原理和结构相对简单的静电感应法,缺乏激光散射法及压电效应法的应用实例。

南京航空航天大学进气道团队航空环境实验室(Laboratory of Aviation and the Environment, LATE)提出了一种用于模拟及感知砂尘环境的进气道实验装置,如

图 4-7 所示。该实验装置包括投砂装置、实验测量装置和过滤装置,本例中投砂装置选用电动筛投砂器(1)。实验测量装置包括整流收缩段(2)、扩张段(5)、涵道风扇。涵道风扇安装于整流收缩段(2)、扩张段(5)之间。整流收缩段(2)包括大内径段和小内径段,大内径段与小内径段通过曲面平滑连接,本例中大内径段直径为 142 mm,小内径段直径为 100 mm。整流收缩段(2)的大内径段入口处设有截面为双纽线的钝型整流唇口,以避免流速大时在进口产生流动分离。在距整流收缩段(2)进口 45 mm 的位置设置静压孔,在距离进口 65 mm 处设置总压孔。实验时,在静压孔和总压孔内分别插入静压探针和总压探针以测量进气道的静压和总压,其中静压探针测量端与整流收缩段(2)内壁平齐,总压探针需伸入整流收缩段(2)内。整流收缩段(2)上还设有呈圆周均匀分布于其大内径段壁面的第一探针安装座(3)和设置于整流收缩段(2)小内径段壁面的第二探针安装座。第一砂尘浓度测量探针和第二砂尘浓度测量探针分别安装于相应的探针安装座内。设置多个探针覆盖进气道大内径段的整个截面及小内径段,使测量结果更加准确。本例的砂尘浓度测量探针采用摩擦产电原理,砂尘与砂尘浓度测量探针相互碰撞摩擦产生静电,通过测量静电信号转化为浓度信号以达到测量砂尘浓度的目的,各砂尘浓度测量探针测量端的探入深度为该探针所处位置内径的 50%~90%,保证探针测量端充分伸入进气道的同时,各砂尘浓度测量探针测量端之间相隔一定距离,各探针不会相互干扰而影响测量结果。过滤装置包括砂尘过滤筒(7)、安装于砂尘过滤筒(7)内的滤芯(8),过滤装置与扩张段(5)通过转接管道(6)连接,转接管道(6)为 PVC 材质,转接管道(6)的总长度应大于 1 000 mm,转接管道(6)的弯折角度≤90°以避免出口流道曲率过大产生流动分离影响上游流动。过滤装置对砂尘的过滤效率可达 99%以上,能有效处理尾气中的砂尘,由过滤系统过滤后的气流基本为清洁气流。整流收缩段(2)、涵道风扇固定环(4)、扩张段(5)、过滤筒(7)采用增材制造加工方法,以减轻实验件整体重量以及减少连接件数量,降低实验成本和加工难度。

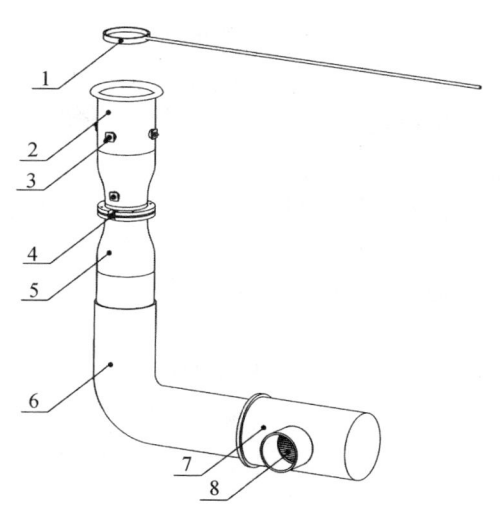

图 4-7 一种用于模拟及感知砂尘环境的进气道实验装置[123]

4.1.2 颗粒反弹特性

颗粒反弹特性实验装置一般包含两个方面:一是壁面-颗粒撞击装置,包括颗粒加速器和靶板；二是测量装置，即测量颗粒入射、反弹角及撞击前后的矢量速度的装置。测量方法通常是高速摄影或激光多普勒测速。图4-8所示为采用高速摄影记录壁面-颗粒撞击特性实验装置示意图。在高速粒子从加速器枪口喷出的过程中，不同的红外光电门在特定位置跟踪粒子轨迹。当粒子穿过红外光束时触发信号被发送到示波器，示波器捕捉触发信号并向相机发出保存指令信号，将图像保存在计算机上。最后，对拍摄的照片进行图像分析处理，得到颗粒入射、反弹角及撞击前后的矢量速度。

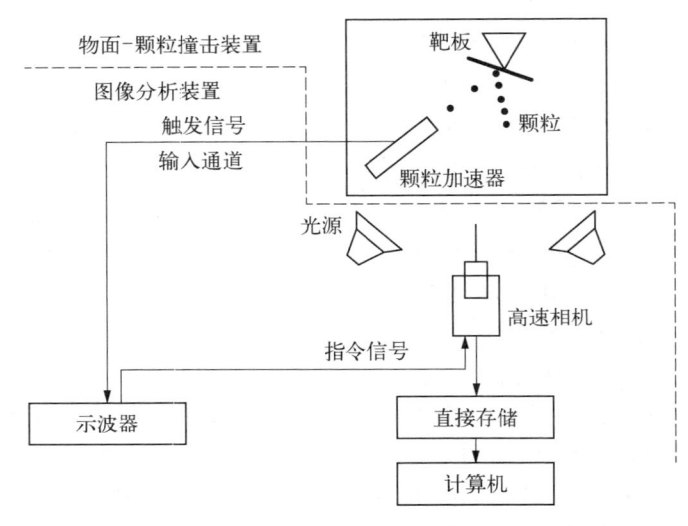

图4-8 壁面-颗粒撞击特性实验装置示意图[124]

图4-9所示为美国东北大学Abedi[124]设计的一种采用压缩空气发射粒子的壁面-粒子撞击反弹特性实验装置。该系统由一个可移动的枪筒组成，其内径等于所使用的颗粒的内径，并连接到建筑物的压缩空气管道（低压），包含电磁控制阀和中间的压力调节器。粒子在枪管末端的速度可通过压力调节器设定的空气流量进行控制。立式给料机安装在枪管支架的顶部，用于向枪管中注入颗粒。为了安全起见，采用透明防弹罩将所有组件保护起来。通过对电磁阀施加电压，压缩空气进入系统并利用气流动压加速颗粒。尽管在低速时由于重力作用会影响粒子轨迹，但枪筒仍然水平放置。在枪筒前安装了两个红外光电门以触发高速相机来捕捉粒子的运动。靶板能大角度旋转以研究斜向撞击，两侧设置铁砧以固定靶板。

流体黏性对与流体接触的颗粒表面施加剪切应力，这些力在气流方向上的矢量总和称为阻力（又称"曳力"）。在考虑有黏性存在的粒子轨迹研究中，阻力对粒子在气流中的加、减速运动都起着重要的作用。为了考虑气体黏性对壁面-颗粒撞击反弹特性的影响，Abedi[124]设计了如图4-10所示的黏性驱动颗粒加速器，并采

图 4-9　直接压缩空气实验装置[124]

用直径约 1 mm 的黄铜颗粒从竖直的加速器管道内下落撞击靶板。该系统由一系列接口管道组成,将压缩空气从本地压缩机(高压)输送到该设备。为了满足平行流假设,在颗粒发射器前安装了一根长直管道作为流动发展段。在这段的中心线上安装了一根 3/32 英寸的黄铜真空管道,管内用微型弹性钢琴线将粒子固定在适当的位置。发射器也是管道的一段,颗粒放置于管道顶部。加速装置是一根中空的垂直管道,使得颗粒在气流存在的情况下加速。在这加速装置的口部安装有一个半角为 8°左右的扩张喷管以防止从喷嘴壁面排出的气体射流发生分离。用这种装置对黄铜颗粒在不同入射速度矢量下撞击铝靶板进行了大量实验。

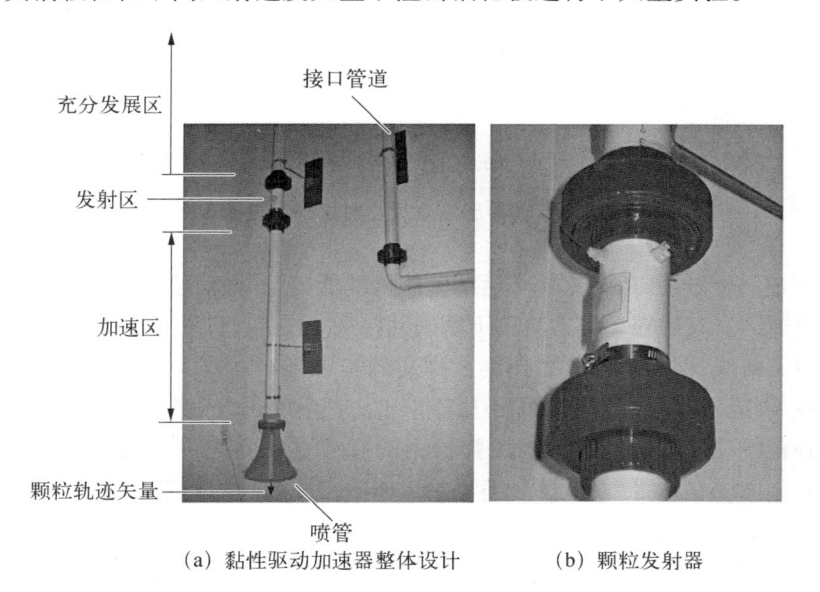

(a) 黏性驱动加速器整体设计　　(b) 颗粒发射器

图 4-10　黏性驱动颗粒加速器[124]

在黏性驱动加速器中,为了使颗粒加速到较高速度,需要大量的连续气流,此过程中还伴随着系统的振动和出口非定常流动分离。此外,颗粒与空气的直接干扰会导致颗粒轨迹的偏离,在非定常流中颗粒轨迹偏离更为严重。为了避免这种直接干扰缺陷,考虑采用界面边界来避免颗粒与气流的直接接触。该设计思路源于自由移动的活塞缸概念。压缩后的高压空气对活塞施加均匀作用力驱动活塞加速。如果将活塞设计成颗粒载体,则可消除颗粒与气流之间的一切干扰,使颗粒在加速结束时具有与活塞相等的速度。图4-11给出了间接压缩空气发射过程的示意图。在阶段(a)中,活塞处于初始位置,颗粒在活塞中发射。随着高压压缩气体的启动,包括颗粒在内的活塞开始加速[阶段(b)]。颗粒到达缸筒末端时,活塞将与弹簧止动器[阶段(c)]碰撞。在撞击过程中,颗粒将继续沿着活塞轴以碰撞时活塞的速度运动。返程时,活塞被压缩弹簧的弹力推回并释放储存在缸筒内用过的压缩气体[阶段(d)]。通过该发射装置,颗粒的最终出射速度最大能达到130 m/s。

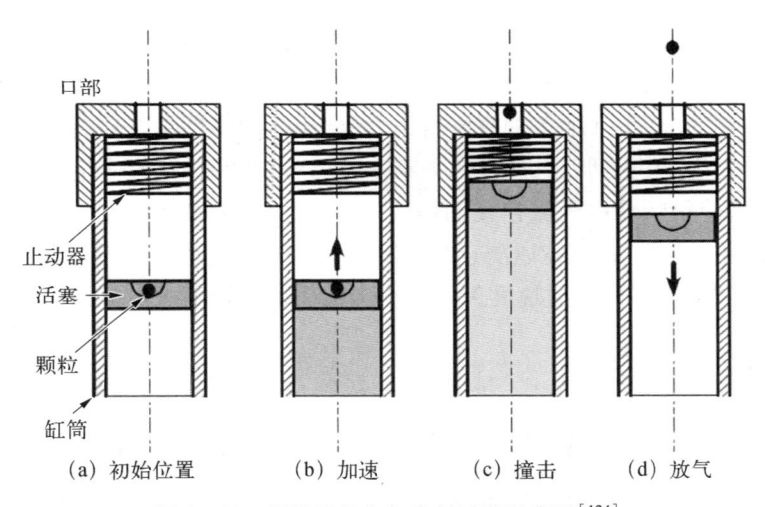

图 4-11　间接压缩空气发射过程示意图[124]

在上述三种发射方法中,粒子运动轨迹精度低、粒子运动速度失控是造成测量误差的主要原因。其中粒子运动轨迹不精确问题通过图4-11所示的间接压缩空气发射方法得到解决,但粒子速度的控制及高速的实现仍然需要大量的压缩空气和快速响应的控制阀。通过改进上述间接压缩空气发射系统可以消除上述故障,改进思路源于漆弹枪的功能。通过安装于漆弹枪中的阀组在几分之一秒内释放高压压缩气体。该时间间隔在几百微秒量级,满足了快速响应控制阀的要求。该系统包括锤头、腔室、针头和高压阀,如图4-12(a)所示。首先,压缩气体通过针头和弹簧维持在高压室中,在压缩气体的作用下针头堵实通道,确保不发生任何泄漏,如图4-12(b)所示。通过触发该系统,锤头被释放,并在其背后的压缩弹簧力的作用下加速。当锤头以较大动量撞击针头时,能克服针头受到的弹簧力及施加在针头上的压缩气体压力,使针向后移动,打开通道让压缩气体通过该通道到达发射器一侧,如图4-12(c)所示。高压阀门开启的时间间隔不会超过数百微秒。针头在压缩弹簧力的作用下压实、关闭通道,一部分通过通道到达发射器一侧的压缩气体通过回风通道返回到腔室的低压侧,将锤头推回至初始固定位置,如图4-12(d)所示。因此,压缩气体的流动在几分之一秒内被释放出来。通过将发射器通道连接到图4-11所示的间接压缩空气发射系统,可以达到比图4-11所示装置更大的颗粒出射速度。

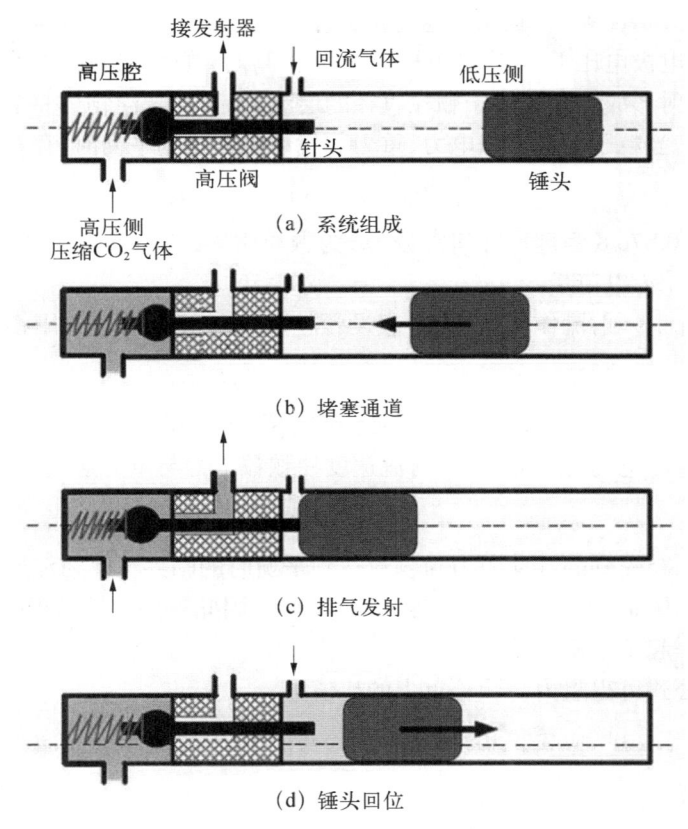

图4-12 漆弹枪高压装置示意图[124]

4.1.3 颗粒阻力特性

砂尘颗粒阻力模型是影响砂尘颗粒运动轨迹数值模拟精度的关键因素之一。因而,准确获得砂尘颗粒的气动阻力特性是建立可靠阻力模型、提高砂尘环境数值模拟精度的必由之路。传统颗粒阻力测量方法为静电测量法,砂尘颗粒在电场中的撞击、凝结、扩散、迁移及沉积都受到阻力的影响。要模拟这些过程,需要知道颗

粒的阻力 F_D 或迁移率 B。迁移率为在静止气体中颗粒上施加单位阻力后的终端速度,即

$$B = U_\infty / F_D \qquad (4-1)$$

式中,U_∞ 为远离颗粒的均匀气流速度。

对于颗粒阻力的传统研究方法是测量颗粒在重力场中的终端速度。Millikan[125]的油滴试验可用于测量颗粒在电场中移动时的迁移率。但这些方法受限于颗粒终端速度量级相当的流速。如果气流速度远大于颗粒终端速度,需要采用别的方法。Davis 等[126]提出了这样的测量方法:采用双曲曲面电极构型产生直流电场,顶部电极电压 V_{DC},底部电极电压为 $-V_{DC}$。如果在底部电极的中心钻个孔,从孔中喷射形成直径远大于颗粒直径的层流射流,则悬浮物体将受到一个气动阻力的作用。当粒子受到的静电力、重力和气动阻力达到平衡时,存在以下公式:

$$qC_0 V_\infty / 2z_0 - mg + U_\infty / B = 0 \qquad (4-2)$$

式中,$C_0 = -0.876\,8$ 为理论几何常数,m 为颗粒质量,g 为重力加速度,z_0 为电极的顶部坐标,q 为电荷量。

在未钻孔引入射流作用情况下,假设颗粒重力与静电力达到平衡需要的电压为 V_0,即

$$qC_0 V_0 / 2z_0 = mg \qquad (4-3)$$

当没有直流电场时,调节气体射流速度使颗粒阻力与重力达到平衡,则

$$U_c / B = mg \qquad (4-4)$$

式中,U_c 为颗粒受到的气动阻力与颗粒达到平衡时的临界气体射流速度。

当 $U_\infty > U_c$ 时,直流电场力的方向必须反向,因此需要调转两极的电势使得静电力与重力一起来平衡气动阻力。

由上面公式可得阻力与颗粒重力的比值为

$$F_D / mg = 1 - V_{DC} / V_0 \qquad (4-5)$$

迁移率为

$$B = U_\infty / [mg(1 - V_{DC} / V_0)] \qquad (4-6)$$

因此,颗粒的迁移率可由测量颗粒悬浮所需的电压(即电势差)与射流速度的函数关系来确定,其中默认颗粒质量已知。

为此,Davis 等[126]设计了如图 4-13 所示的实验系统。从底部电极中心孔注入氮气或氦气到平衡室中,环形电极内安装有一个 4 倍物镜、15 倍目镜的球面镜,即总放大倍数为 60 倍。环形电极上安装了一个栅格 512 元线性光电二极管阵列,并与之绝缘。阵列位置使得在水平面内的散射光能在 32°~68°角度范围内被探测

到。扫描频率为 40 kHz，从光电二极管阵列发出的信号被送到数字计算机中进行交流/直流数据转换。光散射相函数可以显示在计算机的显示器上或储存在存储介质中以备后用。液滴从顶部电极中心由平头注射器引入平衡室，其尺寸和电荷可由针孔尺寸和所用的直流电压控制。固体颗粒首先悬浮于水或易挥发介质中，然后以液滴的形式注入平衡室内，液体介质快速蒸发后将电荷施加到颗粒上。在液滴注入之前先在环形电极上应用交流电压来捕获掉入平衡室内的液滴。悬浮电压通过反馈控制回路来自动控制。当

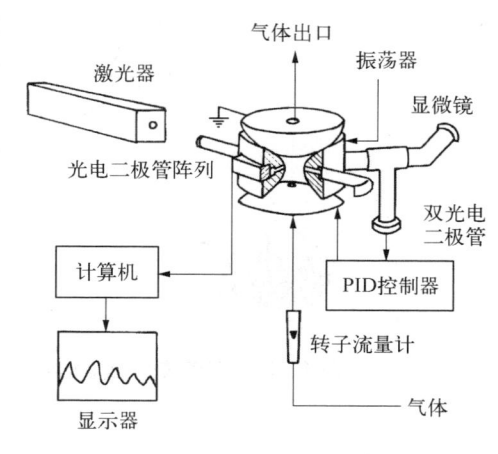

图 4-13　静电场中颗粒阻力测量实验系统原理图

颗粒垂直进入平衡室时，电极管平衡，而当颗粒上下移动时处于非平衡，使用对数比放大器及相关电路来提供等比例控制的直流电压。当流量发生变化时，PID 控制器能实现对平衡的稳定控制以测量阻力随气体流量的变化。

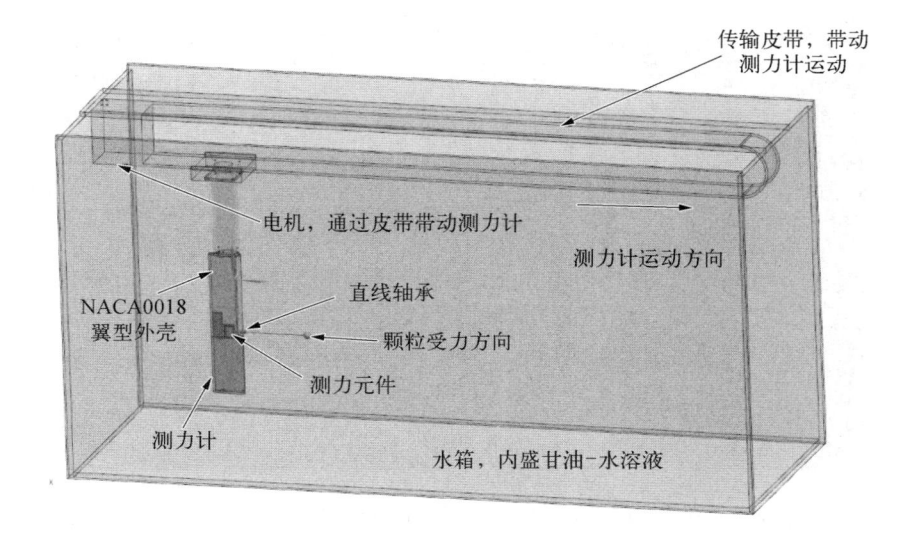

南京航空航天大学进气道团队近期设计了一种基于雷诺数相似律的高黏性流体内运动颗粒阻力测量的实验台，如图 4-14 所示。颗粒被加装于测力计中支撑杆的前端用于受力，测力计被加装于传送带的滑块上，可操控电机带动传送带从而带动测力计以设定的稳定速度运行。通过调整电机运行速度和配置不同浓度、温度的甘油-水溶液以达到改变雷诺数的目的。由于颗粒尺寸小，受到的阻力尺度很小，为此专门设计并制造了适用于颗粒阻力测量的高精度六分度天平。

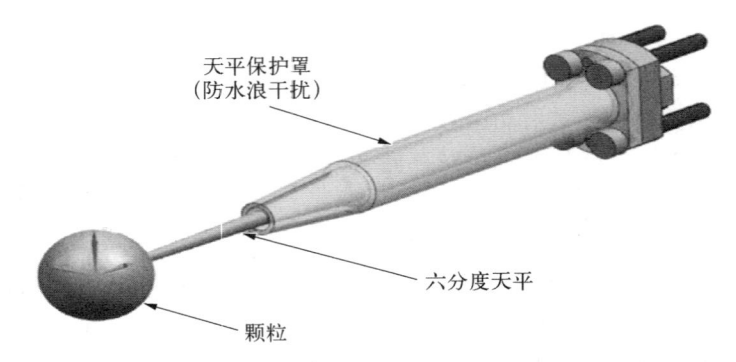

图 4-14　南京航空航天大学进气道团队设计的颗粒阻力测量装置

4.1.4　气砂耦合特性

1. 砂尘模拟实验台

砂尘环境的实验室模拟首先要建立真实的直升机飞行条件。然而，由于实验条件的限制，目前模拟实验采用较多的还是旋翼悬停条件下旋翼下洗流冲击模拟地面实验台，如南京航空航天大学进气道团队航空环境实验室近期搭建的旋翼地效砂尘实验台[127]，如图 4-15 所示。该实验台底部电机驱动传动装置转动并带动模拟地面使其自由升降以调节旋翼离地高度，模拟地面上沿周向布置 8 排静压孔用于测量旋翼下洗流冲击时地面静压分布时变特性，如图 4-16 所示。在砂尘试验开始前首先在模拟地面上预先铺设一定厚度、含有特定砂尘粒度构成的砂床，如图 4-17(a) 所示。砂尘实验开始，首先启动旋翼电机使旋翼运转，产生的下洗流冲击砂床，使砂床表面砂床颗粒运动并在桨尖涡夹带作用下在空中输运，形成砂盲

图 4-15　南京航空航天大学航空环境实验室搭建的旋翼地效砂尘实验台

环境,如图4-17(b)所示。在地面安装一定缩比尺度的涡轴发动机粒子分离器,并采用真空源、引射等方式形成管道内流,即可较为真实地模拟粒子分离器在直升机旋翼下洗流冲击作用下吸入并分离砂尘颗粒。值得一提的是,南京航空航天大学进气道团队航空环境实验室在国家科技重大专项的支持下拟建设这样一座大型涡轴发动机粒子分离器实验台,预计将在 2025 年底竣工,可为我国的军民两用涡轴发动机及其他各类发动机(经过适当模型改装)砂尘防护提供高保真度和高可靠性的实验平台及测试技术支撑。

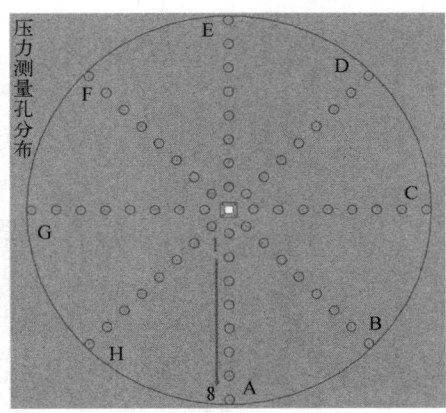

图 4-16　南京航空航天大学航空环境实验室旋翼地效砂尘
实验台原理图及地面压力测量孔分布图

图 4-17　南京航空航天大学航空环境实验室的旋翼扬砂实验
(a) 实验开始前铺设人工砂床　　(b) 旋翼下洗流冲击实验后地面砂尘分布情况

2. 砂尘浓度场测量

直升机涡轴发动机砂尘环境是一种典型的气固两相内外流耦合流场。针对纯气场的显示与测量,目前已有很多成熟的技术,总的来说可以分为两大类。第一类是在流场中掺入外来物质或注入能量的显示方法,如利用颜料、烟雾和羽毛等掺入物直接观察流动,或利用小粒子、气泡跟踪流动,或利用光敏、热敏化学染料显示流动,或引入火花、热量或热质点的显示方法;第二类是光学显示测量方法,如阴影照相技术、纹影照相技术、干涉技术、全息照相、全息干涉、傅氏光学信息处理技术等[128]。对于砂尘浓度场的测量,最简单的方法是直接利用高速相机对高速运动的砂尘颗粒进行捕捉。在此基础上,耦合上述气场测量技术即可实现气砂两相耦合流场的同步测量,如南京航空航天大学航空环境实验室利用 PIV 及高速相机实现了气砂耦合流场的同步测量,如图 4-18 所示,此技术实际上即 4.1.1 节提及的马里兰大学 Leishman 教授团队开发的双相(dual-phase)PIV 技术[112]。

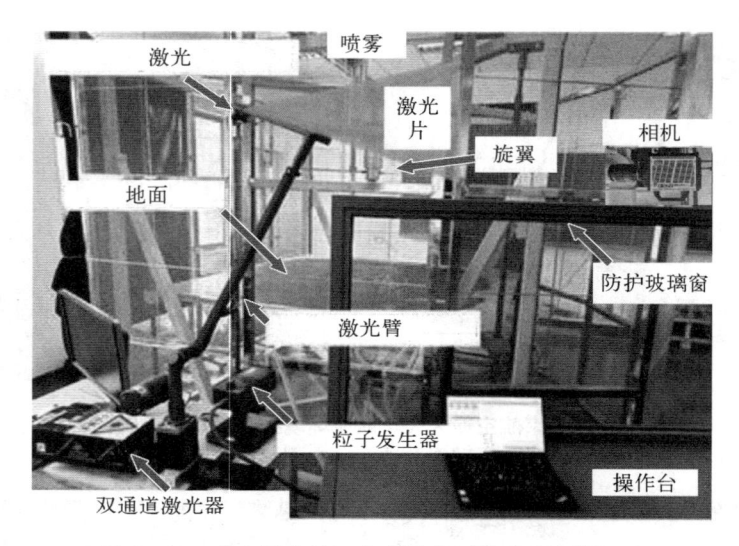

图 4-18　南京航空航天大学航空环境实验室搭建的
PIV 气砂耦合流场测试装置

在搭建砂尘场测量装置后,即可对空间内特定位置截面内的砂尘分布情况进行拍摄取样,如图 4-19 所示,图中 R 表示旋翼半径,本例中 R = 560 mm。需要注意的是,每次更换拍摄位置后、拍摄前都需对相机进行对焦操作并采用标定尺对颗粒尺寸进行标定。

3. 颗粒图像识别

砂尘浓度分布场拍摄后需对照片中的颗粒进行图像识别。由于背景噪声的干扰,原始的砂尘颗粒照片[图 4-20(a)]通常很难直接用于粒子识别。因此,首先需要对原始图片进行去噪处理并提高砂尘颗粒与背景的对比度,如图 4-20(b)及图 4-20(c)所示。然后利用专用软件或自研软件对处理后的图片进行砂尘颗粒的识别,获得砂尘颗粒的位置、粒径、形状等特征信息,以备后续进行砂尘浓度数据后处理与砂尘分布规律发掘。

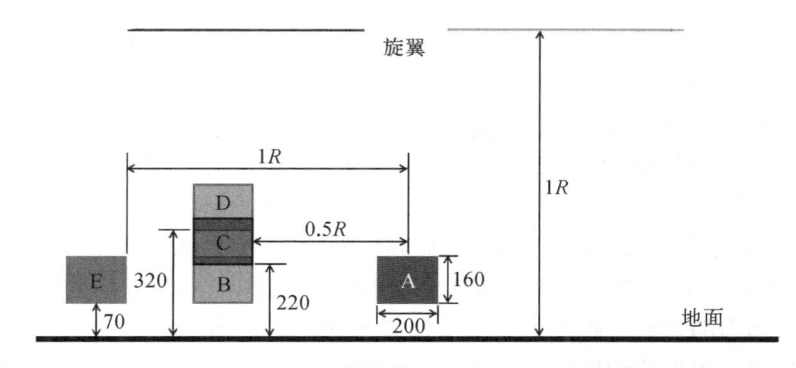

图 4-19 砂尘场空间内不同位置拍摄截面定义示意图(图中数值的单位为毫米)

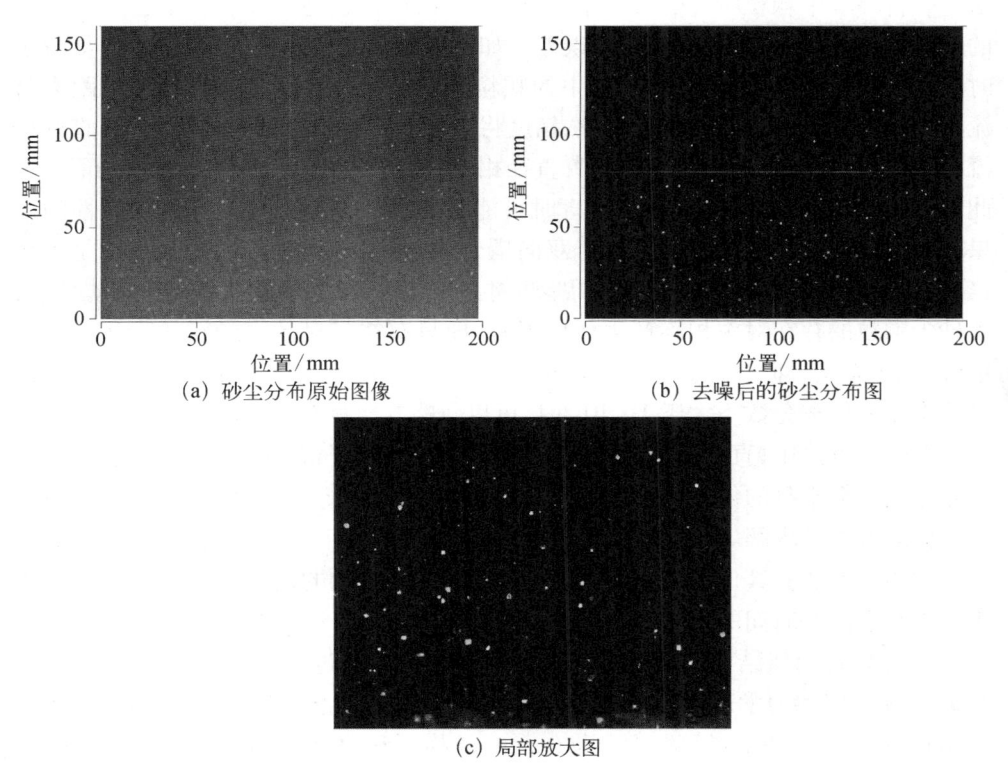

(a) 砂尘分布原始图像
(b) 去噪后的砂尘分布图
(c) 局部放大图

图 4-20 南京航空航天大学航空环境实验室采取的砂尘颗粒图像识别技术

4.2 数值模拟

目前用于模拟颗粒物演变过程的方法有两大类:一是拉格朗日方法[129],二是欧拉方法[29]。

拉格朗日方法受到马里兰大学的 Leishman 教授团队[129]、Continuum Dynamics 公司的 Wachspress 等[130]以及 AgustaWestland 公司的 D'Andrea[131]等研究者的青睐。该方法通过一组替代粒子或"标记"粒子动力学来模拟流动中的颗粒分布,采用基于牛顿第二定律的运动方程积分来跟踪每个颗粒受到气动阻力作用而运动的轨迹。拉格朗日方法的主要优势是原则上可以直接对不同属性的颗粒分布进行建模,例如,真实沙漠环境中尺寸各异的砂尘颗粒。这一主要优势使得拉格朗日方法在揭示砂尘颗粒沉积物从地面被带入空气过程中的详细机制方面发挥独特的作用。但是,当前的理论基础是否适用于揭露现实中砂盲条件形成的因果关系还存在着争议,这是未来该领域需要攻克的一个研究方向。拉格朗日方法的劣势在于,由于砂盲环境中颗粒所受的力近乎平衡,因此在颗粒轨迹计算过程中会产生所谓的刚性积分问题,导致较大的数值误差。如果这种误差不能接受,则需要尽量减小时间步长。需要注意的是,当流域中的颗粒分布处于弥漫状态即颗粒间的距离与流场结构的尺度相当时,拉格朗日法精度将大大降低。然而实际情况却是,直升机流场结构尺度分布广泛,大到与旋翼直径相当,小到旋翼直径的百分之一之下。因此,拉格朗日模型在模拟直升机砂盲时可能不够高效、可靠,甚至产生误导性的结果。拉格朗日法又存在单向耦合与双向耦合两种模型[132]。单向耦合指的是主相(空气)流场特性影响二次相(又称副相,本书中研究对象为砂尘颗粒)运动特性,而砂尘颗粒的存在对主相不产生任何影响,即只有空气对砂尘颗粒的干扰。双向耦合,顾名思义,即空气与砂尘颗粒两相之间相互耦合作用。Sommerfeld[133]建议,当二次相的体积分数不大于 1×10^{-6} 时,可以忽略二次相对主相的影响。

在欧拉方法中,直升机周围气流中的颗粒载荷通过气流中颗粒的密度来表示,而非通过颗粒本身的位置来表示。砂尘颗粒密度分布采用基于统计力学的偏微分颗粒输运方程来求解。不同的相在数学上均被视为可相互穿透的连续体。由于一个相的体积不能被其他相占用,因此引入了相体积分数的概念。假设这些相的体积分数是空间和时间的连续函数,则各相体积分数的总和等于 1。因此,各相的守恒方程为具有相似结构的守恒方程组,这些方程组通过从经验信息中获得的本构关系或应用动力学理论(颗粒流)来封闭。欧拉法主要有三种模型:流体体积(volume of fluid,VOF)模型、混合物(mixture)模型和欧拉(Eulerian)模型。VOF 模型采用一种应用于固定欧拉网格的表面跟踪技术,它是为两种或两种以上不可混合的流体设计的,主要用于捕捉不同流体之间的界面。在 VOF 模型中,所有流体共享一组动量方程,并且在整个域中跟踪每个计算单元中每种流体的体积分数。VOF 模型的应用包括分层流动、自由表面流动、填充、振荡、液体中大气泡的运动、溃坝后液体的运动、射流破碎(表面张力)的预测以及任何液气界面的稳态或瞬态跟踪。混合物模型是为两个或更多相(流体或颗粒)而设计的,与欧拉模型一样,各相均被视为可以相互穿透的连续体。混合物模型求解混合物动量方程,并规定相对速度来描述离散相。混合物模型的应用包括低负荷颗粒流、气泡流、沉积和旋风分离器。混合物模型也可以不考虑离散相的相对速度来模拟均匀多相流。欧拉模型最为复杂,求解的是每个相的连续性和动量方程,相间耦合是通过压力和相间交换系数来实现的。相间耦合的处理方式取决于所涉及的相的类型,颗粒流与非颗粒流的处理方式不同。对于颗粒流,可以应用动力学理论得到其性质。欧拉模型的应用有气泡柱、颗粒悬浮和流化床等。

在确定了最能代表多相流系统的流态之后可以根据以下指导原则选择合适的模型:

(1) 对于气泡、液滴和颗粒流,若各相充分混合或离散相体积分数超过 10%,使用混合物模型或欧拉模型;若离散相体积分数不超过 10%,则使用拉格朗日方法;

(2) 对于段塞流、分层流、自由表面流动,使用 VOF 模型;

(3) 对于气动输运,使用均匀流动的混合物模型或颗粒流动的欧拉模型;

(4) 对于流化床,使用欧拉颗粒流模型;

(5) 对于泥浆流动和水力输送,使用混合物模型或欧拉模型;

(6) 对于沉积,使用欧拉模型。

对于混合物模型和欧拉模型的选择,应考虑以下几点指南:

(1) 如果离散相分布较广(即颗粒大小不同,其最大颗粒不能从主流流场中分离),则混合物模型更适用(计算成本较低)。如果离散相只集中在部分区域,则应使用欧拉模型;

(2) 如果已有适用的相间阻力定律,欧拉模型得到的结果比混合物模型更精确。反之,最好选择混合物模型;

(3) 如果问题较为简单,需要较少的计算工作量,混合物模型求解的方程数量较少,因而是更好的选择。如果更注重问题求解精度,则选择欧拉模型,但欧拉模型的复杂度使其计算稳定性低于混合物模型。

由于混合物模型和欧拉模型均适用于砂尘环境的模拟,只是需要根据颗粒浓度的不同选择合适的模型,因此,本章后续将对混合物模型和欧拉模型逐一介绍。

4.2.1 拉格朗日法

4.2.1.1 粒子运动方程

在对颗粒分离系统效能进行预测之前需要分析颗粒在空气中的运动与受力情况。颗粒运动过程中受到的力包括颗粒间作用力(当砂尘浓度小于 49 g/m³ 时可忽略)[134]、重力、流体阻力、浮力等作用力。一般砂盲云的峰值浓度在 5 g/m³ 左右,因此忽略颗粒间作用力。颗粒受力情况如图 4-21 所示。运用牛顿第二运动定律建立单个砂尘颗粒运动轨迹的拉格朗日运动方程,其一般形式如下[135]:

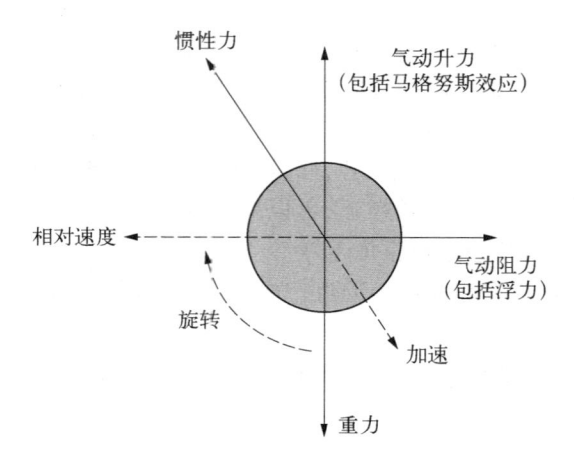

图 4-21 颗粒运动过程中受到的力

$$m_p a = m_p \frac{\mathrm{d}v_p}{\mathrm{d}t} = m_p \frac{v}{\tau_r} + m_p \frac{g(\rho_p - \rho_f)}{\rho_p} + F_{\text{other}} \quad (4-7)$$

式中，m_p 为颗粒质量，a 为颗粒加速度，两项乘积的反方向即为惯性力。v_p 为颗粒速度，v 为颗粒与流体之间的相对速度，ρ_p 为颗粒密度，ρ_f 为流体密度。方程(4-7)右边第一项 $m_p \dfrac{v}{\tau_r}$ 为颗粒受到的阻力，第二项包含颗粒的重力（正号）和浮力（负号），第三项 F_{other} 为特定条件下需考虑的其他作用力。其中 τ_r 为颗粒松弛时间：

$$\tau_r = \frac{\rho_p d_p^2}{18\mu_f} \frac{24}{C_d Re_p} \quad (4-8)$$

式中，μ_f 为空气分子运动黏性系数，d_p 为颗粒直径，C_d 为颗粒阻力系数，Re_p 为颗粒相对于空气的雷诺数：

$$Re_p = \frac{\rho_f v d_p}{\mu_f} = \frac{\rho_f (v_f - v_p) d_p}{\mu_f} \quad (4-9)$$

式中，v_f 为流体速度。

砂尘颗粒除了做平动运动外，还存在旋转运动，尤其是对于尺寸较大或较重、具有较大惯性矩的颗粒而言，旋转运动对颗粒运动轨迹的影响尤为显著。此时，需考虑颗粒的旋转运动，并求解如下粒子角动量方程：

$$I_p \frac{\mathrm{d}\omega_p}{\mathrm{d}t} = \frac{\rho_f}{2} \left(\frac{d_p}{2}\right)^5 C_\omega |\Omega| \cdot \Omega = T \quad (4-10)$$

式中，I_p 为惯性矩（对于球形颗粒，$I_p = \pi \rho_p d_p^5 / 60$），$\omega_p$ 为颗粒角速度，C_ω 为旋转阻力系数[见方程(4-28)]，T 为颗粒受到的扭矩，Ω 为颗粒与空气之间的相对角速度，即

$$\Omega = \frac{1}{2} \nabla \times v_f - \omega_p \qquad (4-11)$$

4.2.1.2 其他作用力

方程(4-7)中其他作用力 F_{other} 在某些特定情况下不可忽略。

1. 虚拟质量力

虚拟质量力描述了流体加速度产生的额外惯性效应，这种力是由于两相相对运动所做的功而产生的，具体表现为当流体加速占据颗粒留下的空白空间时，周围流体对移动颗粒施加的反作用力。虚拟质量力取决于流体的惯性，当颗粒密度接近或明显小于周围流体的密度时，这种力非常显著。建议当空气与颗粒密度比 $\rho_f / \rho_p > 0.1$ 时，应在砂尘颗粒运动轨迹模拟时考虑颗粒受到流体加速而施加的虚拟质量力作用，其可以表示为虚拟质量和虚拟质量加速度的乘积，即

$$F_{vm} = C_{vm} m_p \frac{\rho_f}{\rho_p} \left(v_p \nabla v_f - \frac{\mathrm{d} v_p}{\mathrm{d} t} \right) \qquad (4-12)$$

式中，C_{vm} 为虚拟质量因子，默认值为 0.5。

2. 压力梯度力

当流场中存在明显的压力梯度时需考虑压力梯度力 F_{gradient}，其定义如下：

$$F_{\text{gradient}} = \frac{m_p}{\rho_p} \nabla p \qquad (4-13)$$

压力梯度力与流体和颗粒之间是否存在相对运动无关，只要把颗粒置于有压力梯度的流场中，则颗粒会受压力梯度引起的力。静止流体中，只有重力方向存在压力梯度，此时压力梯度力等于浮力。浮力本质上是流体对浸没于其中的物体在重力方向上下表面的作用力，而压力梯度力是流体在上下表面产生不同大小的力，因此浮力可归类于压力梯度力。

3. 旋转坐标系力

当采用旋转坐标系方法模拟转动物体如直升机旋翼时，产生旋转坐标系力。例如，当物体绕 z 轴旋转时，则产生沿 x 轴和 y 轴的作用力，分别为

$$F_{\text{other}, x} = m_p \left(1 - \frac{\rho}{\rho_p} \right) \Omega^2 x + 2 m_p \Omega \left(v_{p, y} - \frac{\rho}{\rho_p} v_{f, y} \right) \qquad (4-14)$$

$$F_{\text{other}, y} = m_p \left(1 - \frac{\rho}{\rho_p} \right) \Omega^2 y - 2 m_p \Omega \left(v_{p, x} - \frac{\rho}{\rho_p} v_{f, x} \right) \qquad (4-15)$$

式中，$v_{p,x}$、$v_{p,y}$、$v_{f,x}$、$v_{f,y}$ 分别为颗粒及流体沿 x 轴和 y 轴的速度分量，Ω 为绕 z 轴旋转角速度，单位为转每分钟（r/min）。

4. 热泳力

当气体存在温度梯度时，悬浮其中的较小颗粒会受到与温度梯度相反的力，此即热泳力 $F_{T,p}$，表达式如下：

$$F_{T,p} = -D_{T,p} \frac{1}{T} \nabla T \qquad (4-16)$$

式中，$D_{T,p}$ 为热泳力系数。Talbot 等[136]给出了理想气体中球形颗粒的热泳力系数。

5. 布朗力

对于亚微米尺度的颗粒，可计入其在流体中作布朗运动产生的布朗力 F_{b_i}，其幅值表达式如下：

$$F_{b_i} = m_p \zeta_i \sqrt{\frac{\pi S_0}{\Delta t}} \qquad (4-17)$$

式中，ζ_i 为零平均、单位方差独立的高斯随机数。S_0 为频谱强度 $S_{n,ij}$ 的高斯白噪声的幅值：

$$S_{n,ij} = S_0 \delta_{ij} \qquad (4-18)$$

$$S_0 = \frac{216 \nu_f k_B T}{\pi^2 \rho_f d_p^5 \left(\dfrac{\rho_p}{\rho_f}\right) C_c} \qquad (4-19)$$

式中，ν_f 为流体运动黏性系数，k_B 为玻尔兹曼常数，T 为流体绝对温度，C_c 为坎宁安修正：

$$C_c = 1 + \frac{2\lambda}{d_p}[1.257 + 0.4 e^{-(1.1 d_p/2\lambda)}] \qquad (4-20)$$

式中，λ 为分子平均自由程。

求解粒子运动方程时每个时间步上均对布朗力进行评估，且需同时考虑能量方程。另外，布朗力仅用于层流模拟。

6. 马格努斯（Magnus）力

当颗粒在流体中运动时两侧的速度不等，速度大的一侧压力小，速度小的一侧压力大，产生的压差将促使颗粒旋转并向速度大的一侧移动，这种压差力称为马格努斯力（图 4-22），其产生的根源为颗粒表面的压力差。马格努斯力 F_M 表达式如下：

$$F_M = \frac{1}{2} A_p C_M \rho_f \frac{|v|}{|\Omega|} (v \times \Omega) \qquad (4-21)$$

式中，A_p 为颗粒投影表面积，v 为颗粒与流体之间的相对速度[见方程(4-7)]，Ω 为颗粒与流体之间的相对角速度。C_M 为马格努斯力系数(即萨夫曼升力系数)，不同研究者给出了不同形式的 C_M 表达式[137-139]。

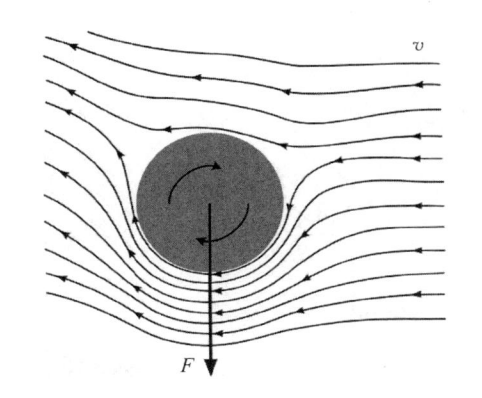

图4-22　流场中存在速度差时颗粒所受马格努斯力示意图

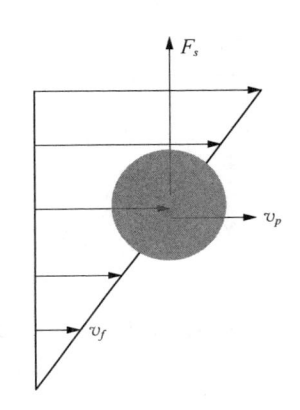

图4-23　流体中存在速度梯度时颗粒所受萨夫曼力示意图

7. 萨夫曼(Saffman)力

当颗粒处于有速度梯度的流场中会受到流体剪切力作用，即使颗粒没有旋转，也会受到一个横向的力，即为萨夫曼力 F_s，如图4-23所示，其表达式如下：

$$F_s = m_p \frac{2K v_f^{1/2} \rho_f d_{ij}}{\rho_p d_p (d_{lk} d_{kl})^{1/4}} (v_f - v_p) \qquad (4-22)$$

式中，$K = 2.594$，d_{ij} 为变形张量。萨夫曼力适用于亚微米颗粒、颗粒雷诺数较小的情况。通常在壁面处需要考虑该力，因为壁面处流体边界层内速度梯度较大。

8. 巴塞特(Basset)力

由于流体有黏性，当颗粒有相对加速度时，颗粒周围的流场不能马上达到稳定。因此，流体对颗粒的作用力不仅依赖于当时颗粒的相对速度(曳力)、当时的相对加速度(附加质量力)，还依赖于这之前的加速度(即加速度的历史)。

从定义可以看出，萨夫曼力和马格努斯力都是颗粒周围流体速度的不均匀造成的，这与升力产生的机理一致，因而萨夫曼力和马格努斯力都可归类于升力。另外，值得注意的是，升力与阻力属于流体动力，如果流体是空气，则升力与阻力统称为气动力。升力与阻力的表达式相同，只是力的作用方向不同，阻力平行于流体主流方向，升力垂直于流体主流方向。

4.2.1.3 气动阻力系数

1. 球形颗粒阻力定律

光滑球形的阻力系数 C_d 具有如下形式:

$$C_d = a_1 + \frac{a_2}{Re_p} + \frac{a_3}{Re_p^2} \qquad (4-23)$$

式中,a_1、a_2、a_3 为与颗粒雷诺数 Re_p 范围相关的常数[140]。

2. 非球形颗粒阻力定律

根据 Haider 和 Levenspiel[141] 提出的理论,可以将非球形颗粒的阻力系数写成如下一般形式:

$$C_d = \frac{24}{Re_p}(1 + b_1 Re_p^{b_2}) + \frac{b_3 Re_p}{b_4 + Re_p} \qquad (4-24)$$

$$\begin{aligned}
b_1 &= \exp(2.3288 - 6.4581\phi + 2.4486\phi^2) \\
b_2 &= 0.0964 + 0.5565\phi \\
b_3 &= \exp(4.905 - 13.8944\phi + 18.4222\phi^2 - 10.2599\phi^3) \\
b_4 &= \exp(1.4681 + 12.2584\phi - 20.7322\phi^2 + 15.8855\phi^3)
\end{aligned} \qquad (4-25)$$

式中,ϕ 为颗粒圆球度,其定义如表 2-1 所示,$\phi \leq 1$。对于一般的石英砂粒,$\phi \approx 0.73$。

3. 斯托克斯-坎宁安阻力定律

单位质量的颗粒受到的阻力系数为 $F_d(v_f - v_p)$,表达式如下:

$$F_d(v_f - v_p) = \frac{18\mu_f C_d Re_p}{24\rho_p d_p^2}(v_f - v_p) \qquad (4-26)$$

式中,F_d 为阻力函数。对于亚微米尺度的颗粒,应用斯托克斯阻力定量得到:

$$F_d = \frac{18\mu_f}{d_p^2 \rho_p C_c} \qquad (4-27)$$

4. 旋转阻力定律

方程(4-10)中的旋转阻力系数 C_ω 考虑了高旋转雷诺数的情况,表达式如下:

$$C_\omega = \frac{6.45}{\sqrt{Re_\omega}} + \frac{32.1}{Re_\omega} \qquad (4-28)$$

式中,Re_ω 为旋转雷诺数,定义如下:

$$Re_\omega = \frac{\rho_f |\Omega| d_p^2}{4\mu_f} \qquad (4-29)$$

方程(4-28)成立的有效范围为 $20 \leq Re_\omega \leq 1\,000$。

4.2.1.4 运动方程积分

通过对离散时间步逐步积分可求解粒子运动方程(4-7),得到每个粒子的运动速度,进而通过下式再次积分得到粒子运动轨迹:

$$\frac{\mathrm{d}x}{\mathrm{d}t} = v_p \qquad (4-30)$$

方程(4-7)、方程(4-30)均为常微分方程,其中方程(4-7)可写成如下一般形式:

$$\frac{\mathrm{d}v_p}{\mathrm{d}t} = \frac{1}{\tau_r}(v_f - v_p) + a \qquad (4-31)$$

式中,a 为除阻力外的其他所有力引起的粒子加速度。

方程(4-30)、方程(4-31)可用龙格-库塔法求解,将两个方程视作向量,左边为导数 y',右边为函数 $f(t, y)$,则方程(4-30)、方程(4-31)可统一写成如下形式:

$$y' = f(t, y) \qquad (4-32)$$

例如,应用六阶龙格-库塔离散格式得到[142]:

$$y^{n+1} = y^n + c_1 k_1 + c_2 k_2 + c_3 k_3 + c_4 k_4 + c_5 k_5 + c_6 k_6 \qquad (4-33)$$

$$\begin{aligned}
k_1 &= \Delta t f(t, y^n) \\
k_2 &= \Delta t f(t + a_2 \Delta t, y^n + b_{21} k_1) \\
k_3 &= \Delta t f(t + a_3 \Delta t, y^n + b_{31} k_1 + b_{32} k_2) \\
k_4 &= \Delta t f(t + a_4 \Delta t, y^n + b_{41} k_1 + b_{42} k_2 + b_{43} k_3) \\
k_5 &= \Delta t f(t + a_5 \Delta t, y^n + b_{51} k_1 + b_{52} k_2 + b_{53} k_3 + b_{54} k_4) \\
k_6 &= \Delta t f(t + a_6 \Delta t, y^n + b_{61} k_1 + b_{62} k_2 + b_{63} k_3 + b_{64} k_4 + b_{65} k_5)
\end{aligned} \qquad (4-34)$$

式中,系数 $a_2 \sim a_6$、$b_{21} \sim b_{65}$、$c_1 \sim c_6$ 取值参考文献[142]。

当 v_f、a、τ_r 为常数时即可通过解析积分求解上述一系列方程。假设粒子在旧位置 n 处的速度为 v_p^n,则新位置 $n+1$ 处的速度 v_p^{n+1} 为

$$v_p^{n+1} = v_f^n + e^{-\frac{\Delta t}{\tau_r}}(v_p^n - v_f^n) - a\tau_r(e^{-\frac{\Delta t}{\tau_r}} - 1) \qquad (4-35)$$

新位置 x_p^{n+1} 为

$$x_p^{n+1} = x_p^n + \Delta t(v_f^n + a\tau_r) + \tau_r(1 - e^{-\frac{\Delta t}{\tau_r}})(v_p^n - v_f^n - a\tau_r) \quad (4-36)$$

上述系列方程中，v_p^n、v_f^n 表示粒子及流体在旧位置处的速度。方程(4-35)、方程(4-36)均可通过解析离散格式进行代数方程的求解。

方程(4-7)、方程(4-30)亦可通过数值离散方法求解，如对方程(4-31)应用欧拉隐式离散格式得到：

$$v_p^{n+1} = \frac{v_p^n + \Delta t\left(a + \dfrac{v_f^n}{\tau_r}\right)}{1 + \dfrac{\Delta t}{\tau_r}} \quad (4-37)$$

如对方程(4-31)应用梯形离散格式则得到：

$$\frac{v_p^{n+1} - v_p^n}{\Delta t} = \frac{1}{\tau_r}(v_f^* - v_p^*) + a^n \quad (4-38)$$

式中，上标"*"表示平均值：

$$v_p^* = \frac{1}{2}(v_p^n + v_p^{n+1}) \quad (4-39)$$

$$v_f^* = \frac{1}{2}(v_f^n + v_f^{n+1}) \quad (4-40)$$

$$v_f^{n+1} = v_f^n + \Delta t v_p^n \cdot \nabla v_f^n \quad (4-41)$$

新位置 $n+1$ 处的速度为

$$v_p^{n+1} = \frac{v_p^n\left(1 - \dfrac{1}{2}\dfrac{\Delta t}{\tau_r}\right) + \dfrac{\Delta t}{\tau_r}(v_f^n + \dfrac{1}{2}\Delta t v_p^n \cdot \nabla v_f^n) + \Delta t a^n}{1 + \dfrac{1}{2}\dfrac{\Delta t}{\tau_r}} \quad (4-42)$$

采用数值离散格式得到粒子的新位置为

$$x_p^{n+1} = x_p^n + \frac{1}{2}\Delta t(u_p^n + u_p^{n+1}) \quad (4-43)$$

以上三种求解粒子运动轨迹的方法，即龙格-库塔法、解析离散法、数值离散法各有优势，具体表现为：

（1）龙格-库塔法内嵌误差控制，因此轨迹积分可以在时间上保证精度，当粒子受到的非阻力的作用力在积分步上发生变化时建议采用该离散方法；

（2）解析离散法计算效率高，但当时间步长较大或粒子处于非水力平衡状态时不够精确；

（3）数值离散法能够考虑大多数作用在粒子上的力。

4.2.1.5 颗粒反弹特性

砂尘颗粒与发动机进气道表面的撞击特性对砂尘颗粒运动轨迹特性具有显著影响，进而影响粒子分离器（分离砂尘的装置，见第 3 章）对砂尘的分离效率。研究表明，采用完全弹性假设的粒子-壁面反弹模型会导致粒子分离器砂尘分离效率预测结果与实验结果存在较大偏差[63]。因而，目前大多数数值模拟研究采用了非完全弹性假设的粒子-壁面反弹模型，由撞击速度恢复系数（法向 V_{n2}/V_{n1} 及切向 V_{t2}/V_{t1}）及撞击角恢复系数（β_2/β_1）表征，如图 4-24 所示。

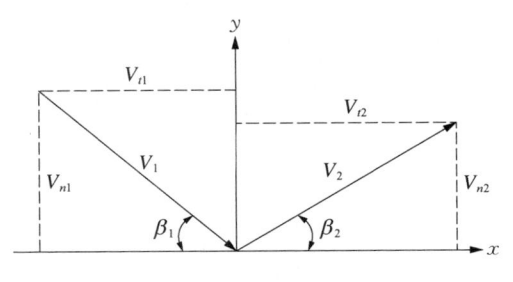

图 4-24 粒子-壁面反弹模型

粒子-壁面反弹实验数据表明，上述恢复系数均可表示为入射角 β_1 的 3~4 阶多项式，即

$$\text{反弹变量}/\text{入射变量} = K_1 + K_2\beta_1 + K_3\beta_1^2 + K_4\beta_1^3 + K_5\beta_1^4 \quad (4-44)$$

式中，系数 $K_1 \sim K_5$ 为常数，受壁面材料影响。不同学者提出了不同的反弹特性模型[143-145]。对于铝质壁面，Wakeman 和 Tabakoff[146] 根据实验统计数据拟合的各恢复系数模型如下：

$$\beta_2/\beta_1 = 1 + 0.409\beta_1 - 2.52\beta_1^2 + 2.19\beta_1^3 - 0.531\beta_1^4 \quad (4-45)$$

$$V_{n2}/V_{n1} = 0.993 - 1.76\beta_1 + 1.56\beta_1^2 - 0.49\beta_1^3 \quad (4-46)$$

$$V_{t2}/V_{t1} = 0.988 - 1.66\beta_1 + 2.11\beta_1^2 - 0.67\beta_1^3 \quad (4-47)$$

注意，β_1 的单位为度（°）。根据公式（4-45）~公式（4-47）绘制的铝制壁面砂尘反弹特性曲线如图 4-25 所示。

4.2.1.6 粒子入射模型

在使用拉格朗日粒子轨迹跟踪法时需要定义粒子入射模型及初始状态参数，粒子通常以粒子团的形式射入流场。图 4-26 所示为南京航空航天大学进气道团队开发的一款粒子轨迹追踪软件中包含的 4 种较为简单、常用的粒子入射模型及 2 种初始位置分布模型，(a)~(d) 为 4 种粒子入射模型，(e)、(f) 为粒子初始分布类型。其中，监视面分布模型直接采用网格划分阶段定义的任意监视面作为粒子入射面，此时粒子将根据监视面网格单元情况在格心处入射粒子团，每个粒子团中含有一定数目的等直径颗粒。一排分布中初始位置 P1 与终端位置 P2 之间等间距分

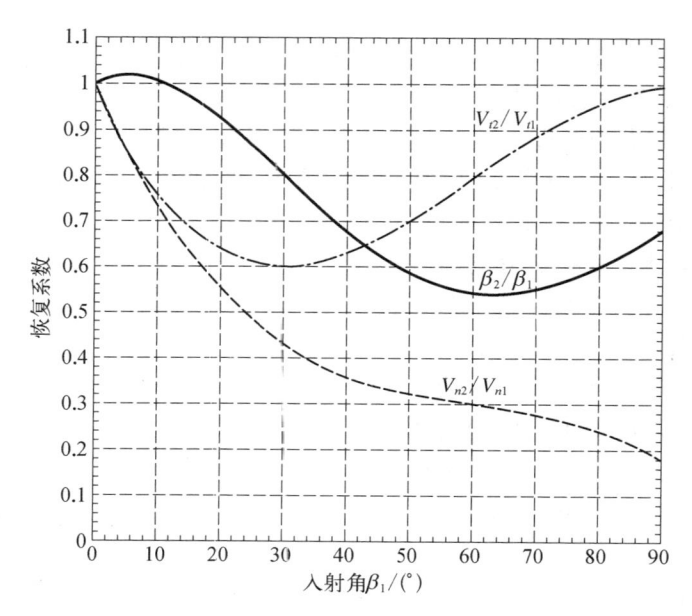

图 4-25 铝制壁面颗粒撞击角、撞击速度恢复系数随入射角变化关系[147]

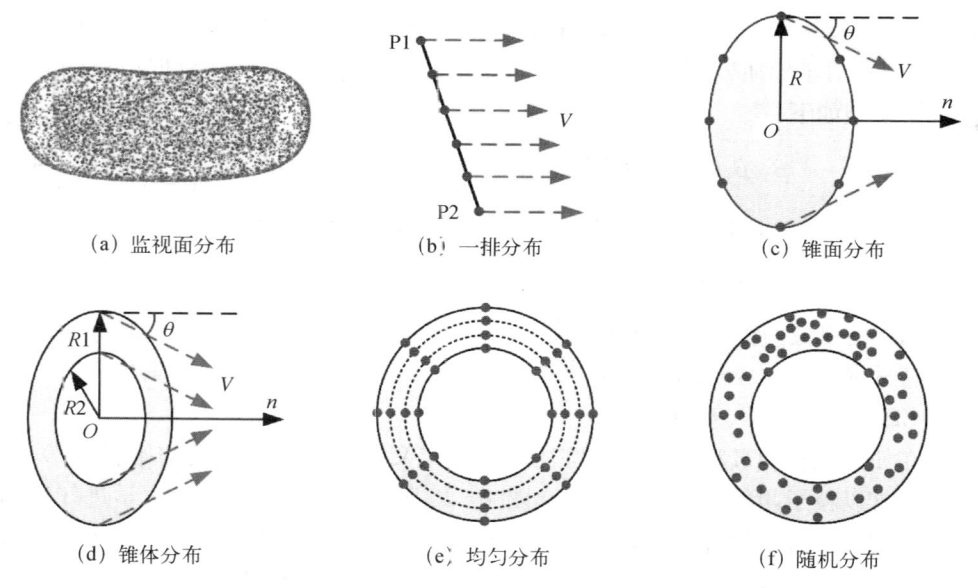

(a) 监视面分布

(b) 一排分布

(c) 锥面分布

(d) 锥体分布

(e) 均匀分布

(f) 随机分布

图 4-26 南京航空航天大学进气道团队开发的粒子轨迹追踪软件涵盖的粒子入射模型及初始位置分布模型

布一定数目的粒子团以等速度 V 进入流场。锥面分布中粒子均匀分布于底面周长路径上,粒子团以与锥面母线成一定角度 θ 的速度 V 进入流场。锥体分布中粒子团可均匀或随机分布于锥体空间内,且粒子团以与锥面母线成一定角度 θ 的速度 V 进入流场。现代商业软件如 ANSYS FLUENT 中包含了更多、更精细的颗粒入射模型[135]。

4.2.1.7 粒子轨迹追踪

为了获得粒子在某段时间内的整个运动轨迹,需对粒子运动方程(4-7)得到的每个时刻的粒子位置进行连线,建立粒子轨迹追踪模型。本节继续以南京航空航天大学进气道团队开发的一款粒子轨迹追踪软件为例,介绍该模型。以图 4-27 中的一个粒子进行说明。

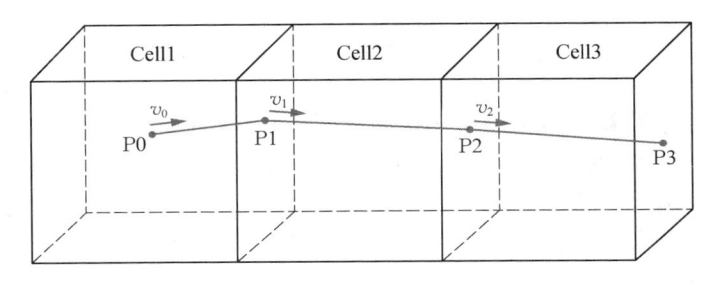

图 4-27 单个粒子轨迹追踪方法

(1) 粒子的初始位置为 P0,初速度为 v_0,所在体单元为 Cell1。

(2) 以 P0 点为基点,矢量 v_0 为方向,作射线与 Cell1 的面元相交得交点 P1。P1 即为粒子下一个位置,粒子运动至 P1 时的速度:

$$v_1 = v_0 + a_1 t_1 \quad (4-48)$$

加速度 a_1 由方程(4-7)求得,气动参数取自 Cell1;时间 t_1 = P0P1/v_0,P0P1 为点 P0 与点 P1 间的距离。

(3) 以 P1 点为基点,矢量 v_1 为方向,作射线与 Cell2 的面元相交得交点 P2。P2 即为粒子下一个位置,粒子运动至 P2 时的速度:

$$v_2 = v_1 + a_2 t_2 \quad (4-49)$$

加速度 a_2 由方程(4-7)求得,气动参数取自 Cell2;时间 t_2 = P1P2/v_1,P1P2 为点 P1 与点 P2 间的距离。

(4) 粒子下一个位置 P3 以及在 P3 时的速度 v_3 以此类推。

连线 P0P1P2P3 即为粒子的轨迹线。

在粒子运动过程中若碰到边界面会进行不同处理。

进出口边界:粒子停止运动;

监视面:粒子继续运动,并记录粒子穿过监视面时的信息(位置、速度等);

壁面：根据 4.2.1.5 节模型，计算粒子反弹后的速度及角度。

4.2.1.8 相间耦合

虽然连续相总是影响离散相，但在计算粒子的轨迹时也可以跟踪沿着该轨迹的粒子流获得或失去的质量、动量和能量，并将这些量纳入随后连续相的计算中，即实现双向耦合。这种双向耦合是通过交替求解离散相和连续相方程来实现的，直到两个相的解都达到收敛状态。

具体到砂尘环境，一般不考虑砂尘颗粒与空气之间的质量和能量交换，这是因为砂尘颗粒为固体，在正常大气压条件下不可能转变为气态。因此，只需考虑砂尘与空气之间的动量交换。定义相间动量交换为 F_{ex}，由下式计算：

$$F_{ex} = \sum \left[\frac{18\mu_f C_D Re}{24\rho_p d_p^2}(v_p - v) + F_{other} \right] \dot{m}_p \Delta t \qquad (4-50)$$

式中，$\dot{m}_p$ 为砂尘颗粒的质量流率，Δt 为时间步长，其他符号代表的含义可参考本章前述内容。将 F_{ex} 加入主相（连续相）动量方程的右边项，即可计算离散相对连续相动量的影响。

4.2.2 欧拉法

4.2.2.1 混合物模型

混合物模型通过求解混合物的连续性（即质量）、动量和能量守恒方程、二次相的体积分数方程和滑移速度（亦称"相对速度"）的代数表达式来模拟各相（流体或颗粒）。本书涉及的直升机涡轴发动机砂尘环境不包括燃烧室及涡轮等高温部件，因而可不考虑能量方程。

1. 混合物质量守恒方程

$$\frac{\partial}{\partial t}(\rho_m) + \nabla \cdot (\rho_m v_m) = 0 \qquad (4-51)$$

式中，下标 m 代表混合物，v_m 为混合物质量平均速度，即

$$v_m = \frac{\sum_{i=1}^n \alpha_i \rho_i v_i}{\rho_m} \qquad (4-52)$$

式中，n 为相的总数，ρ_m 为混合物密度，即

$$\rho_m = \sum_{i=1}^n \alpha_i \rho_i \qquad (4-53)$$

式中，α_i 为第 i 相的体积分数。

2. 混合物动量守恒方程

混合物动量守恒方程可由各相各自的动量方程相加得到,表达式如下:

$$\frac{\partial}{\partial t}(\rho_m v_m) + \nabla \cdot (\rho_m v_m v_m) = -\nabla p + \nabla \cdot [\mu_m(\nabla v_m + \nabla v_m^{\mathrm{T}})]$$

$$+ \rho_m g + F - \nabla \cdot \Big(\sum_{i=1}^{n} \alpha_i \rho_i v_{dr,i} v_{dr,i}\Big) \quad (4-54)$$

式中,p 为混合物的压力,F 为体力,μ_m 为混合物的动力黏性系数,即

$$\mu_m = \sum_{i=1}^{n} \alpha_i \mu_i \quad (4-55)$$

$v_{dr,i}$ 为第 i 个二次相的偏移速度,即

$$v_{dr,i} = v_i - v_m \quad (4-56)$$

式中,v_i 为第 i 个二次相的速度。

3. 混合物能量守恒方程

混合物能量守恒方程可表示为如下形式:

$$\frac{\partial}{\partial t}\sum_i (\alpha_i \rho_i E_i) + \nabla \cdot \sum_i [\alpha_i v_i(\rho_i E_i + p)]$$

$$= \nabla \cdot \Big[k_{\mathrm{eff}} \nabla T - \sum_i \sum_j h_{j,i} J_{j,i} + (\tau_{\mathrm{eff}} \cdot v)\Big] + S_h \quad (4-57)$$

式中,$h_{j,i}$ 为相 i 中种类 j 的焓,$J_{j,i}$ 为相 i 中种类 j 的扩散通量,τ_{eff} 为有效应变张量,k_{eff} 为有效热导率,计算公式如下:

$$k_{\mathrm{eff}} = \sum \alpha_i(k_i + k_t) \quad (4-58)$$

式中,k_t 为湍流热导率,由使用的湍流模型确定。

方程(4-57)右边前三项分别表示由于传导、种类扩散和黏性耗散造成的能量传递,最后一项表示体积热源,但不是有限速率体积反应或表面反应产生的热源。

方程(4-57)中能量 E_i 的表达式如下:

$$E_i = \begin{cases} h_i, & \text{不可压缩相} \\ h_i - \dfrac{p}{\rho_i} + \dfrac{v^2}{2}, & \text{可压缩相} \end{cases} \quad (4-59)$$

式中,h_i 为相 i 的显焓。

4. 滑移速度和偏移速度

滑移速度定义为相 j 与相 i 之间的相对速度,以符号 v_{ji} 表示,则

$$v_{ji} = v_j - v_i \tag{4-60}$$

任一相（i）的质量分数定义为

$$c_i = \frac{\alpha_i \rho_i}{\rho_m} \tag{4-61}$$

偏移速度与滑移速度通过下式关联起来：

$$v_{dr,j} = v_{ji} - \sum_{k=1}^{n} c_k v_{ki} \tag{4-62}$$

式中，v_{ki} 为相 k 与相 i 的相对速度。

5. 二次相体积分数方程

参考连续性方程的表达式，可得到二次相 j 的体积分数方程：

$$\frac{\partial}{\partial t}(\alpha_j \rho_j) + \nabla \cdot (\alpha_j \rho_j v_m) = -\nabla \cdot (\alpha_j \rho_j v_{dr,j}) + \sum_{i=1}^{n}(\dot{m}_{ij} - \dot{m}_{ji}) \tag{4-63}$$

式中，$\dot{m}_{ij}$ 表示从第 i 相转移到第 j 相的质量，$\dot{m}_{ji}$ 表示从第 j 相转移到第 i 相的质量。

4.2.2.2 欧拉模型

欧拉多相流模型允许对多个独立但相互作用的相进行建模。相可以是液体、气体、固体的任意组合。对每个相作欧拉处理，即将每个相看作连续的流体，而拉格朗日法仅对离散相作拉格朗日处理。

1. 体积分数方程

欧拉模型将多相流描述为相互穿透的连续体，也需要用到相体积分数的概念。体积分数表示每个相所占的空间，每个相分别满足质量和动量守恒定律，通过对每个相的局部瞬时平衡进行整体平均或使用混合物理论方法来推导守恒方程。

假设相 i 的体积为 V_i，则

$$V_i = \int_V \alpha_i \mathrm{d}V \tag{4-64}$$

式中，$\sum_{i=1}^{n} \alpha_i = 1$。

相 i 的等效密度 $\hat{\rho}_i$ 表示为

$$\hat{\rho}_i = \alpha_i \rho_i \tag{4-65}$$

式中，ρ_i 为相 i 的物理密度。

2. 质量守恒方程

相 i 的连续性方程为

$$\frac{\partial}{\partial t}(\alpha_i \rho_i) + \nabla \cdot (\alpha_i \rho_i v_i) = \sum_{j=1}^{n}(\dot{m}_{ji} - \dot{m}_{ij}) + S_i \tag{4-66}$$

式中，v_i 为相 i 的速度，$\dot{m}_{ji}$ 表示从第 j 相转移到第 i 相的质量，$\dot{m}_{ij}$ 表示从第 i 相转移到第 j 相的质量，S_i 表示质量源项。

3. 动量守恒方程

根据动量平衡，得到相 i 的动量守恒方程为

$$\frac{\partial}{\partial t}(\alpha_i \rho_i v_i) + \nabla \cdot (\alpha_i \rho_i v_i v_i) = -\alpha_i \nabla p + \nabla \cdot \tau_i + \alpha_i \rho_i g$$
$$+ \sum_{j=1}^{n}(R_{ji} + \dot{m}_{ji} v_{ji} - \dot{m}_{ij} v_{ij})$$
$$+ (F_i + F_{lift,i} + F_{wl,i} + F_{vm,i} + F_{td,i}) \quad (4-67)$$

式中，τ_i 为第 i 相的应变张量，F_i 为外部体力，$F_{lift,i}$ 为主相 i 中二次相 j 受到的升力，计算公式如下：

$$F_{lift,i} = -C_l \rho_i \alpha_j (v_i - v_j) \times (\nabla \times v_i) \quad (4-68)$$

式中，C_l 为升力系数，ρ_i 为主相密度，α_j 为二次相体积分数，v_i 为主相速度，v_j 为二次相速度。

方程(4-67)中 $F_{wl,i}$ 为壁面润滑力，$F_{vm,i}$ 为虚拟质量力，$F_{td,i}$ 为湍流扩散力，R_{ji} 为相间作用力(取决于摩擦、压力、附着力及其他效应，$R_{ji} = -R_{ij}$，$R_{ii} = 0$)，p 为所有相共同的压力，v_{ji} 为相间速度，若 $\dot{m}_{ji} > 0$，则 $v_{ji} = v_j$，若 $\dot{m}_{ji} < 0$，则 $v_{ji} = v_i$。

4. 能量守恒方程

对每个相求解能量守恒方程：

$$\frac{\partial}{\partial t}(\alpha_i \rho_i h_i) + \nabla \cdot (\alpha_i \rho_i v_i h_i) = \alpha_i \frac{\mathrm{d} p_i}{\mathrm{d} t} + \tau_i : \nabla v_i - \nabla \cdot q_i + S_i$$
$$+ \sum_{j=1}^{n}(Q_{ji} + \dot{m}_{ji} h_{ji} - \dot{m}_{ij} h_{ij})$$
$$- \nabla \cdot \sum_{k=1}^{n} h_{k,i} J_{k,i} \quad (4-69)$$

式中，h_i 为第 i 相的比焓，q_i 为热通量，S_i 为包含其他形式的焓的源项(如化学反应或辐射)，Q_{ji} 为 j 相与 i 相之间热交换强度($Q_{ji} = -Q_{ij}$，$Q_{ii} = 0$)，$h_{k,i}$ 为 i 相中种类 k 的焓，$J_{k,i}$ 为 i 相中种类 k 的扩散通量。

4.3 虚拟现实仿真

虚拟现实仿真方法是一种基于物理的高保真度砂尘环境分析方法。对于直

升机而言,砂盲模型的关键元素包括旋翼尾涡模型、颗粒夹带与输运模型、视觉遮挡模型[130],如图4-28所示。旋翼尾涡模型可采用常用的自由涡模型并耦合机身、地面因素。颗粒夹带指地面砂尘颗粒被气流抬升到流场中的过程,起始于地面上方的风速超过某个"阈值流速"而夹带起颗粒沿地面运动。该"阈值流速"与地面剪切力及离地高度有关。颗粒输运指颗粒在流场中的运动,基于牛顿第二定律建立拉格朗日轨迹运动方程以跟踪每个颗粒(团)的运动轨迹。视觉遮挡模型决定了砂盲云颗粒群的透明度,即入射光的衰减。基于砂尘颗粒的空间和时间变化分布,利用图形处理器(graphics processing unit,GPU)处理技术可实现高级物理渲染效果,包括多种散射路径和吸收效应。美国Continuum Dynamics公司开发的一种直升机砂盲环境飞行仿真软件界面及渲染效果如图4-29所示。

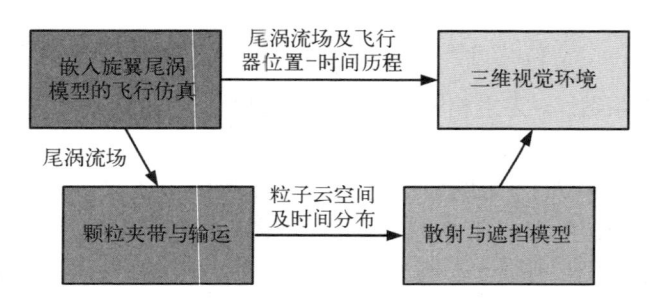

图4-28 直升机砂盲模型部件和结构[130]

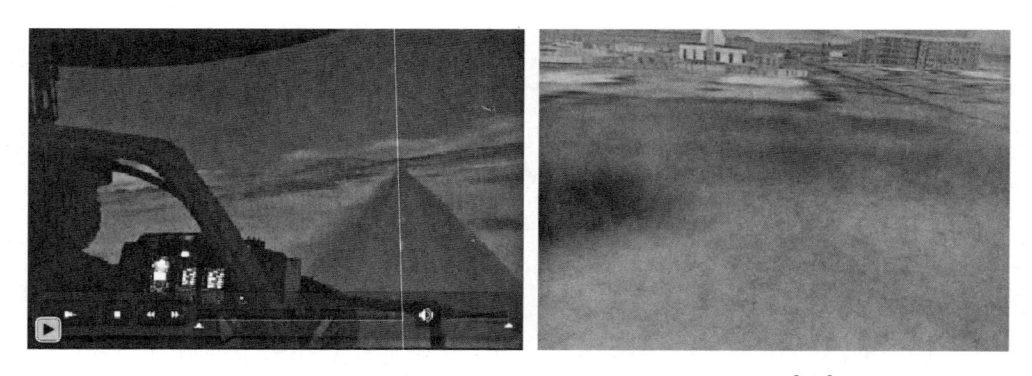

图4-29 直升机砂盲环境飞行仿真软件界面及渲染效果[130]

4.4 飞行试验

砂尘环境飞行试验是指将直升机缩比模型或全比例真机置于砂尘环境中飞行、采用传感器感知记录发动机入口处的砂尘浓度及摄像技术记录砂尘轨迹的试验。本节主要对直升机砂盲飞行试验中涉及的采样方法、采样配置、采样处理和保管要求、数据分析方法和质量管控要求等方面展开介绍,试验的具体结果将在第 7 章讨论。

4.4.1 采样方法

砂盲飞行试验除了测试飞行能见度外,更重要的是获取砂盲场结构动态演化特性,即旋翼扬起的砂尘颗粒的时空特性。由于全比例直升机飞行试验所需的运动空间大,无法像实验室模拟那样采用 PIV、高速相机结合的光学式砂尘采样分析方法。比较实用的方法是采取物理采样、称重的原始方法来测量特定时间、特定位置的砂尘浓度,这就涉及采样工具的设计与使用。好的采样工具具备结构简单、易于集成、使用方便、测量范围广、测量精度高、适配各类机型等优点。砂尘采样装置一般基于旋风分离器原理来设计,通过电机驱动预旋叶片将砂尘吸进采样装置,经滤网过滤后沉积于滤网表面。为了解决小粒径砂尘颗粒(如粒径为 10 μm)易被滤网筛除的问题,往往还需在旋风分离器与滤网之间增加分级碰撞取样器(cascade impactor),提高小粒径砂尘颗粒收集率,如图 4-30、图 4-31 所示分别为美国中西部研究所(Midwest Research Institute,MRI)喷砂器(Sandblaster)项目中所采用的旋风预分离器模型及实物图。为了减少颗粒通过碰撞器取样时反弹,可在基材上涂上润滑油以提高受冲击颗粒的附着力。将粒子分离器放置在不同的采样点收集并通过微米孔径的筛网筛分得到分离器捕获物的粒径分布。另外,在飞行试验当天需要测定飞行路径上规定区域内土壤中的水分和细小砂尘颗粒的含量(例如,规定物理直径小于 74 μm 的砂尘所占的质量分数[12])。

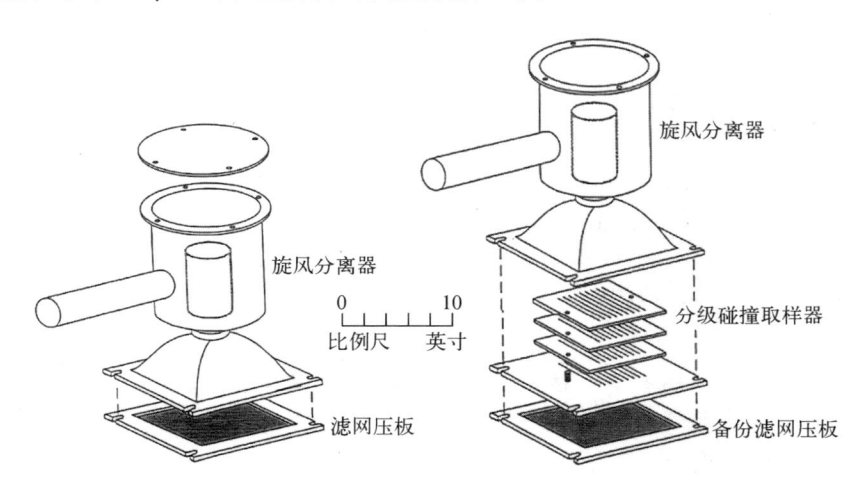

图 4-30 MRI 喷砂器项目采用的无/有分级碰撞取样器的旋风预分离器模型图[12]

图 4 – 31　MRI 喷砂器项目采用的带分级碰撞
取样器的旋风预分离器实物图[12]

4.4.2　采样配置

在进行采样器部署与砂盲云特征辨识时需要关注砂尘羽流形成和顺风输运两个砂盲云区。直升机可视为一个移动点源,这样就可以使用标准羽流剖面法来确定采样位置。砂尘羽流在近地面的部分可用采样塔捕获羽流切片进行特征辨识,如图 4 – 32 所示,直升机应沿着与主风向垂直的方向飞行。

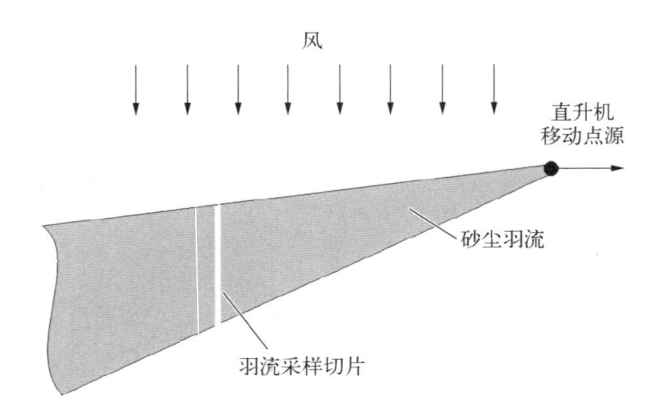

图 4 – 32　移动点源导致的砂尘羽流特征示意图

在试飞之前,要注意以下事项:
(1) 为采样装置配备必要数量的发电机;
(2) 使用钻孔机固定和保护好每个位置的仪器,使得部署的采样器能适应白天所有的环境风力、方向及直升机洗流条件；

（3）若试验场地的土壤长时间沉积，还需进行翻土以打破自然地表长期沉积形成的坚硬状态；

（4）在飞行路径上每隔一定距离做好标记，为飞行员提供视觉参考物；

（5）飞行路线与主风向呈90°；

（6）更换机型时，采样器位置保持不变；

（7）对于特定的被测机型，"前线"采样器需部署在飞行路径的顺风方向、桨盘边缘下方位置；

（8）砂尘颗粒受到旋翼尾流的夹带作用和重力作用会从高处的砂盲形成区向下输运，因此砂尘浓度在不同的空间高度上存在着显著差别。因此，需配备采样塔，并将采样器安装在塔杆不同高度处（图4-33）；

（9）在采样过程中，所有旋风采样器入口均须指向直升机飞行方向。

图4-33 MRI喷砂器项目采用的采样塔[12]

4.4.3 试验流程

砂盲飞行试验必须严格遵守一定的测试程序。将采样器、鼓风机及其必要的配件如固定取样器的横梁、框架等安装到直升机上特定的采样位置，进行调试运行以检验采样系统是否能正常运行。确认采样系统能正常运行后，将采样器取出并存放于直升机上，再将直升机采用拖车运到试验场或飞到试验场。在试验场将采样器重新安装并测试。试验区域需对一定深度（如15~20 cm）的表面土壤进行翻土并整平使砂床松软，防止砂床因自然地质沉积而影响砂盲试验效果。进行数个飞行场次后需再次进行翻整操作。在初始测试时还涉及采样时间的确立，采样时间须确保能收集到足够大的样本，但不能太长，因为土壤颗粒等级可能会随着采样周期而改变。因此，可以先进行几个时间段的采样测试以确定能满足上述两个要求的最佳采样时间。试验过程中旋翼桨叶尤其是前缘会受到砂尘颗粒撞击而导致严重的侵蚀，因此可在尽量不改变桨叶气动外形的前提下用胶带粘贴在受侵蚀部位以降低表面侵蚀。

开始测试时，典型测试流程如下：
（1）安装干净的样本收集瓶；
（2）如需要，建立视觉目标，如位置识别；
（3）确保直升机在想要的高度处稳定悬停；
（4）启动采样装置；
（5）采样一段时间；
（6）如需要，对目标、尘云等进行拍照；
（7）关闭采样装置；
（8）终止悬停；
（9）移除取样瓶并盖上盖子。

4.4.4 样品处理要求

飞行试验中收集的大多数砂尘样品是由过滤器捕获得到的，并采用重量法进行数据分析。为保持样本的完整性，需采用以下程序：每个过滤器都必须采用标准操作程序来标记唯一的数字识别号码。建议用封口袋来盛放每个采样后的过滤器，封口袋上也必须做好标记。

在称重之前先用标准砝码检查天平的准确性，校准砝码的分辨率（不包括皮重）必须在参考质量的 1.0% 以内。过滤器需置于相同的受控环境中，直至第二位分析人员对它们重新称重以检查精度。现场使用时至少要有百分之十余量的过滤器。每次称重前先去皮，通过称量采样前后的过滤器质量即可得到采集到的砂尘样品质量。

采集结束后将采集到的样品分组（如每组 50 个）放在一个大的密封塑料袋中，所有密封塑料袋再一起放到结实的纸箱，运回实验室。注意要将暴露过和未暴露过砂尘环境的过滤器分开，以避免交叉污染。为了确保可追溯性，对所有过滤器和材料样品转移都要用笔记本或表格做好交接记录，如分配的样品编码、转移日期、存放地点以及发起和接受转移的人员姓名等。

4.4.5 数据分析方法

砂尘颗粒浓度包括两个方面：质量浓度和数量浓度。质量浓度等于分离器（包括黏附在滤网、基材表面）收集到的砂尘质量除以采样过程中通过的空气体积，数量浓度则是收集到的砂尘颗粒数除以采样过程中通过的空气体积。收集的砂尘通过不同微米孔径的筛网筛分得到不同粒径范围的颗粒，如图 4-34 所示为美国 MRI 的喷砂器项目中直升机砂盲试验所使用的一套微米级筛网组件，包含四个可互换的筛网固定段、一个集料器和四个筛网夹环。空气体积的估算较为困难，原因是采样器在直升机起飞前手动打开、在降落后手动关闭，这样就存在一定的统计误差。因此,建议在采样器上安装无线传感器,采用无线遥控的方式,待直升机稳定飞行后开始采样,在任务完毕前关闭采样器。

数量浓度的估算需要用到质量中值空气动力学直径的概念,即当颗粒物中小于某一空气动力学直径的各种粒度颗粒的总质量占全部颗粒物质量(即全部不同粒度颗粒质量的总和)的50%时,则此直径称为质量中值直径,也即是具有这一中值直径的颗粒物有一半其粒径小于这个直径,有一半则大于这个直径。质量中值直径的单位一般用微米表示。对于从不同孔径筛网筛分出的每段粒径分布范围的颗粒,其质量中值直径 $\hat{d}$ 可根据下式计算:

图 4-34 MRI 喷砂器项目采用的砂尘颗粒筛网组件[12]

$$\hat{d} = [(d_u^3 + d_u^2 d_l + d_u d_l^2 + d_l^3)/4]^{1/3} \quad (4-70)$$

式中,d_u、d_l 分别为该段粒径分布颗粒物的上限直径和下限直径。

通过称重法得到该段粒径分布颗粒物的质量,记为 m_i,砂尘颗粒的密度记为 ρ_p(一般为 2.6 g/cm³),则下面的等式成立:

$$m_i = N_i \cdot \left(\rho_p \cdot \frac{1}{6}\pi \hat{d}^3\right) \quad (4-71)$$

式中,N_i 为假设该段粒径分布颗粒物具有均匀直径 $\hat{d}$ 的颗粒数量。根据前面已经获得的空气体积,则可得到该段粒径分布颗粒物的数量浓度。

4.4.6 质量管控要求

每次采样前后均需仔细审核采样和分析流程,确保是在可接受的控制条件下进行采样测量并对测量数据的精度和准确性进行评估。审核项目包括重量分析、流量校准、数据处理等。采用统一的采样和数据分析报表有助于流程检查。

需在稳定的温度和湿度条件下对过滤器进行称重以制备试验现场使用的高容量过滤器。在称重并通过审核后,将过滤器包装好运往试验现场。注意,称重检查一般由另一位独立的分析师来操作。

对试验现场未使用的过滤器进行一定比例的抽检,如从每10个未使用但暴露于砂尘环境的过滤器中至少抽检一个未使用的过滤器,以确定在对每个过滤器进行处理的过程中引起的系统重量变化,再将这些变化用于对上述操作造成的净增重进行修正。

在现场收集并返回颗粒物样品和未使用的过滤器后,将收集介质置于重力实验室中使其达到平衡后对每个过滤器进行称重。静置 24 小时待其恢复平衡后,至少对 10% 的暴露于砂尘环境的过滤器重新称重。如果过滤器不符合审核标准,则要将整个批次的过滤器在重力实验室中再放置 24 小时,然后重新称重。这是因为玻璃纤维材质存在稳定性问题,从出厂后随着时间推移其重量会发生变化。

4.4.7 图像处理技术

本书介绍美国陆军联合研究项目办公室采用的砂盲云摄影测量法[109]。首先需要对拍摄图像进行处理以增强砂盲云与背景之间边界的清晰度,使用 Adobe Photoshop CS4 中的发光边缘过滤技术可以更容易地识别帧与帧之间的相似特征。边缘宽度参数为 5/14,亮度参数为 15/20,平滑参数为 12/15。然后反转得到的图像使得砂盲云中的边界更加清晰,这样更容易辨别不同相机及不同画帧之间的差别。此做法不会引入任何错误或导致像素位置的变化,因为底层图像以及该图像中的对象保持在相同的位置。图 4-35 所示为时间 $t = 0$ s 时第 7 章图 7-10 中相机 2 拍摄的砂尘图片处理前后的比较,通过技术处理后可以看到砂盲云更多的细节。

(a) 处理前全帧图

(b) 处理后全帧图

(c) 处理前砂盲云细节

(d) 处理后砂盲云细节

图 4-35 采用发光边缘过滤技术处理前后砂盲云图片的比较[109]

为了分析砂盲云发展速度,需要跟踪所拍摄照片中典型位置。采用商用 Photomodeler v6 软件包,每个相机拍摄一帧,共使用 6 台相机,因此每个时刻获得 6 张图片。对每帧照片进行手动检查并标记照片中看起来相同的特征。这种做法会引入一些不确定性,因为该过程依赖于用户的判断来识别砂盲云中相同的点。从规定的零时刻($t=0$ s)开始对采用发光边缘过滤技术处理后的照片进行检查和标记。一旦每张图像的参考点位置数据被导入,就可得相机之间的相对位置。随后,用户手动详细检查每张图像,并在帧集中的不同图像之间标记容易识别的点。一旦同一点在至少两幅图像中被标记出来,软件就会估计出该点在其他图像中的位置。如果算法将点放置在错误的位置,则可以接受或更改这个默认位置。重复这个放置点的过程,直到图像中所有可识别的特征都被指出。下一步是将时间 $t=0$ s 的图像与下一个时间步的图像进行比较,确定在更新后的瞬间标记点的位置。该过程引入的误差和可变性最多,因为标记点的位置通常没有明确的定义。图 4-36 所示为时间 $t=0$ s 和 $t=0.33$ s 时图像标记点的比较。读者可以将第一幅图像中的编号点与后一幅图像中的编号点相匹配。需要注意的是,$t=0.33$ s 时刻的图像中的编号有两个数字并用冒号分开,冒号前的数字为该时刻的标记点,而冒号后的数

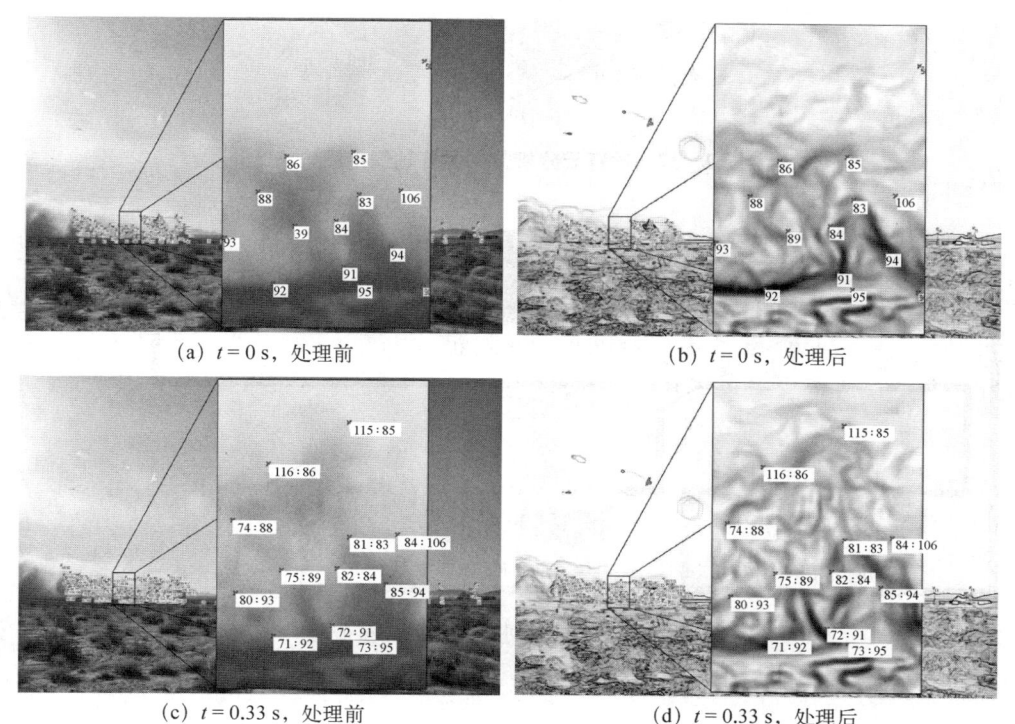

(a) $t=0$ s,处理前

(b) $t=0$ s,处理后

(c) $t=0.33$ s,处理前

(d) $t=0.33$ s,处理后

图 4-36 不同时刻照片处理前后标记点的比较[109]

字为对应的 $t=0$ 时刻的标记点。从该图也可以看到,要精确跟踪个别点非常困难。采用发光边缘过滤技术处理图像后提高了跟踪精确度,但仍然取决于用户选择正确的点。对一段时间内的剩余画帧重复上述过程,逐帧操作以跟踪发展中的砂盲云上的标记点。分析所有时刻的图像并提取点数据作为砂盲云的边界,如图 4-37 所示,其中点代表砂盲云上的标记点,八面体为飞行器位置(基于机上测量仪表),线显示已定空域内飞行器进场到着陆机动过程中的飞行轨迹。上述砂盲云图像处理过程的完整流程如图 4-38 所示。

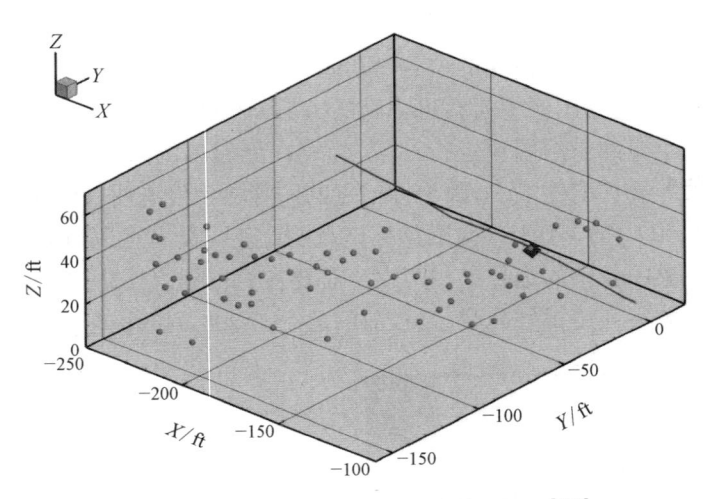

图 4-37 砂盲云分析数据的等轴侧视图[109]

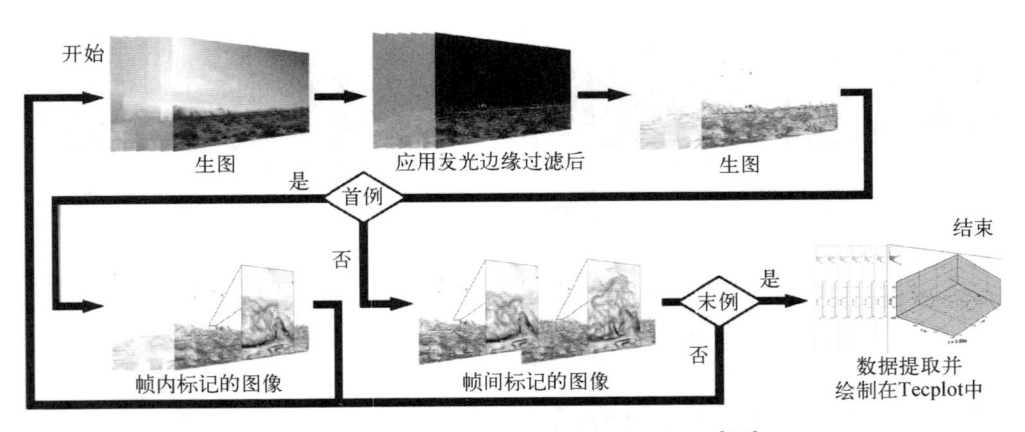

图 4-38 砂盲云图像处理过程的完整流程[109]

第 5 章
气砂两相流动机理与特性

5.1 砂盲形成机理

砂盲云的形成主要是由旋翼尾流对地面沉积颗粒的剪切作用导致的。理解砂盲需要弄清楚流体剪切、沉积物运动、近地面气流夹带与最终颗粒在旋翼尾流中输运之间的关系。根据 Johnson 等[112]实验结果,地面砂尘颗粒由静止到运动的过程涵盖了颗粒跳跃、轰击、捕获(悬浮)、输运等机理。

跳跃机理:根据 Bagnold[148]实验结果,只有当平均表面速度大于临界摩擦速度时,作用于颗粒的气动力超过颗粒重力与颗粒间吸附力,形成气动翻转力矩(图 5-1),颗粒从静止开始沿流向跳跃。

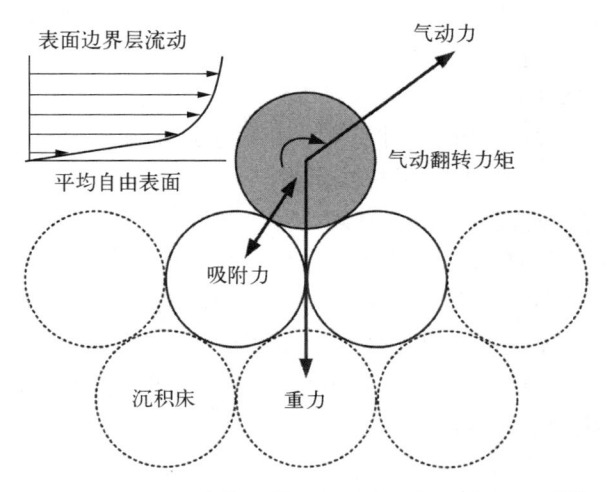

图 5-1 边界层内静止的沉积砂尘颗粒上的作用力[1]

轰击机理:轰击分为两类。一类是较大尺寸的颗粒跳跃后由于自身重力较大无法被气动力抬起而落回并轰击砂床,导致更多颗粒发生跳跃,即跳跃轰击;另一类是较小尺寸的颗粒被夹带到空中并被旋翼尾流再次吸入经过再循环垂直向下加速、高速轰击砂床,导致一系列的颗粒喷射(首先是再循环颗粒的撞击喷射,然后是砂床受到侵蚀而在沙丘背风区产生的颗粒的喷射），即再吸入轰击，如图 5-2 所示。第二类再吸入颗粒轰击或喷射可产生更小的二次颗粒，此过程显著促进砂盲条件的发展。同时砂尘再吸入、再循环过程最终将形成一个稳定的圆顶形状的砂盲云将直升机淹没。

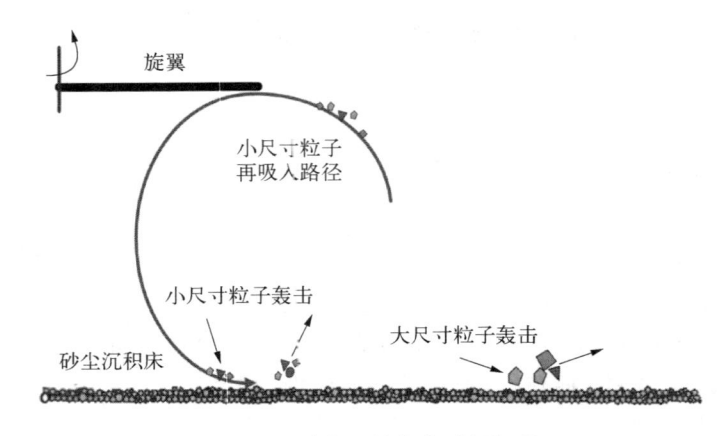

图 5-2 砂尘颗粒轰击过程机理

捕获机理：当单一桨尖涡上洗流最大旋转速度大于砂尘颗粒的沉降速度时，颗粒会被桨尖涡捕获。当黏性阻力大于自身重力（或气流速度的垂直分量大于等于颗粒沉降速度）时，这些细小颗粒便能稳定地悬浮于空中。颗粒悬浮是砂盲产生的必要条件。桨尖涡的捕获效率与砂尘特性及桨尖涡强度直接相关。桨尖涡强度决定了可被捕获砂尘沉积物的尺寸分布。相比于缩比旋翼，全比例旋翼的桨尖涡最大旋转速度更大，因而沉积物更易被捕获。

输运机理：输运机理发生于一对桨尖涡合并过程中，如图 5-3 所示。靠近外侧的旋翼尾流螺旋间距较小，相邻的桨尖涡对很快彼此合并成一个涡流扰动。在合并过程中，新涡从旧涡下面通过，产生的净诱导流动穿透发展中的砂尘颗粒跃变层，最后通过上洗区流动将新的沉积颗粒从砂床中直接夹带到空中，形成颗粒的输运。输运机理比捕获机理发生的位置更靠近旋翼外侧，通过输运机理卷起的砂尘浓度比通过捕获机理卷起的砂尘浓度要大。

文献[29]将砂盲形成机理按悬停、再循环、地面涡、自由空气四种模式进行了描述，如图 5-4 所示。悬停模式下，下洗流冲击地面后形成径向向外的地洗射流(groundwash jet)。由于涡流的不稳定性及耗散性，地洗射流在某一径向位置处滞止，诱导气流向旋翼再循环流动，形成类似甜甜圈的圆环状流场[图 5-4(a)]；当旋翼机以较低速度前飞时，圆环状流场发生扭曲，在桨盘前缘形成大涡，导致地面附近相当大一部分流动被前行桨叶再次吸入[图 5-4(b)]，即再循环模式。当空气中含有高浓度砂尘时，该模式将对发动机构成严重的威胁；旋翼机高速前飞时，

(a) 桨尖涡开始上卷

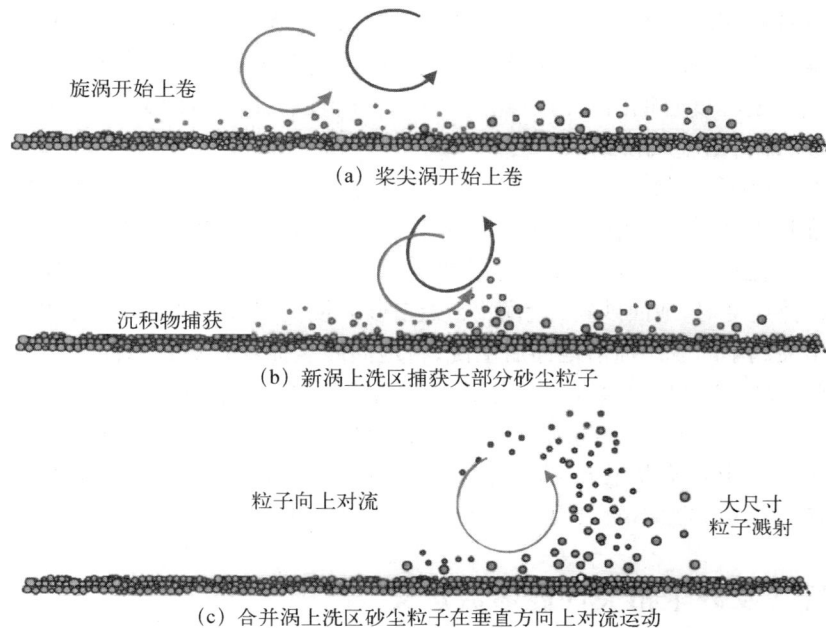

(b) 新涡上洗区捕获大部分砂尘粒子

(c) 合并涡上洗区砂尘粒子在垂直方向上对流运动

图 5-3　桨尖涡对合并上卷诱导砂尘颗粒输运机理[112]

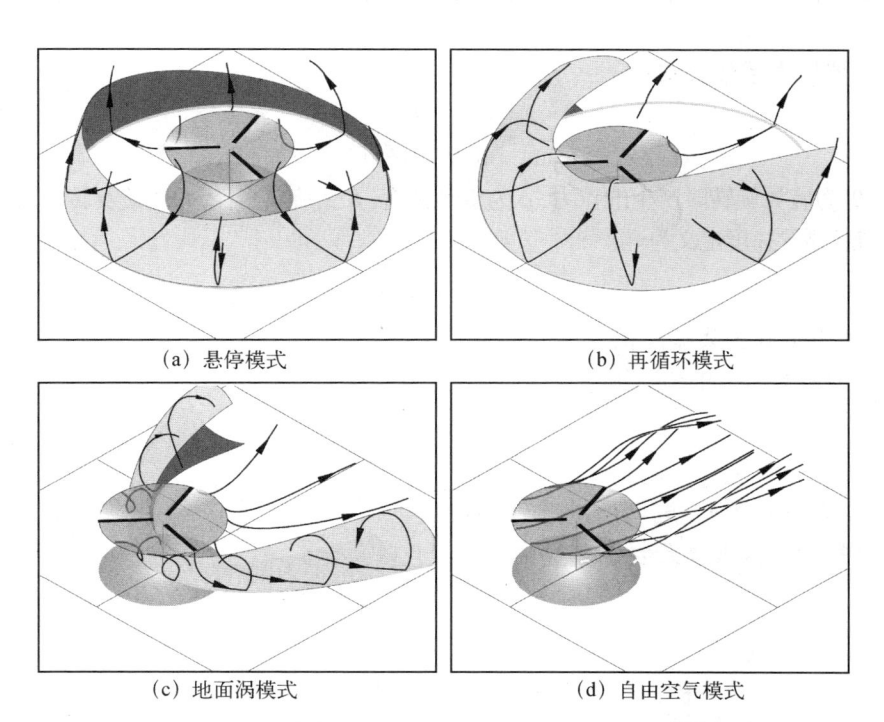

(a) 悬停模式　　(b) 再循环模式

(c) 地面涡模式　　(d) 自由空气模式

图 5-4　砂盲云(阴影)流动模式及其几何形状[29]

扭曲的圆环状流场变宽,形成典型的弓状流场,并从旋翼下方流过[图 5-4(c)],即地面涡模式,该模式下,紊乱的砂尘可达到较大高度但不会被旋翼吸入;当前飞速度大到一定程度时地面撞击点超过旋翼后方范围,流动结构类似自由空气中的旋翼流场,即自由空气模式[图 5-4(d)]。

图 5-5 阐释了砂盲的形成机理。直升机悬停或低速前飞时,旋翼下方的平均下洗流在近地面转变成沿径向向外的非均匀地洗流,且最终发展成平行于地面的射流。该射流速度沿径向向外呈先增加后减小趋势,在此过程中当射流速度大于等于临界摩擦速度时,地面砂尘开始跳跃、轰击砂床使更多细小的砂尘颗粒发生跳跃、喷射。桨尖涡不断脱落撞击地面后上洗,将地面砂尘捕获并短暂悬浮于空中。在径向更外侧区域,新涡与旧涡发生合并后上洗捕获更多砂尘颗粒,其中小于 20 μm 的细小砂尘长期悬浮于空中,形成砂盲云,较大的砂尘落回地面轰击砂床。另外,悬浮于空中的砂尘被旋翼尾流再次吸入,在径向最内侧向下回落轰击砂床。砂床受到轰击后产生更多细小的二次颗粒,促进砂盲环境的维持与发展。

5.2 气动及砂尘相关性能参数定义

本章涉及直升机及进气道、惯性粒子分离器等气动及砂尘相关性能参数定义如下。

旋翼拉力系数公式:

$$C_T = \frac{T}{\rho \pi R^2 (\Omega R)^2} \quad (5-1)$$

式中,T 为旋翼旋转时产生的拉力,ρ 为空气密度,R 为旋翼半径,Ω 为旋翼转动角速度。

旋翼诱导速度定义为

$$V_h = \sqrt{T/2\rho A} \quad (5-2)$$

式中,A 表示旋翼桨盘面积。

压力系数 C_p 的定义为

$$C_p = \frac{p - p_\infty}{1/2 \rho (\Omega R)^2} \quad (5-3)$$

式中,p 为当地静压,p_∞ 为远前方来流静压。

进气道总压恢复系数 σ 表达式为

$$\sigma = \frac{p_2^*}{p_0^*} \quad (5-4)$$

式中,p_0^* 表示直升机远前方来流总压,p_2^* 表示进气道出口面[即气动交界面(aerodynamic interface plane,AIP)]内的总压。

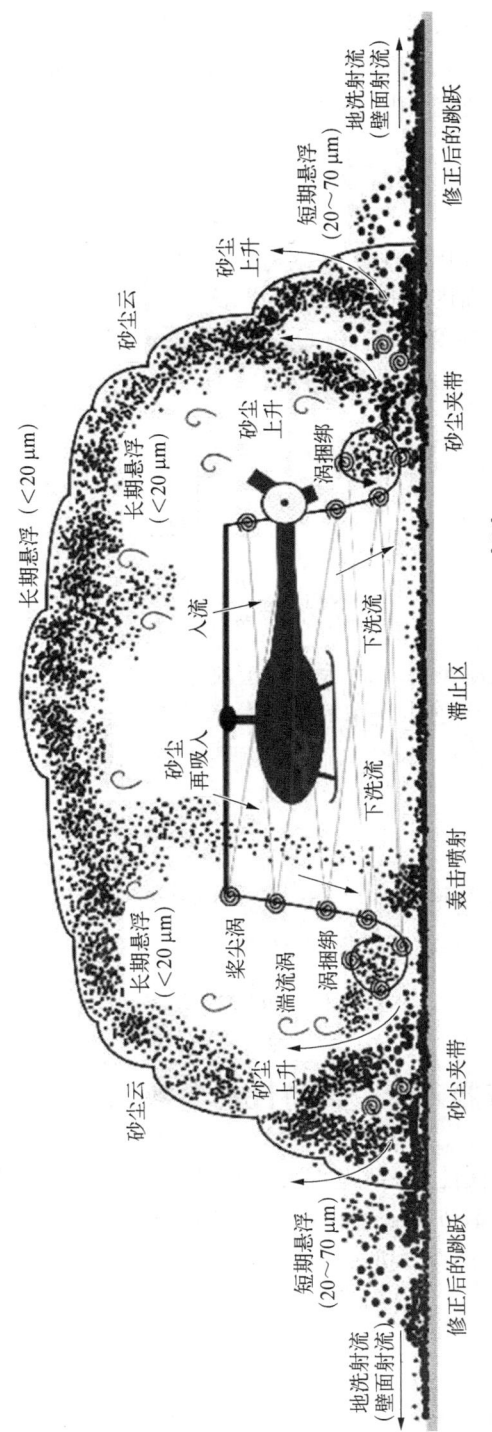

图 5-5 直升机砂盲形成机理示意图[104]

进气道出口的气流参数是不均匀的,压力和温度分布不均匀,流线也弯曲,进气道出口气流有切向分量(旋流)。进气道与发动机交界面上的气流不均匀程度和脉动程度叫作进气道畸变,用 DC60 表示为

$$\text{DC60} = \frac{p_{av}^* - \bar{p}_{min60}^*}{q_{av}} \quad (5-5)$$

式中,p_{av}^* 为进气道出口面内的平均总压,$\bar{p}_{min60}^*$ 为任意 60°扇形区域内的最小平均总压,q_{av} 为进气道出口面内的平均动压。

进气道流量系数 Φ 定义为进气道远前方自由流管面积与进气道捕获面积的比值:

$$\Phi = \frac{A_0}{A_c} \quad (5-6)$$

扫气比 SCR 表达式为

$$\text{SCR} = \frac{m_s}{m_c} \quad (5-7)$$

式中,m_s 表示清除流道流量,m_c 表示主流道流量。

IPS 砂尘分离效率计算公式与 IBF 砂尘分离效率的定义相同,即方程(3-42)。旋翼实度 δ 定义为各片桨叶实占面积与整个桨盘面积之比,公式为

$$\delta = \frac{N_b c}{\pi R} \quad (5-8)$$

式中,N_b 为桨叶片数,c 为叶片弦长,R 为旋翼半径。

旋翼转速 Ω (单位为 rad/s)的定义为

$$\Omega = \pi n/30 \quad (5-9)$$

5.3 惯性粒子分离器砂尘分离特性的参数化影响规律

本节主要针对基于惯性分离砂尘颗粒的惯性粒子分离器,介绍其内部气砂两相流流动机理与特性。本节总结了惯性粒子分离器砂尘分离性能的影响规律,为 5.4 节针对 UH-60"黑鹰"直升机/进气道内外流一体化条件下的气场和砂场性能案例分析奠定理论基础。

5.3.1 颗粒尺寸影响

从图 5-6 可以看出,粒径 2 μm 的颗粒几乎不与壁面发生碰撞、反弹,这是由

于颗粒越小,其受到的阻力相对于惯性力越显著,阻碍颗粒克服流管作用而撞击管道壁面,因而其随流性越好。由于大量颗粒进入内侧的发动机流道,因而粒径 2 μm 颗粒的分离效率仅为 20.3%。当粒径增大到 10 μm 时,惯性力逐渐克服阻力作用,颗粒越过流管的能力增强,大量颗粒进入外侧的旁通流道(即清除流道),颗粒分离效率提高至 60.12%。当粒径增大到 100 μm 时,颗粒惯性力占据主导地位,颗粒越过流管的能力继续增强,颗粒撞击壁面后反弹,在管道内经过多次撞击反弹后全部进入旁通流道,颗粒分离效率达 100%。继续增大颗粒尺寸,颗粒轨迹仍表现为经过多次撞击反弹后全部进入旁通流道,分离效率为 100%。

0°倾角,粒径2 μm
$\eta = 20.3\%$

0°倾角,粒径10 μm
$\eta = 60.12\%$

0°倾角,粒径100 μm
$\eta = 100\%$

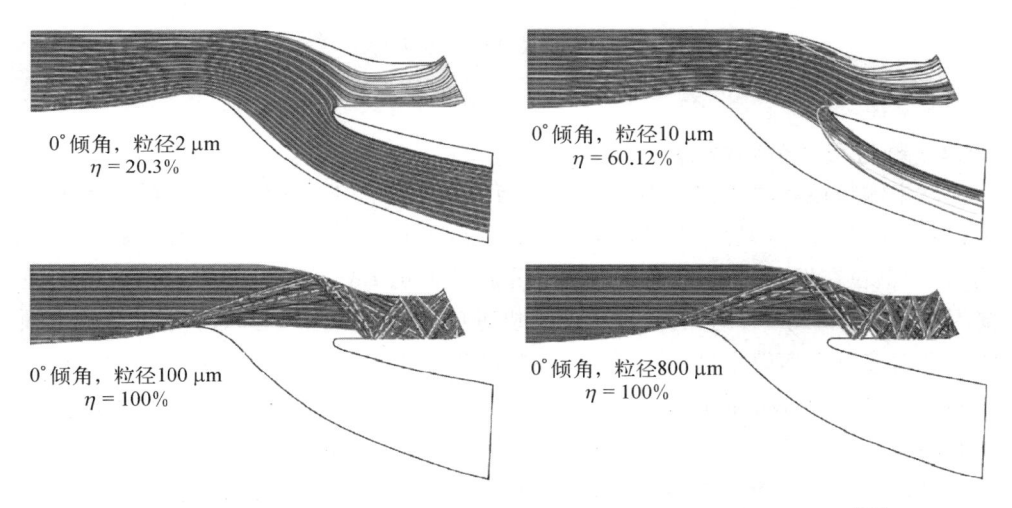

0°倾角,粒径800 μm
$\eta = 100\%$

图 5-6　不同尺寸的粒子在惯性粒子分离器中的运动轨迹与分离效率[63]

Zhou 等[149]数值模拟了砂粒在粒子分离器流场中的运动轨迹,图 5-7 所示为 AC 粗砂和 C 级粗砂(详见本书 6.1 节)的颗粒轨迹,其对应的分离效率分别为 75.2% 和 98%。可以看到,两种不同粒径分布的砂尘颗粒在通过 IPS 喉部后都发生了分离,小粒径的颗粒轨迹受气流的影响更大而进入主流道,大尺寸的颗粒轨迹则更多受到惯性和壁面反弹的影响。在粒子惯性的作用下,大颗粒不断与壁面碰撞反射后,除少数颗粒进入主流道(即发动机流道)外,大部分颗粒进入旁通流道,最后被排出到外界大气中,实现砂粒的分离。

综上所述,小尺寸颗粒的运动轨迹主要受气动阻力的影响,随流性好,而大尺寸颗粒的运动轨迹主要受惯性力的影响,颗粒撞击壁面后反弹特征明显。因此,高分砂性能粒子分离器的设计需重点关注中心体驼峰处(即进气道内表面弯道)型面、旁通流道外壁面型面及分流器位置、角度等关键部位的几何参数,使得较大尺寸的粒子经过有限次数的壁面反弹后进入旁通流道。

(a) AC粗砂　　　　　　　　　　　　　　(b) C级粗砂

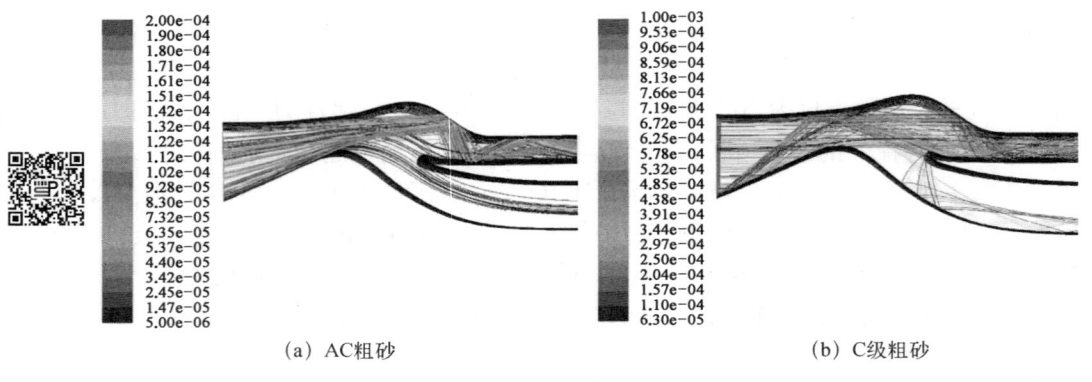

图 5-7　不同粒径砂粒的运动轨迹[149]

5.3.2　颗粒尺寸分布影响

砂尘颗粒运动轨迹主要由气动阻力与惯性力之间的平衡性决定,粒子尺寸越小,则气动阻力对运动轨迹的影响越大,反之惯性力对运动轨迹的影响越大。因此,砂尘颗粒在发动机进口处尺寸分布可能是影响 EAPS 砂尘分离效率的一个重要因素。Taslim 等[147]对图 5-8 中发动机进口处三种砂尘颗粒尺寸分布的砂尘颗粒运动轨迹及分离效率进行了数值预测,结果如图 5-9 所示,其中工况 1 为 2~200 μm 颗粒由外表面向内表面均匀分布,工况 3 为 2~200 μm 颗粒由内表面向外表面均匀分布,工况 7 为 2~200 μm 颗粒随机分布。由图 5-9 可以看出,工况 1 中小尺寸颗粒位于粒子分离器外表面,由于受到较大的气动阻力而随着空气气流进

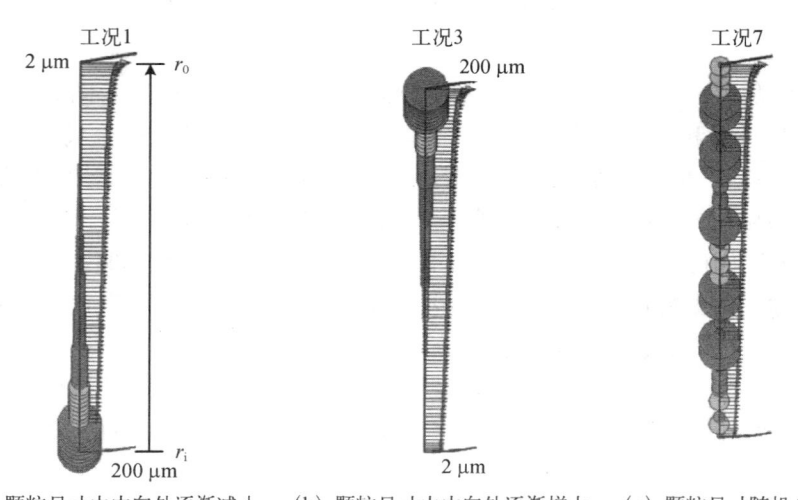

(a) 颗粒尺寸由内向外逐渐减小　　(b) 颗粒尺寸由内向外逐渐增大　　(c) 颗粒尺寸随机分布

图 5-8　粒子分离器进口砂尘颗粒尺寸分布[147]

入清除流道,而位于粒子分离器内表面的大尺寸颗粒由于受到较大的惯性力而越过气流流线并在内外表面反弹后进入清除流道,粒子分离效率为 100%;工况 3 中由于小尺寸颗粒集中在内表面,大量小尺寸颗粒随着气流进入主流道(即发动机流道),而大尺寸颗粒依旧经过内外表面反弹后进入清除流道,粒子分离效率只有 77.5%;工况 7 中随机分布的砂尘颗粒,其中仍有少部分小尺寸颗粒随着气流进入主流道,而大尺寸颗粒依旧经过内外表面反弹后进入清除流道,粒子分离效率介于工况 1 与工况 3 之间,为 92.15%。

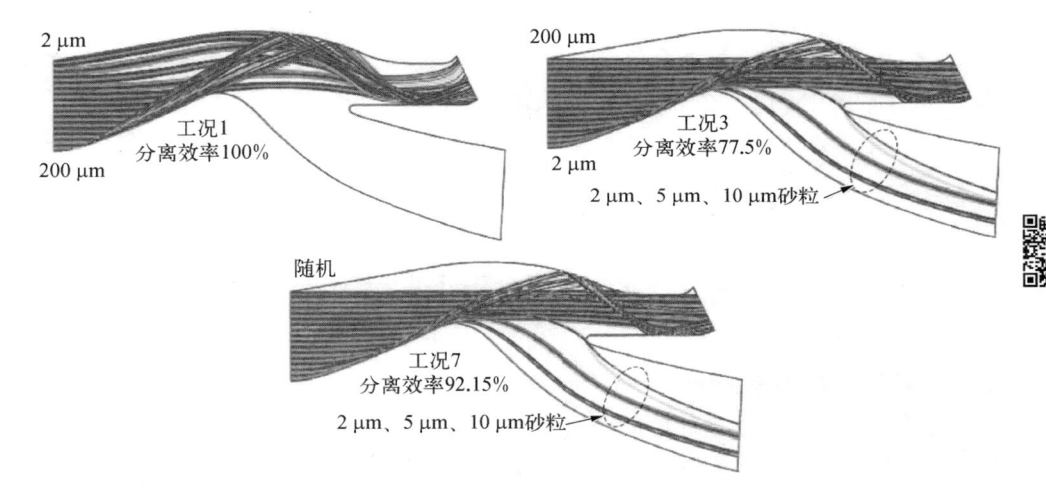

图 5-9 粒子分离器进口不同尺寸分布的砂尘颗粒运动轨迹及分离效率[147]

5.3.3 颗粒密度影响

密度是任何物质的一个重要物理属性。研究粒子分离器分砂特性时,砂尘颗粒密度自然是一个需要考虑的因素。文献[147]研究结果表明,颗粒密度对分离效率的影响仅限于直径 10 μm 以下的颗粒。图 5-10 展示了 2~10 μm 直径的砂尘颗粒的密度对粒子分离器砂尘分离效率的影响。对于 2 μm 直径的颗粒,当比重(Specific Gravity,$SG = \rho_p/\rho_{H_2O}$) $SG < 2.7$(二氧化硅比重)时,颗粒密度(由比重 SG 表征)对砂尘分离效率几乎没有影响。当颗粒直径为 5 μm 时,密度影响较为显著,当 SG 从 2.7 减小至 2.2 时,分离效率相对降低 17.25%。当 SG 从 2.7 增大至 3.2 时,2 μm 颗粒的分离效率相对提高 12%,5 μm 颗粒的分离效率相对提高 8.5%。对于同一尺寸的砂尘颗粒,其气动阻力相等,密度的大小决定了其惯性力的大小。当密度决定的惯性力使得小颗粒能越过流体流线进入清除流道时分离效率增加,当小颗粒随流体流动进入发动机主流道时分离效率降低。

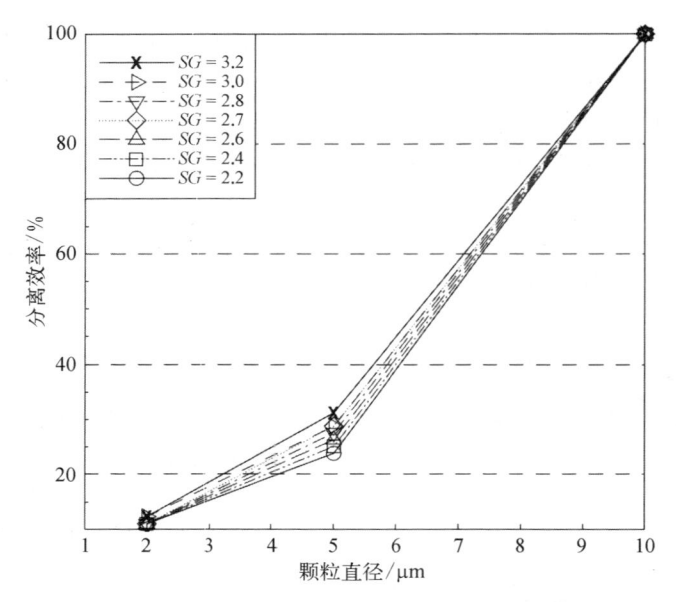

图 5-10　砂尘颗粒密度对粒子分离器砂尘分离效率的影响[147]

5.3.4　颗粒形状因子影响

目前大多数有关砂尘环境的仿真研究都将砂尘颗粒假设为球形,这是造成仿真结果往往偏离实验或实际飞行情况的主要误差来源之一。通过对自然界砂尘进行随机采样、显微镜观察发现,砂尘颗粒形状千变万化,几乎不存在规则的几何形状。文献[147]采用如下形状因子 SF 来考虑砂尘形状对粒子分离器分离效率的影响,其定义如下:

$$SF = \frac{m_p}{\rho_p d_p^3} \tag{5-10}$$

定义 SF 的目的是找到这样一种等效球形颗粒,其质量等于真实非球形颗粒质量。对于球形颗粒, $SF = \frac{\pi}{6} \approx 0.524$。颗粒表面积决定其气动阻力,体积决定其惯性力。当形状因子变化时,颗粒体积变化率大于表面积变化率,形状因子变化与表面积/体积(表面积与体积之比)变化成反比[147]。图 5-11 所示为 Taslim 等[147]关于直径 20 μm 以下颗粒的形状因子对分离效率的影响研究结果(当直径大于 20 μm 时无影响),可以看出,当形状因子减小时,表面积/体积增大,阻力占据主导地位,粒子随流性变好,随着流体进入发动机主流道的概率增大,因此分离效率降低。图 5-12 所示为 Jiang 等[150]关于另一种粒子分离器内不同形状因子(图中以 S 表示)对砂尘颗粒的分离效率的影响研究结果,其中 $S = 1$ 表示球体、$S = 0.516$ 表示一般砂尘颗粒，$S = 0.23$ 表示圆盘形砂尘颗粒。从图 5-12 可以看出，随着形状因子的减小，粒子分离器对砂尘的分离效率逐渐降低，且颗粒尺寸越小，形状因子的影响越显著。但是，当粒子尺寸在 5 μm 以下时，颗粒形状因子的影响几乎消失，即不管何种形状的砂尘颗粒，都在气动阻力的绝对主导作用下跟随流体流线一起进入主流道与清除流道。

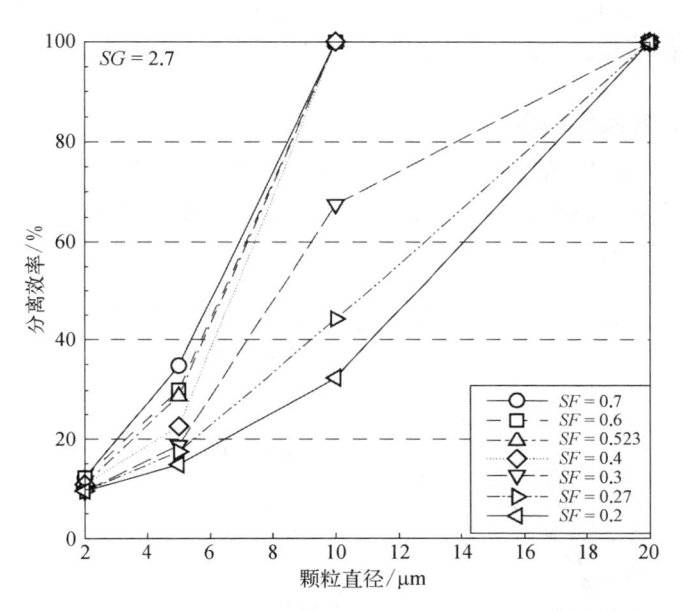

图 5-11　Taslim 等关于砂尘颗粒形状因子对粒子分离器砂尘分离效率的影响研究结果[147]

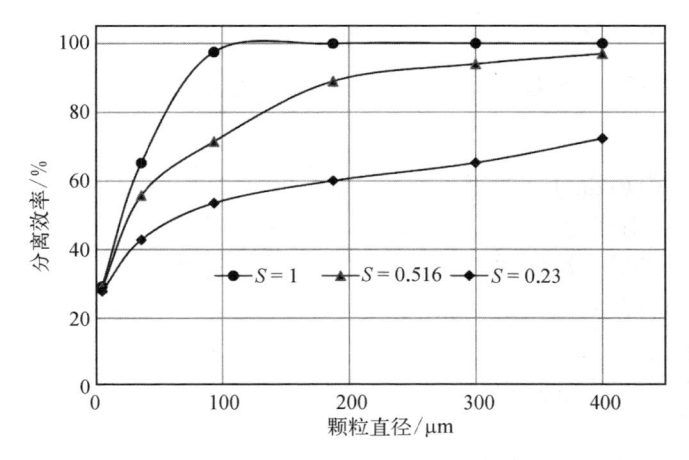

图 5-12　Jiang 等关于砂尘颗粒形状因子对粒子分离器砂尘分离效率的影响研究结果[150]

综上所述,颗粒形状因子对不同粒子分离器的砂尘分离效率影响各不相同。总的来说,当颗粒直径足够小时,形状因子失效,颗粒气动阻力占据绝对主导地位,颗粒跟随流体运动,颗粒分离效率较低。随着颗粒直径增大,形状因子的影响逐渐显现,在此情况下,随着形状因子的减小,颗粒受到的气动阻力逐渐占据主导地位,颗粒随流性变好,分离效率降低。颗粒直径进一步增大,形状因子的影响又逐渐降低,由于颗粒体积的增大,颗粒受到的惯性力逐渐占据主导地位,颗粒在进气道内撞击、反弹特征明显,分离效率逐渐增大。

5.3.5 颗粒入射速度影响

Jiang 等[150]通过数值模拟发现,当颗粒入射速度为 0 或与流体速度相等两种条件下,颗粒均有足够时间在流场中加速,因而所得颗粒分离效率的差别可以忽略不计,如图 5-13 所示。

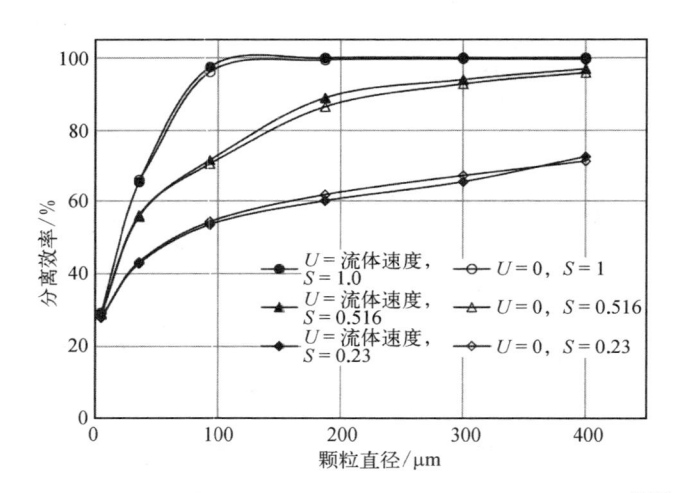

图 5-13 颗粒入射速度对粒子分离器砂尘分离效率的影响[150]

5.3.6 颗粒入射质量分布影响

砂尘颗粒入射模型中入射质量分布模型主要有两种:一是按质量流量和速度均匀分布,二是按砂尘浓度均匀、速度等于当地气流速度分布。后者更接近真实的直升机砂尘飞行环境,但根据 Jiang 等[150]的数值模拟结果,两种模型得出的砂尘分离效率相差不大,分析主要原因:一是粒子分离器入口气流速度变化有限,二是颗粒分离效率主要由颗粒阻力和惯性力决定。

5.3.7 发动机工作状态影响

图 5-14 展示了某直升机粒子分离器在发动机起飞和慢速两种工作状态

下的砂尘分离效率。起飞状态下的发动机入口流速为怠速状态下的 2 倍。可以看出,对于不同形状因子（S）的砂尘颗粒,怠速状态下粒子分离器砂尘分离效率始终低于起飞状态下的分离效率,但是差距有限。总的来说,对于文献[150]中的粒子分离器构型和工作条件,发动机入口流速对砂尘分离效率的影响有限。

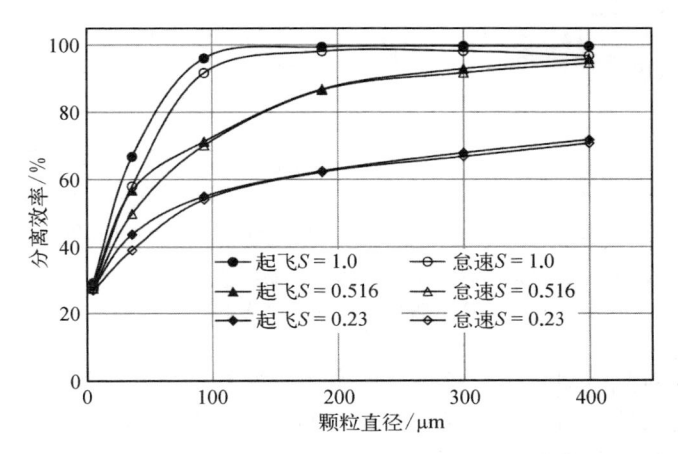

图 5‑14 发动机起飞、怠速状态对粒子分离器砂尘分离效率的影响[150]

5.3.8 壁面反弹特性影响

从图 5‑15 可以看出在完全弹性条件下,颗粒在流道内多次撞击壁面,进入主流道的颗粒数目较多。而在非完全弹性条件下,颗粒在流道内撞击壁面的次数减少,进入主流道的颗粒数目减少,原因是非完全弹性条件下颗粒从壁面反弹的法向反弹速度分量减小。从图 5‑15(c)可以看出,当颗粒直径小于 36 μm 时,壁面反弹特性对颗粒分离效率几乎没有影响。随着颗粒直径的增大,壁面反弹特性对颗粒分离效率的影响逐渐显现,尤其是球体颗粒（$S=1$）在完全弹性与非完全弹性条件下颗粒分离效率的差别逐渐扩大。总体而言,对于具有足够惯性的颗粒（因而尺寸较大）,其运动轨迹受壁面反弹特性的影响显著。

牛佳佳等[151]研究了壁面反弹特性对惯性粒子分离器效率的影响。如图 5‑16 所示,颗粒与壁面的接触主要发生在两个关键区域:粒子分离器的中心体前端和清除流道的入口处。在中心体前端,颗粒撞击后会发生反弹,向分离器边缘区域移动,从而将颗粒从核心区域分离到外围。而在清除流道入口,颗粒的撞击、反弹可能导致它们远离外壁面,有时甚至可能重新被吸入主流道中。当法向恢复系数保持不变时,切向恢复系数的增加会使颗粒在撞击清除流道入口后获得更大的速度,

(a) 完全弹性

(b) 非完全弹性

(c) 壁面反弹特性对粒子分离器砂尘分离效率的影响

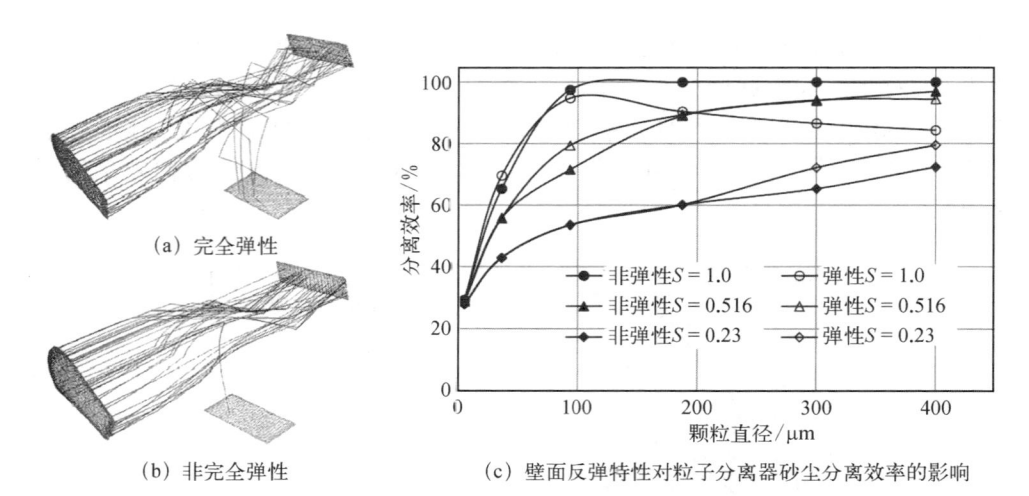

图 5-15　砂尘颗粒在粒子分离器内运动轨迹对比及壁面反弹特性对粒子分离器砂尘分离效率的影响[150]

减少气流转向对其运动方向的影响。随着切向恢复系数的增加，颗粒在撞击清除流道入口后的轨迹更贴近分离器外壳，这有助于提高颗粒与气流的分离效果，提升粒子分离器的整体分离效率。

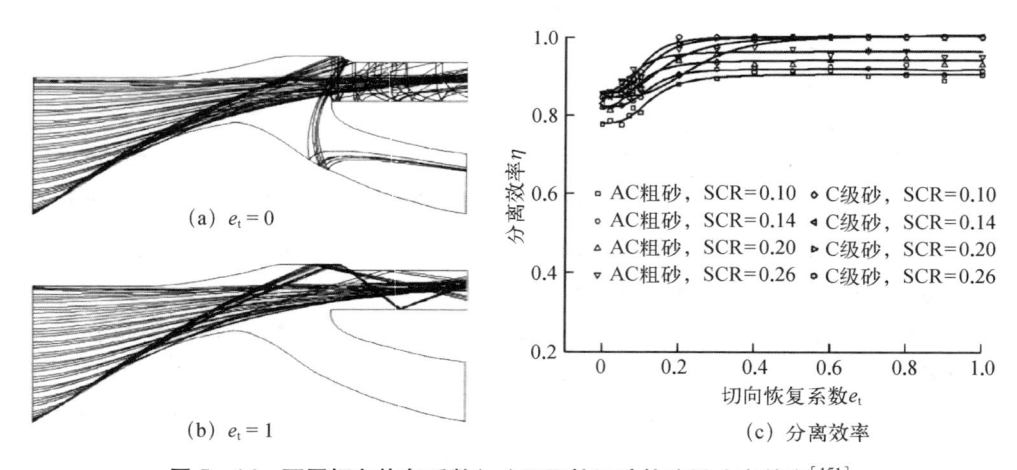

(a) $e_t = 0$

(b) $e_t = 1$

(c) 分离效率

图 5-16　不同切向恢复系数(e_t)下颗粒运动轨迹及分离效率[151]

从图 5-17 可以看到，随着法向恢复系数的增加，颗粒在撞击中心体后更容易从中心体壁面脱离，但这也增加了颗粒在撞击清除流道入口后重新进入主气流的可能性，导致分离效率的下降。随着法向恢复系数的增加，AC 粗砂和 C 级砂在各种清除比条件下的分离效率起初保持稳定，随后出现下降趋势。当法向恢复系数超过某一临界值后，分离效率又开始逐渐回升。

(a) $e_n = 0$

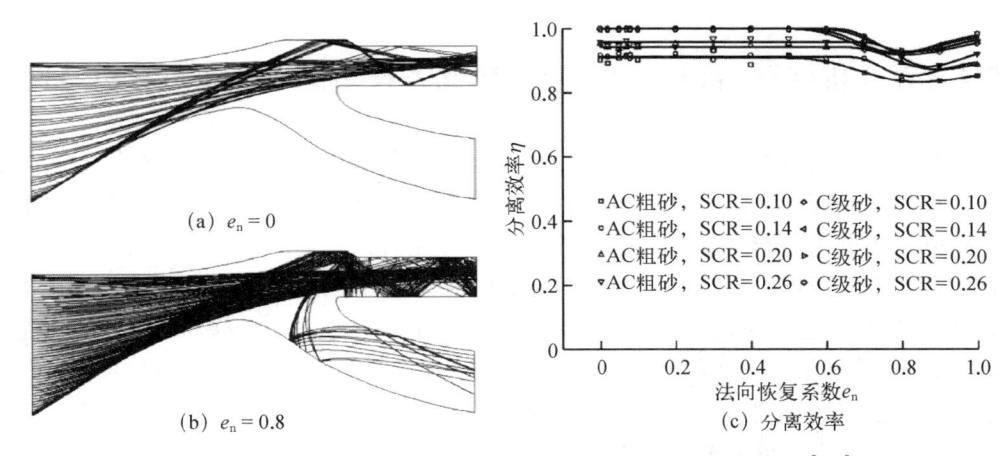

(b) $e_n = 0.8$

(c) 分离效率

图 5-17 不同法向恢复系数(e_n)下颗粒运动轨迹及分离效率[151]

5.3.9 重力影响

根据 Jiang 等[150]的数值模拟结果,有无重力对粒子分离效率的影响不明显,仅对于 300 μm 和 400 μm 的球形颗粒存在轻微差别,如图 5-18 所示。这主要得益于涡轴发动机粒子分离器内流体流速较大,粒子得到充分加速,气动阻力占据主导地位。然而,在模拟直升机砂盲环境外流模拟中,由于旋翼下洗流速度较发动机内流速度要低一个量级,因而砂尘颗粒在下洗流中受到重力效应的程度比在发动机内流中要显著得多,砂尘颗粒由于受到重力作用才会在地面发生跳跃、轰击、下落等复杂运动机理[112]。目前已有部分学者在其发动机砂尘吸入研究中忽略重力效应[61]。然而,为了避免不可预测的结果,本书作者还是建议在数值模拟或理论分析中计及重力效应。

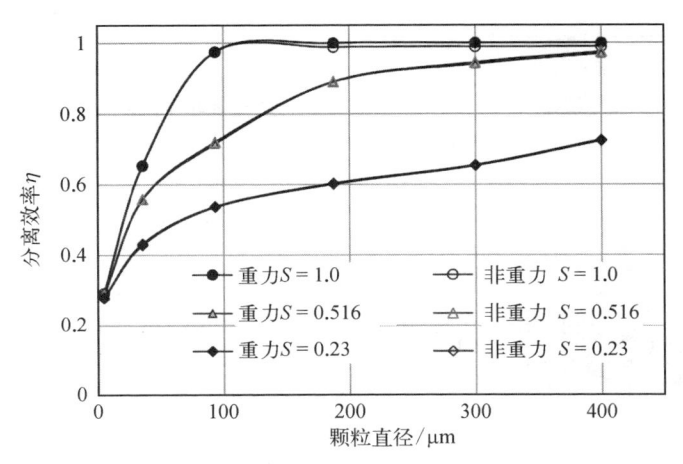

图 5-18 重力对粒子分离器砂尘分离效率的影响[150]

5.4 直升机旋翼/机身/进气道一体化条件下砂尘分布与分离特性

目前针对直升机机身/旋翼/进气道与地面多方面、多层次气动耦合干扰的研究主要集中于其中两两耦合干扰的流场结构等方面，而对于砂尘的研究主要是直升机外流中砂尘分布或进气道内部砂尘分布特性研究。然而，旋翼流场的三维非稳定性与进气道抽吸流相互耦合干扰会使得进气道内三维流场出现复杂的非定常特性，使得进气道内部流场的非定常性、三维性和复杂性进一步提高，内外流场结构、动态特性和耦合干扰特性将会使得进气道内外流场的砂尘颗粒运动特性与单值条件下的流场不同。鉴于此，在国家科技重大专项的支持下，南京航空航天大学进气道团队航空环境实验室采用台架实验方法及计算流体力学（CFD）数值模拟方法对集成了 IPS 的 UH‑60"黑鹰"直升机/进气道内外流一体化条件下的砂尘空间浓度场分布特性、惯性粒子分离器分离特性及主要参数的影响规律开展了专门研究[152]。本节择取 CFD 数值模拟获得的一些重要结果进行分析讨论，目的是揭示直升机机身/旋翼/进气道一体化条件下砂尘运动特性、掌握内外流参数以及旋翼转速等主要直升机工作参数对一体化流场中砂尘运动特性和进气道气动性能的影响规律。

5.4.1 黑鹰直升机旋翼/机身/进气道内外流一体化模型及网格

UH‑60"黑鹰"是目前世界上具有代表性的直升机之一，本书选择全尺寸的 UH‑60"黑鹰"直升机及其带 IPS 的分叉流道进气道一体化模型作为研究对象，图 5‑19 给出了简化的直升机 UH‑60 的几何模型，基本参数见表 5‑1。

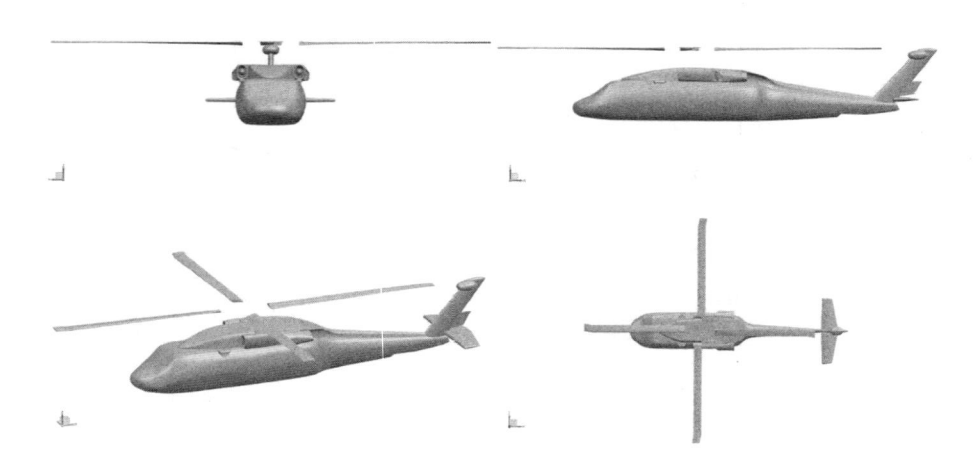

图 5‑19　简化的 UH‑60 直升机的几何模型

表 5-1　UH-60 直升机几何模型参数

变量	参数值
机身长度	13.9 m
机身宽度	2.6 m
机身高度	2.5 m
旋翼半径	8.18 m
桨叶数	4
弦长	0.53 m
桨距角	0°

建立直升机三维实体模型后，对其进行三维网格划分。采用 ANSYS FLUENT 中的 Meshing 模块生成了用于计算的网格，包括直升机/进气道/计算域网格、旋翼网格，均采用多面体与六面体混合的非结构网格。网格范围大、尺寸小，能够捕捉更多的流场细节特征，但同时也增大了网格数量，提高了对计算资源的要求。因此，需要根据实际流动情况和研究对象来确定网格的范围和尺寸，控制网格参数。为了兼顾流场模拟精度和计算效率，本书选取 $10R \times 10R \times 5R$（R 为旋翼半径）的长方体空间作为计算域，在高度上随着计算状态去改变计算域高度。采取交界面策略进行旋翼部分的网格划分，使用交界面条件连接静止流体域和旋转域，并对旋翼下洗流区域进行加密，对进气道内的流动区域网格进行加密并生成边界层以便捕捉进气道内部的流动细节。图 5-20 给出了本书直升机/进气道内外流一体化流场计算域的网格，整个流场的多面体-六面体混合网格数量约为 2 000 万。

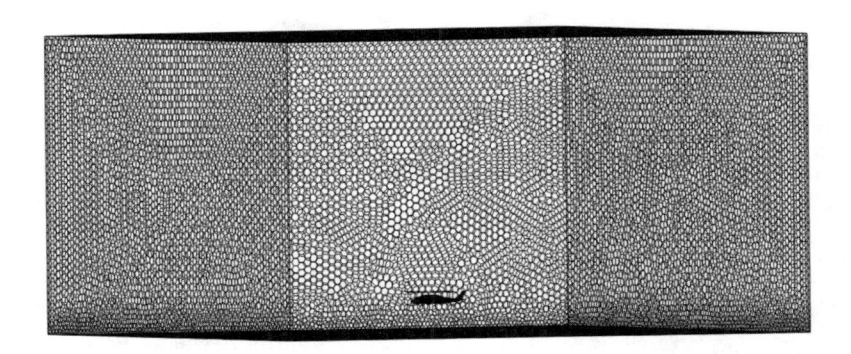

图 5-20　UH-60 直升机/进气道内外流一体化流场计算域网格

由于后续要进行直升机流场中砂尘的运动规律研究，地面为砂尘投放面，因此对地面网格进行加密，如图 5-21 所示为计算域地面加密网格。

图 5-21　地面加密网格

气流在旋翼/机身/进气道附近会产生复杂的干扰流动,因此在机身流场变化剧烈的区域进行网格加密。本书选取较大尺寸网格单元对静止流体域生成网格,选取较小的尺寸网格单元对直升机机身生成网格,以适应流场变化较大的区域。图 5-22 所示为直升机机身表面网格及其局部细节。

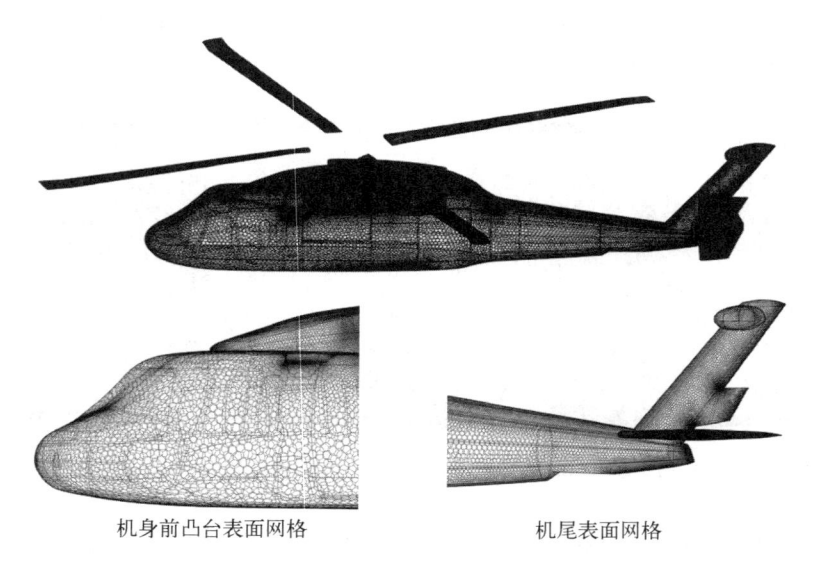

机身前凸台表面网格　　　　机尾表面网格

图 5-22　UH-60 直升机机身表面网格

带 IPS 的进气道分为两个流道利用惯性力进行砂尘分离,主流道是通往发动机的清洁气流,清除流道是携带大量砂尘的脏气流。进气道内部网格如图 5‐23 所示,进气道内部结构变化剧烈,气流流动复杂,因此其网格尺寸相较于外部流场很小。进气道唇口存在绕流情况对进气道的工作性能有很大影响,对其型面的网格进行加密使其型面光滑连续。对进气道近壁面网格生成边界层,能够捕捉近壁面流动特征,提高计算结果的准确性。

进气道内部剖面网格　　　　进气道唇口表面网格

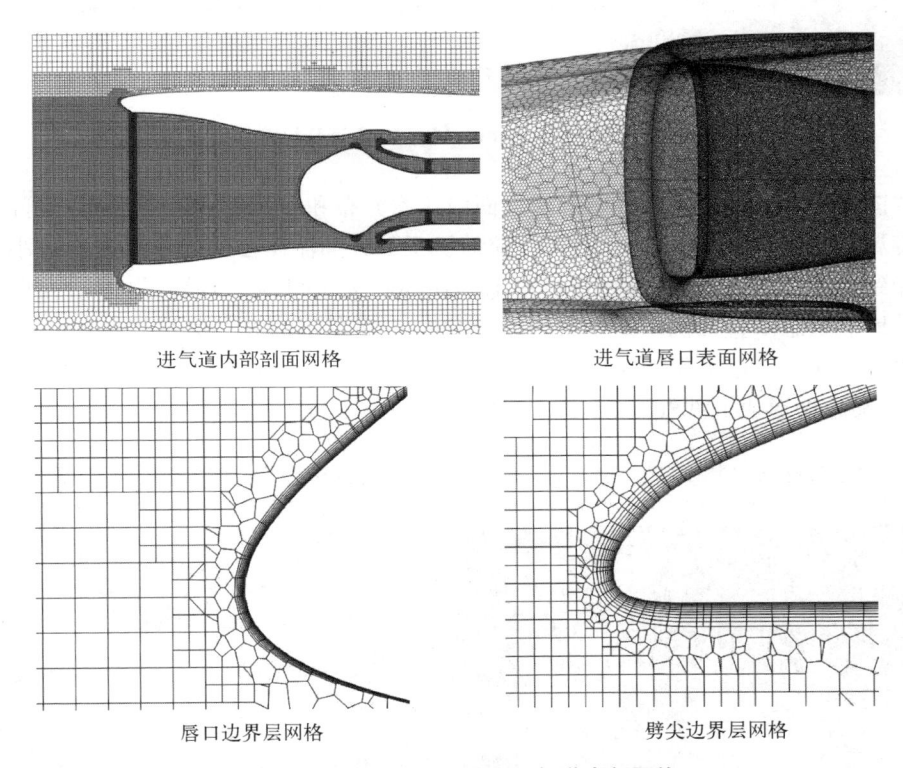

唇口边界层网格　　　　劈尖边界层网格

图 5‐23　UH‐60 直升机进气道内部网格

5.4.2　旋翼/机身/进气道/地效耦合干扰流动特性

图 5‐24 为直升机悬停高度 $h/R = 1$、旋翼转速 $N = 250$ r/min、进气道主流出口马赫数 $M_e = 0.45$ 时的三维流线分布图。可以看到旋翼下洗流受到地面的阻挡后在地面上形成旋涡,这就是直升机悬停时形成的"地面涡"。旋翼上方气流受到旋翼的诱导作用流入桨盘平面,气流在桨盘平面被加速后向下运动,气流到达地面时被迫滞止只能向两侧流动,形成流动分离[153]。一部分气流向桨根运动,另一部分气流向桨尖运动,向桨尖运动的气流在外侧受到逆压力梯度导致其向上运动,从而形成大的对涡。

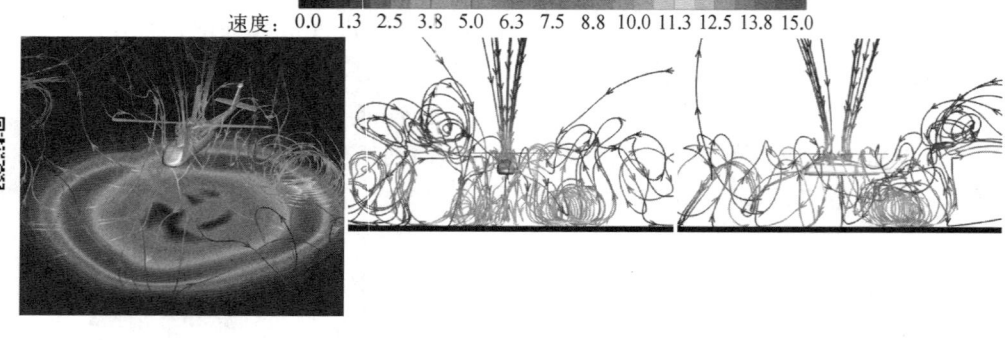

图 5-24 $h/R = 1$、$N = 250$ r/min、$M_e = 0.45$ 直升机流场三维流线分布

图 5-25 为直升机流场中心横切面内速度分布和对称面内压力分布。可以看到旋翼下洗流在桨叶下方出现分离,流向机身下方的流体在此处相撞速度减小,流线受到地面挤压形成旋涡,导致机身下方压力增大,对机身形成向上的抬升作用,这是地效状态下直升机拉力增大的原因之一。旋翼正下方的区域形成高压区,旋翼诱导流通过桨盘平面加速后,向下运动受到机身阻挡,在机身上方区域形成高压区,在桨毂处形成上洗气流。

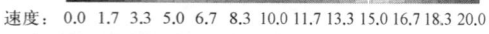

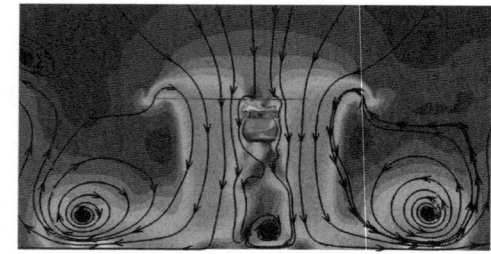

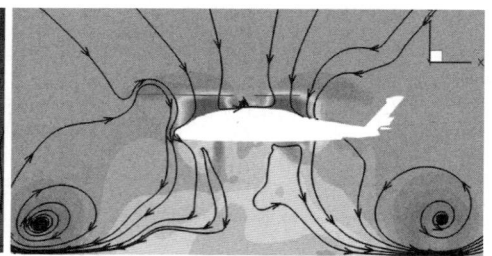

图 5-25 $h/R = 1$、$N = 250$ r/min、$M_e = 0.45$ 直升机流场中心横切面内速度分布和对称面内压力分布

图 5-26 为直升机进气道位置视图。以图示方向机身左侧为左侧进气道,右侧为右侧进气道,旋翼旋转方向为逆时针方向。

图 5-27 为进气道对称面内速度及流线分布(远景)。可以看到旋翼下洗流在两侧进气道形成不同的旋流,左侧进气道上方的流线偏转程度小于右侧。从流入进气道的流线来看,左侧进气道吸入的流线偏折程度大,基本都来自短舱壁面处的流体。右侧进气道吸入的流线更为平滑,大部分流体来自进气道上游的旋翼下洗流,而旋翼与短舱之间的大尺度旋涡并没有被吸入进气道。上述流动特征形成了

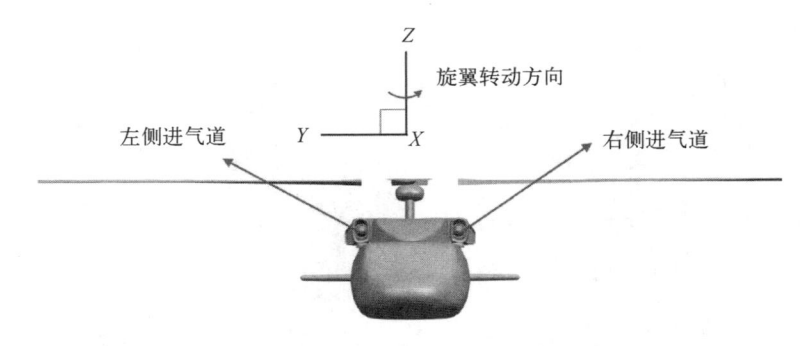

图 5-26 直升机进气道位置视图

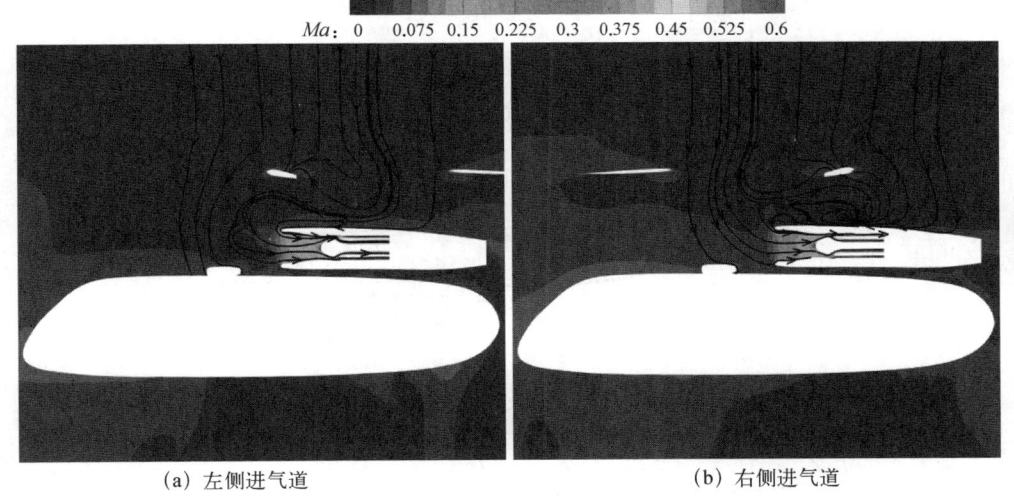

(a) 左侧进气道　　　(b) 右侧进气道

图 5-27 进气道对称面内速度及流线分布(远景)

如图 5-28 所示进气道入口截面内压力分布特性,左侧入口面上二次流线形成旋涡,右侧入口面二次流线在高压区处汇合。

为了更为直观地描述进气道内部流动特征,对进气道几何结构进行划分如图 5-29 所示,分别为进口前段、收缩段、分叉段、核心流段、扫气流段等部分。图中 0 为进气道入口截面,1 为粒子分离器进口截面,2 为喉道截面,3 为扫气流道进口截面,4 为主气流道进口截面,5 为扫气流道出口截面,6 为主流道出口截面,7 为气动交界面。

从图 5-30 可以看出,在分叉段中段靠外壁面出现了低能流,局部区域气流分离,沿着流向延伸至扫气流道,在扫气流道内强逆压梯度下形成旋涡。通过分叉段后的气流分成两股,分别进入核心流段及扫气流段。在核心流段,流道面积又开始

(a) 左侧入口面　　　(b) 右侧入口面

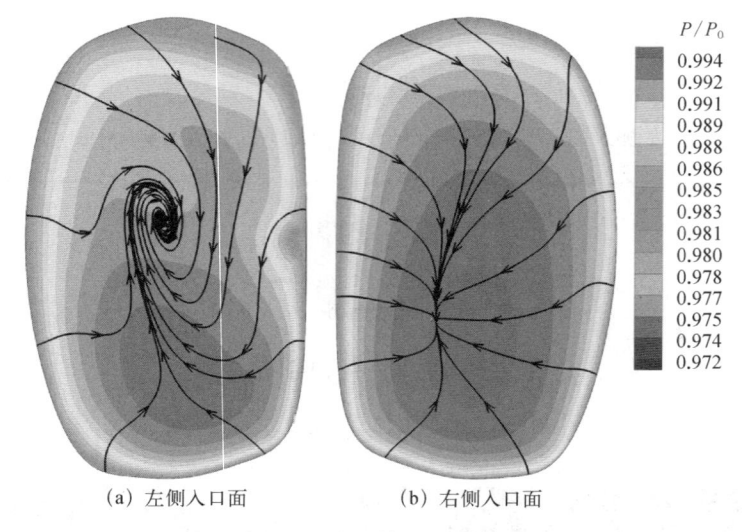

图 5-28　进气道入口截面内压力分布

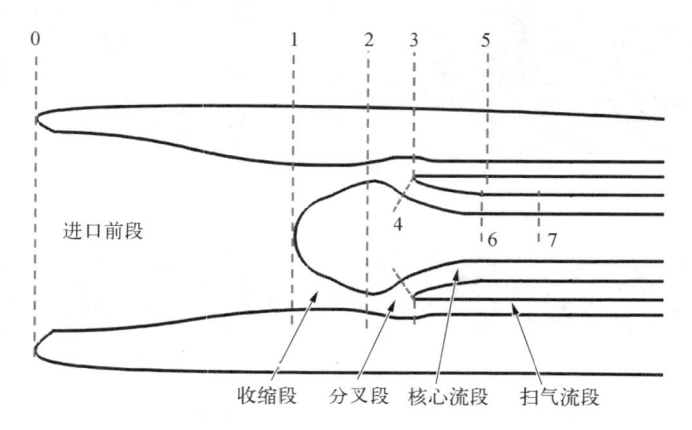

图 5-29　进气道几何结构及位置示意图

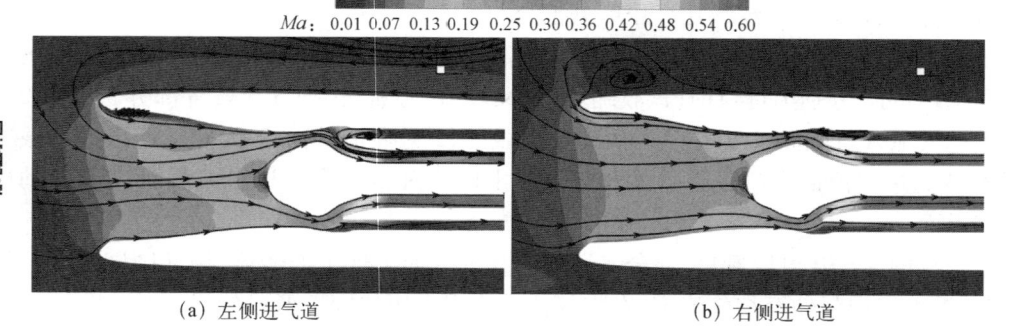

(a) 左侧进气道　　　(b) 右侧进气道

图 5-30　进气道对称面内速度及流线分布

收缩,气流马赫数整体逐渐上升。在扫气流段,流道大部分区域被较大范围的回流区占据,形成尺度不一的旋涡。左唇口处的旋涡由于在悬停状态,进气道流量系数 $\Phi > 1$,进口前的自由流管急剧收缩,进气道前缘内壁处气流转折很大,在内壁形成分离和低压旋涡区。右侧进气道外罩外表面处的旋涡,是旋翼下洗流在外罩外表面撞击形成的旋涡与进气道抽吸流相互作用下形成的。

图 5-31 为进气道 AIP 截面内静压和二次流线分布。左侧进气道有 3 处大尺度涡,进气道上方 90°方位处靠外侧的大尺度涡(Y 轴负方向为 0°方位角),是进气道吸入的上方短舱外侧壁面低能旋涡流和唇口的分离涡在流道中产生的周向脉动所导致的;左右侧 AIP 截面的 30°和 300°方位角上的大尺度涡,是由于进气道中心体和分流器的存在,流体经过分叉段时,经历两次大角度绕流,绕流之后的气流被限制在进气道和功率输出轴之间的环形通道内,在进气道内部形成复杂的三维流动。右侧 AIP 截面 150°方位角上的涡,是进气道吸入上游流经机体的大量低能流体所导致的。

(a) 左侧AIP截面　　(b) 右侧AIP截面

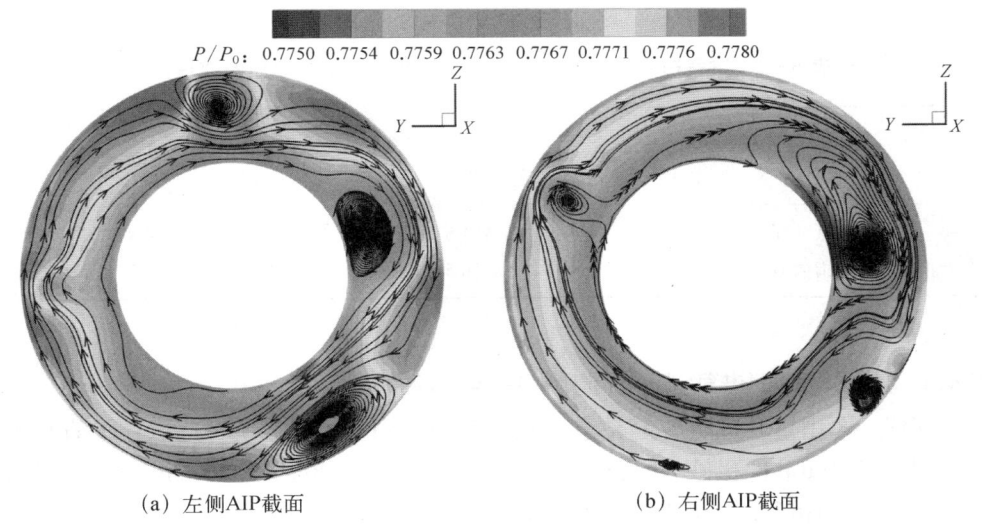

图 5-31　进气道 AIP 截面内静压和二次流线分布

图 5-32 为 AIP 截面内总压恢复系数 σ 分布。从图中可以看出,主流道左侧 AIP 截面有两个大的低总压恢复区域,右侧 AIP 截面只有一个大的低总压恢复区域。这是由于上述大尺度涡的存在,使得 AIP 截面总压沿周向分布不均匀。左右两侧 AIP 截面内总压恢复系数和总压畸变如表 5-2 所示,左侧 AIP 截面的总压畸变指数 DC60 大于右侧,左侧进气道内流动更紊乱。

(a) 左侧AIP截面 (b) 右侧AIP截面

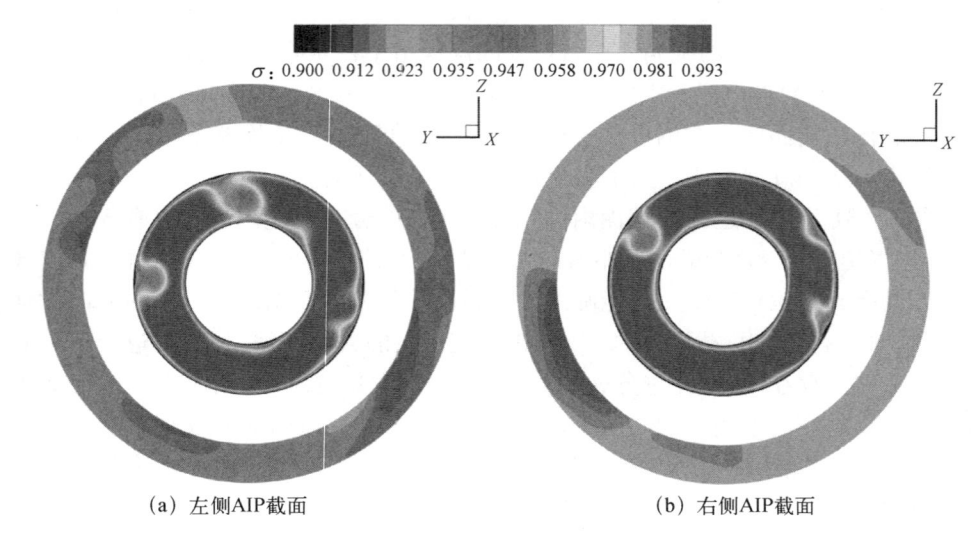

图 5-32　进气道 AIP 截面内总压恢复系数 σ 分布

表 5-2　进气道主流道 AIP 截面内总压恢复系数和总压畸变指数

参 数 名	参 数 值 左	参 数 值 右
总压恢复系数 σ	0.981 6	0.984 8
总压畸变指数 DC60	0.056 5	0.039 9

5.4.3　旋翼/机身/进气道干扰流场中砂尘运动特性

根据《军用直升机防砂尘要求》(GJB 1171-91)[154]，本项目选取粒子直径尺寸为 1～1 000 μm 的粗砂为研究对象，其粒径分布符合 Rosin-Rammler 公式，通过拟合数据得到粗砂的平均粒径 d = 275 μm，分布指数 n = 1.77。

在上述流场稳定后进行地面投砂计算，在旋翼下方地面设置 60 m×60 m 的正方形投砂面，投砂质量流量为 5 kg/s，投砂后统计流场中总的砂尘数为 223 万。建立如图 5-33 所示的砂尘监控面，f、a、b 截面是位于旋翼中心点横截面的 1 m×1 m 的方形面并垂直于来流方向，d 截面是 0.5 m×0.5 m 的方形截面，d 截面具体位置如图 5-34 所示。除此之外，进气道入口截面、AIP 截面都是砂尘监控面。使用色标对砂尘粒径进行区分，因砂尘粒径最小与最大之间相差 1 000 多倍，若使用形状尺寸统一标尺将无法看到较小颗粒(d<200 μm)，因此本章的砂尘颗粒在大小上使用相同大小的球形并且进行等倍数放大以方便读者阅读。

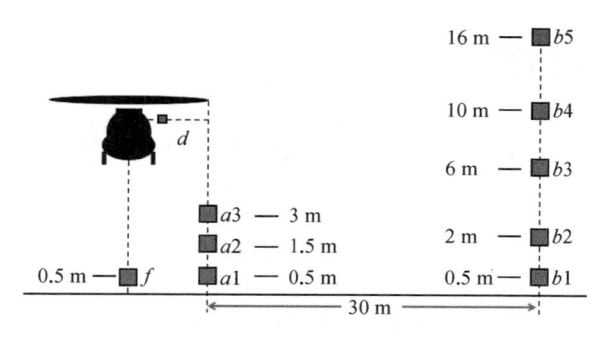

图 5-33　砂尘监控面位置划分

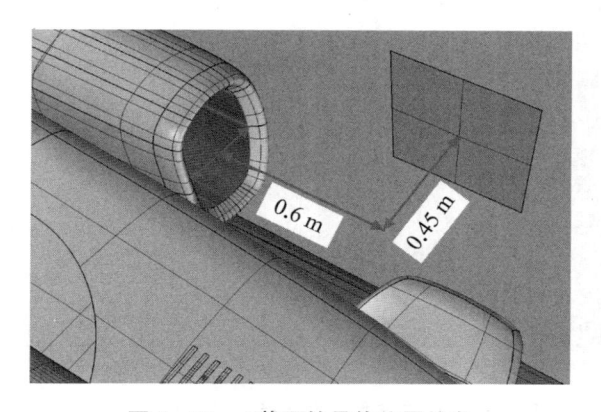

图 5-34　d 截面的具体位置信息

图 5-35 所示为直升机砂尘场沿径向典型截面内砂尘浓度分布。可以看到，f 截面砂尘最多，砂尘浓度从中心向外围逐渐减小，且左右截面浓度不对称。f 截面位于机身正下方的高压区中，两侧向内运动的旋翼下洗流相撞在此处形成低速高压旋涡区，导致砂尘在此堆积。a 截面位于旋翼桨尖下方，a 截面大颗粒砂尘较多且位于截面上侧，是由于桨尖涡脱落与地面撞击后溅起大量砂尘，桨尖涡与地面撞击时形成局部加速，大颗粒质量大随气流在壁面撞击后比小颗粒溅得更高。b 截面距离旋翼桨尖 30 m，在此处旋翼下洗流减弱，砂尘颗粒少。另外，a 截面砂尘浓度右侧明显大于左侧，但是到 b 截面时此特征已经不明显了，说明随着径向向外，旋翼下洗流强度减弱，对砂尘浓度右高左低的分布影响减弱。

图 5-36 为左右侧流场中 a 截面内砂尘浓度随高度分布。可以看到，随着离地高度的增加，砂尘浓度减小。总体上，右侧砂尘浓度要大于左侧浓度，但是在 a3 截面时出现了反差，左侧浓度大于右侧；这是由于旋翼下洗流三维复杂流场结构导致的，旋翼下洗流径向速度从地面到上空先增大后减小，在靠近地面处径向流速大，越靠近桨盘平面径向速度减小[153]。这样的壁面射流速度分布，导致气流在近地面对砂尘的气动阻力大得可以轻松地卷起砂尘或者推动着砂尘运动，而当高度

粒径 d/m: 1.0E-06 1.4E-04 2.9E-04 4.3E-04 5.7E-04 7.1E-04 8.6E-04 1.0E-03

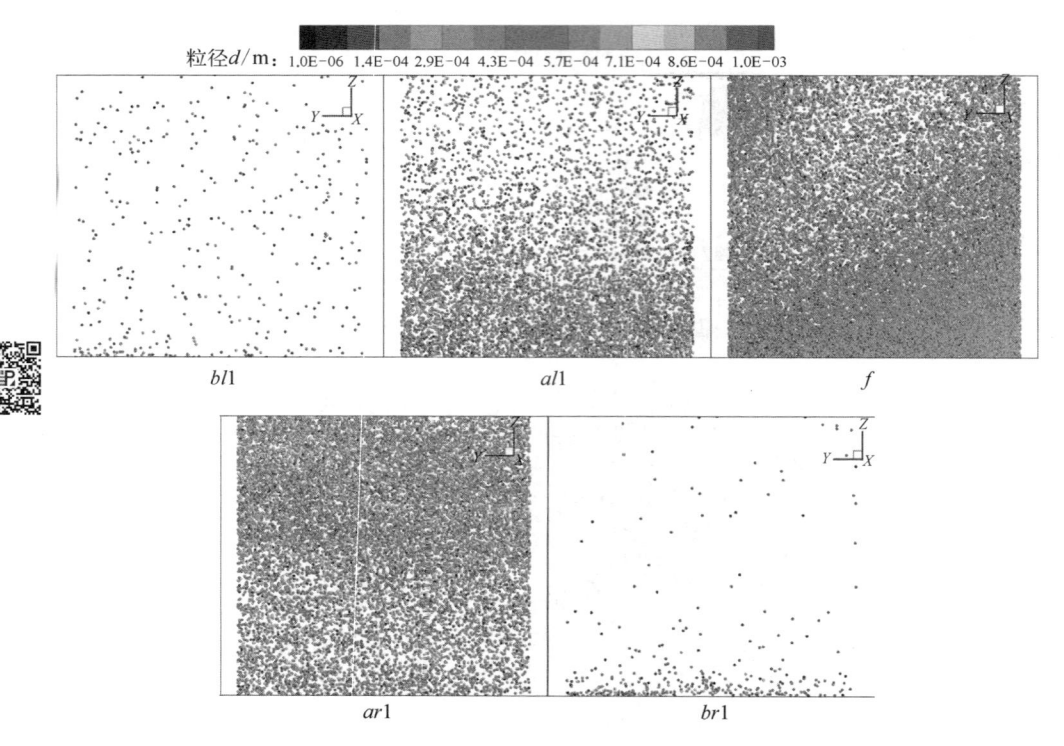

$bl1$　　　　　　　　$al1$　　　　　　　　f

$ar1$　　　　　　　　$br1$

图 5-35　直升机砂尘场沿径向典型截面内砂尘浓度分布（l 表示左侧，r 表示右侧）

升高后，径向气流速度减小，对砂尘的夹带作用减弱，导致一部分砂尘跟随运动一段时间后，其动能损耗，从而慢慢"掉队"，形成了气流后方砂尘浓度增大的现象。除此之外，可以看到整体上右侧小颗粒要比左侧多，说明地表上的小颗粒更容易被下洗流夹带到空中。

图 5-37 为左右侧流场中 b 截面内砂尘浓度随高度分布。可以看到，此时的砂尘浓度分布呈现左侧多于右侧，并且左侧大颗粒居多，右侧小颗粒居多。造成此现象的原因是，b 截面的位置远离桨盘平面，地面涡扩散至此处时速度已经很低，并且前后气流的速度差很小，导致气流对砂尘的夹带作用大大减弱，只能携带小的颗粒。对于随着桨尖涡一起运动而来的砂尘，此处的气流已经没有足够能量去携带大量砂尘，因此一部分砂尘因没有足够的动能而掉落，而大颗粒质量大容易掉落，因此左侧截面比右侧截面砂尘浓度高，大颗粒居多。

图 5-38 为进气道入口面内砂尘浓度分布。可以看出，右侧入口面砂尘浓度高，并且大粒径砂尘比左侧多。除此之外，在两个面上靠近机体处的砂尘浓度减小，在靠近机体上侧形成三角形"空白区"，可见机身凸台对砂尘形成了阻挡效应，减少进气道对砂尘的吸入率。

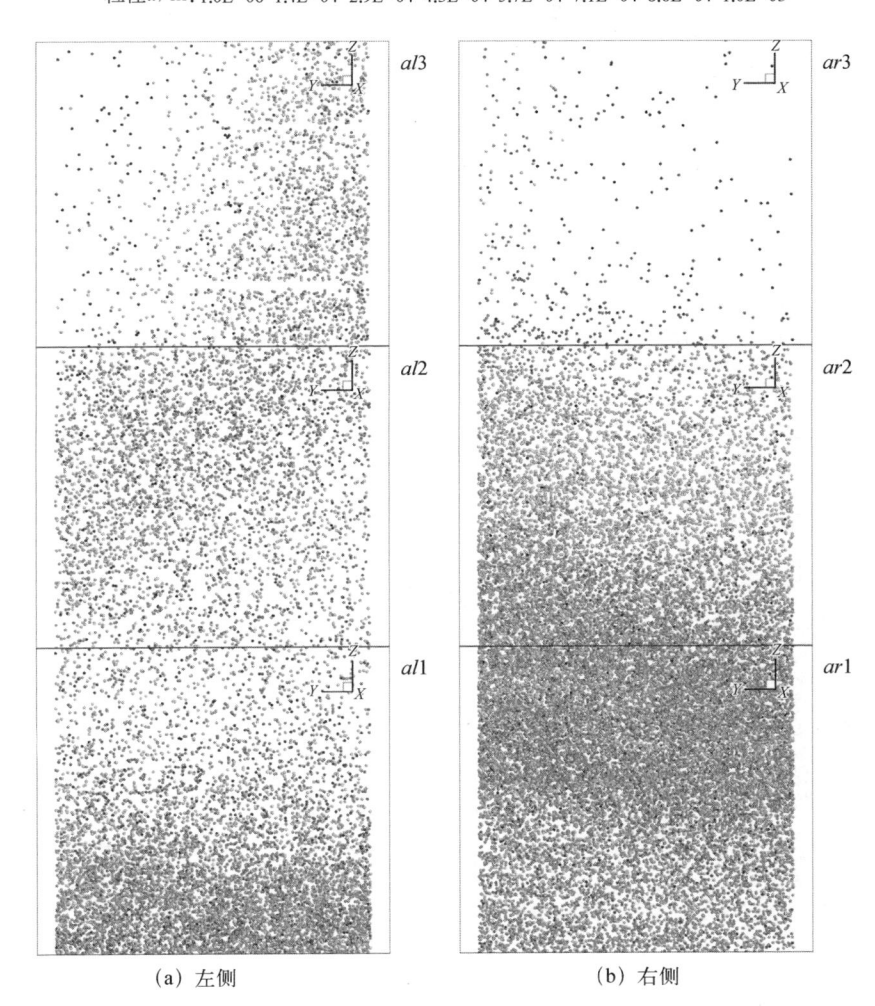

第 5 章　气砂两相流动机理与特性　153

粒径 d/m：1.0E-06　1.4E-04　2.9E-04　4.3E-04　5.7E-04　7.1E-04　8.6E-04　1.0E-03

(a) 左侧　　　　　　　　　　　　(b) 右侧

图 5-36　直升机砂尘场 a 截面内砂尘浓度随高度分布（l 表示左侧，r 表示右侧）

　　图 5-39 为进气道 AIP 截面内砂尘浓度分布。整体上右侧 AIP 面内砂尘浓度比左侧高，这是由入口面砂尘浓度决定的。清除流道（外环）砂尘浓度高于主流道（内环）砂尘浓度，可见大部分砂尘都进入了清除流道，并且进入主流道的砂尘以中小颗粒居多。从右侧 AIP 截面砂尘分布结合前述静压分布可以看出，砂尘堆积区域为压力较高的区域，这些区域流体流动速度慢导致砂尘更多地通过这些低速区域。

粒径 d/m: 1.0E-06　1.4E-04　2.9E-04　4.3E-04　5.7E-04　7.1E-04　8.6E-04　1.0E-03

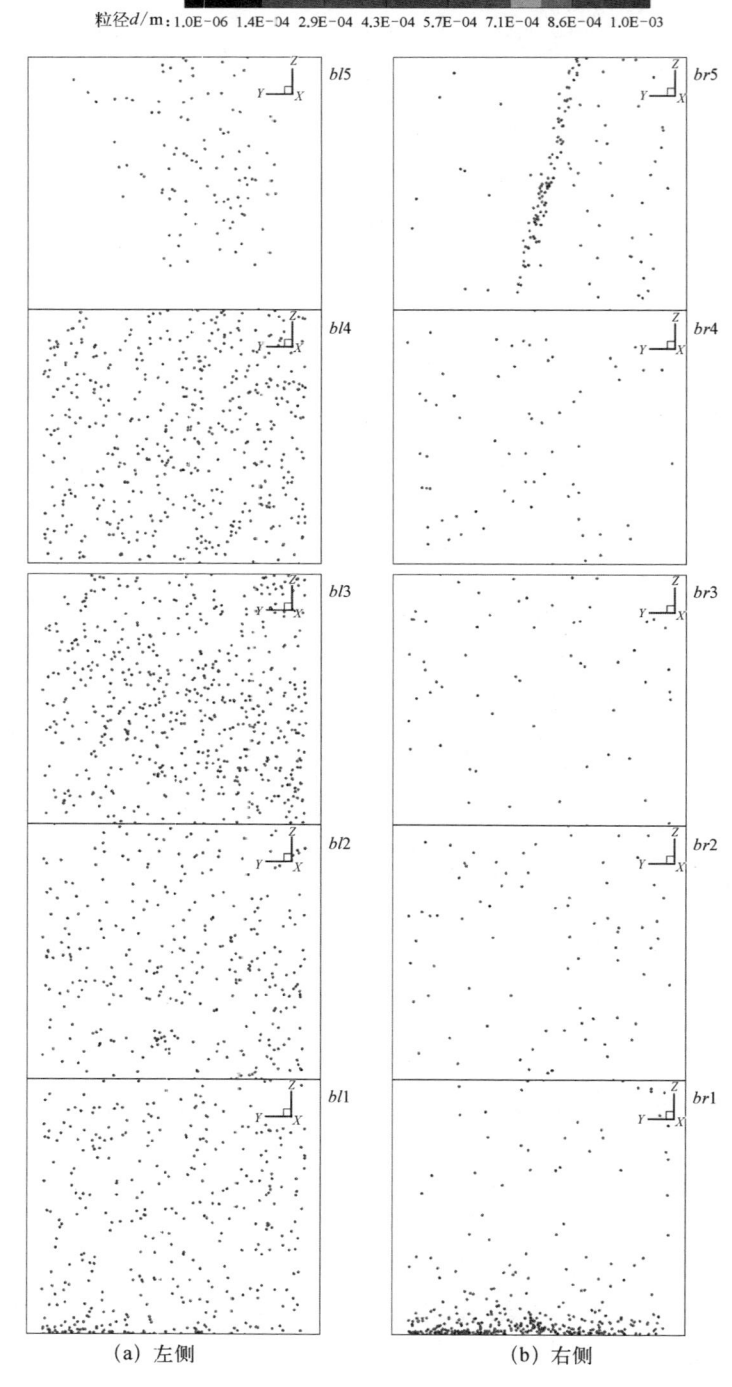

(a) 左侧　　　(b) 右侧

图 5-37　流场中 b 截面内砂尘浓度随高度分布

(a) 左侧　　　　　　　　(b) 右侧

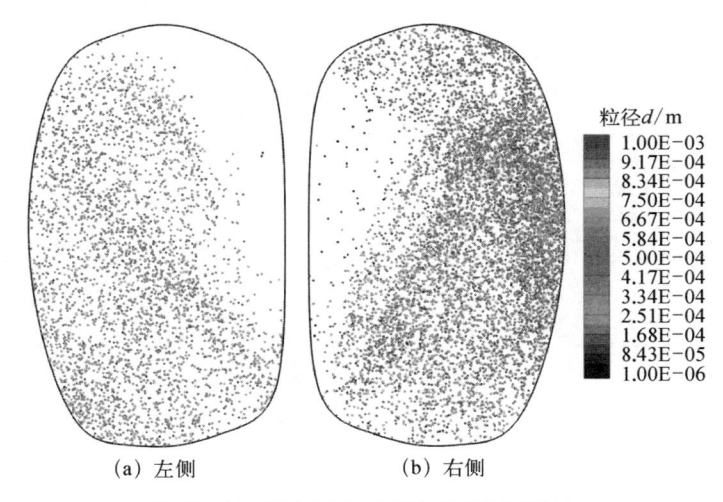

图 5-38　进气道入口面内砂尘浓度分布

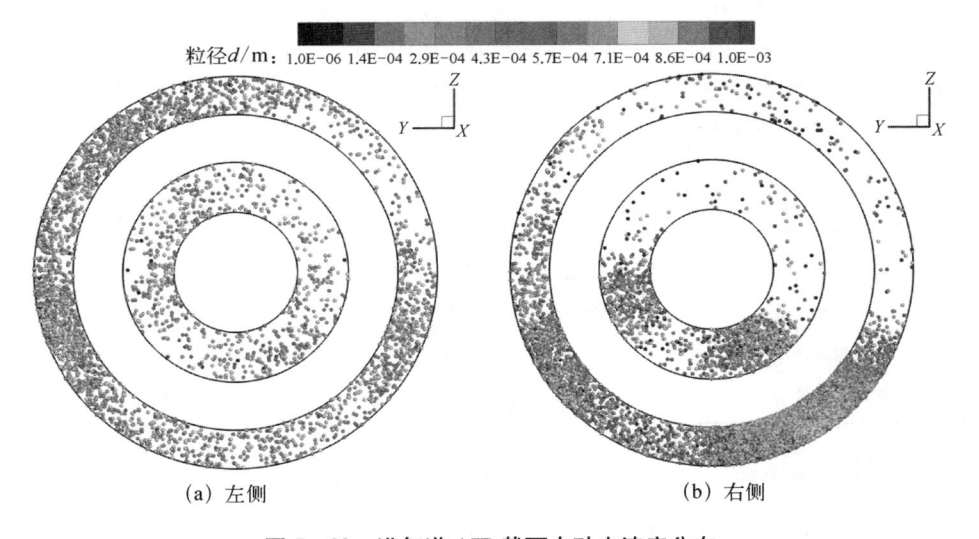

(a) 左侧　　　　　　　　(b) 右侧

图 5-39　进气道 AIP 截面内砂尘浓度分布

图 5-40 为左右侧流场 d 截面内砂尘浓度分布。可以看到,在进气道上游同样出现了右侧砂尘浓度高于左侧的现象,并且 d 截面上的左侧砂尘浓度小于右侧。旋翼也是从左向右转动,其砂尘浓度分布正好与流场特征相对应,气流从左到右绕机体旋转,夹带砂尘同样作此运动,因而造成砂尘浓度呈现出从左到右增大的现象。

粒径 d/m： 1.0E-06　1.4E-04　2.9E-04　4.3E-04　5.7E-04　7.1E-04　8.6E-04　1.0E-03

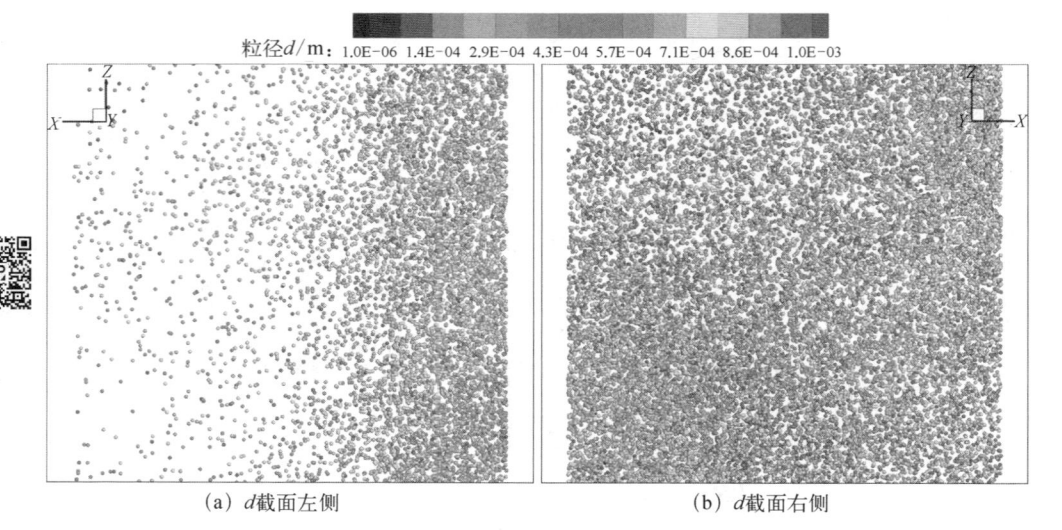

(a) d 截面左侧　　　　　　　　　　　(b) d 截面右侧

图 5-40　左右侧流场 d 截面内砂尘浓度分布

表 5-3 为 UH-60 直升机左右两侧进气道 AIP 截面砂尘分离效率。可以看出，两侧进气道对砂尘的分离效率基本都在 80% 以上，进气道排砂性能良好，并且右侧进气道砂尘数目分离效率较高达到近 85%；由于三维重耦合干扰流场的复杂性，导致右侧进气道砂尘数目分离效率比左侧高约 5%。

表 5-3　进气道 AIP 截面砂尘分离效率

参　数　名	参　数　值	
	左　侧	右　侧
数目分离效率 η_n	0.791 7	0.846 5
质量分离效率 η_m	0.800 0	0.842 5

通过本节直升机机身/旋翼/进气道一体化流场中砂尘运动规律的研究，可以发现一体化结构形成的流场是旋翼/机体/进气道/地效四者耦合下的复杂流场，与诸多文献中带 IPS 的单独进气道流场不同。除此之外，由于受到旋翼流场影响和机体的阻挡效应，在下洗流作用范围内砂尘浓度呈现左侧低、右侧高的分布规律，进气道入口面靠近机体砂尘分布少，远离机体的砂尘分布多，这正是一体化结构下的特征。而单独进气道砂尘分布研究中入口面砂尘分布较为均匀，这是单独进气道砂尘防护研究的缺陷。

第 6 章
砂尘环境适航规章分析

6.1 砂尘粒度标准规范

对于实验室模拟或场地飞行试验来说，选择具有合理属性的砂尘环境以复现真实的砂尘地理环境至关重要。对于模拟砂尘环境来说，最重要的一项指标是砂尘粒度构成，即砂尘颗粒尺寸随质量或体积的分布关系。数十年来，美国亚利桑那砂尘一直被用于过滤、汽车和重型设备部件的砂尘环境测试，其有众多名称，包括亚利桑那道路砂尘、亚利桑那二氧化硅、AC 细砂、AC 粗砂、SAE 细砂、SAE 粗砂，J726 试验砂尘，以及最近的 ISO 超细、ISO 细、ISO 中、ISO 粗砂。目前许多军事和工业规范都要求使用上述中的一种或多种亚利桑那试验砂尘。本章首先简要介绍亚利桑那试验砂尘的历史，然后介绍目前国际上（主要是美国）已开展的直升机砂尘环境适航验证案例。

1. 亚利桑那试验砂尘早期标准

亚利桑那试验砂尘的历史可以追溯到 20 世纪 40 年代。出版于 1940 年的《空气过滤器测试规范》提供了对颗粒形状、大小的早期检查方法及在当时使用的公认的分析方法。1943 年出版的《空气过滤器测试规范-空气净化器试验砂尘的制备》提到：尽管有关试验砂尘粒度的单一因素不大可能显著影响空气过滤器的效率，但是由于缺乏明确的信息和共识，因此不可能制备一个标准的试验砂尘。在开发具有高度真实性的空气过滤器时，通过以下方法可以制备较为满意的试验砂尘。

原料应为在亚利桑那州盐河谷地区作业的拖拉机或其他翻犁工具后方或周围的空气中沉降下来的砂尘。建议用帆布遮住砂尘，一是防止砂尘受潮，二是防止被风吹过的其他位置砂尘污染。采用如下的制备方法：

（1）在烤箱中烘干砂尘；

（2）用 200 目筛网（开口宽度为 0.002 9 英寸）筛分；

（3）清除残留在 200 目筛网上的灰尘；

（4）用 270 目筛网（开口宽度为 0.002 1 英寸）筛分第（2）步中获得的砂尘，直到没有颗粒通过该筛网。

经过筛分分析得出：80% 质量的砂尘通过 270 目筛网，20% 质量的砂尘留在

270目筛网上但通过了200目的筛网。

检测结果表明,亚利桑那州盐河谷地区空气中飘浮的砂尘含有高比例的极细颗粒,具有高度磨蚀性,且其尺寸很难通过现有规格的筛网获得。为了推断仅仅依靠筛网分析导致的误差,研究人员对通过270目金属丝网筛网的砂尘进行了检查,两个砂尘样本分别取自亚利桑那州盐河谷地区和加利福尼亚州帝王谷地区,砂尘粒度构成对比如表6-1所示。采用风吹表面土壤使砂尘漂浮于空中进行收集的方法制备亚利桑那试验砂尘,该方法需要反复地筛选和混合,当需要大量的试验砂尘时这种方法变得不切实际。另外,可以想象,当天气条件发生变化时,风吹砂尘的粒径也会发生显著变化。

表 6-1 美国两个地区的砂尘粒度构成对比

粒径/μm	亚利桑那砂尘质量/%	加利福尼亚砂尘质量/%
44~53	17.3	5.1
24~43	54.2	42.3
6~23	15.4	35.9
0~5	13.1	10.7

2. AC 试验砂尘标准

在20世纪50年代早期到中期,通用汽车公司开发了一种使用球磨机、洗脱和混合来制造试验砂尘的程序。

通用汽车公司 AC Spark Plug 部门编号 2323 的工艺规范描述了用于空气过滤器试验的 AC 标准化、编号为 1543637 的粗砂生产工艺程序:将重100磅①的亚利桑那砂放在一个包含钢球的球磨机中经过指定次数的旋转。采用水洗法去除在研磨过程中产生的过细颗粒。剩下的粗料在烤箱中干燥,在 Fitzpatrick 研磨机中重新研磨并混合。将4个研磨批次得到的砂尘进行混合得到重400磅的试验砂尘,并对混合砂尘进行分析,以确定是否达到了规定的粒度分布。

通用汽车公司 AC Spark Plug 部门编号 2322 的工艺规范描述了 AC 标准化、编号为 1543094 的细砂生产工艺程序:将重100磅的亚利桑那砂放在球磨机中研磨指定转数。两批研磨得到的砂尘混合在一起,形成一个200磅的单批次砂尘,并对混合砂尘进行分析,以确定粒径分布。

对试验砂尘粒度的分析,最初使用的是美国仪器公司生产的滚轮粒度分析仪。该装置根据斯托克斯定律与空气流动的关系,将砂尘颗粒进行分级。表6-2给出了使用该滚轮分析仪得到的 AC 细、粗砂的粒度构成,表中数据为质量百分比。

---

① 1磅(lb) = 0.453 592 千克(kg)。

表 6-2 滚轮粒度分析仪得到的 AC 细砂及粗砂粒度构成[33]

粒径/μm	AC 细砂质量/%	AC 粗砂质量/%
0~5	39 ± 2	12 ± 2
5~10	18 ± 3	12 ± 3
10~20	16 ± 3	14 ± 3
20~40	18 ± 3	23 ± 3
40~80	9 ± 3	30 ± 3
80~200	—	9 ± 3

SAE 空气过滤器测试规范小组委员会、SAE 过滤器测试方法小组委员会、军用标准起草者采用了表 6-2 来定义与标准化亚利桑那试验砂尘相关的粒度规范。SAE 空气过滤器测试规范标准 J726C 采用了上述使用滚轮分析仪得到的 AC 细砂和粗砂粒径分布。1979 年 3 月，AC Spark Plug 部门决定开始使用 Leeds&Northrup 公司的 Microtrac 粒度分析仪来确定试验砂尘的粒径分布。1982 年 2 月，AC Spark Plug 部门通知空气过滤器测试规范小组委员会，细砂和粗砂的粒径规范将基于 Microtrac 粒度分析仪，其粒度构成如表 6-3 所示，表中数据为体积百分比。

表 6-3 Microtrac 粒度分析仪得到的 AC 细砂及粗砂粒度构成

粒径/μm	AC 细砂体积/%	AC 粗砂体积/%
5.5	38 ± 3	13 ± 3
11	54 ± 3	24 ± 3
22	71 ± 3	37 ± 3
44	89 ± 3	56 ± 3
88	100	84 ± 3
176	—	100

随后，SAE 空气过滤器测试规范小组委员会对 SAE J726 规范进行了更新以涵盖 Microtrac 分析仪得到的试验砂尘粒径规范。AC Spark Plug 部门后来继续使用 Microtrac 分析仪，直到 1992 年 8 月 AC Spark Plug 部门停止生产试验砂尘。

3. PTI 试验砂尘标准

1982 年，粉末技术公司（Powder Technology Inc，PTI）开始生产测试用细粒和粗粒试验砂尘。他们从 AC Spark Plug 部门使用的同一亚利桑那供应商处获得原材料，以避免不同化学成分导致砂尘粒径分布差异。PTI 对试验砂尘采用喷射磨粉和空气分级来控制粒径。1982 年发布的 SAE J726 标准规范描述了使用滚轮实验台获得的细粒和粗粒试验砂尘。因此，PTI 开始生产 SAE 细粒和粗粒试验砂尘，并使用型号为 TAII 的库尔特计数器作为粒径测量手段。

在接下来的十年中，由于产品的一致性、较低的成本和及时供应，PTI 生产的试验砂尘不断普及，一些砂尘用户也在使用过程中反馈了 AC Spark Plug 和 PTI 试验砂尘在测试性能方面的差异。SAE 空气过滤器测试规范小组委员会成立了一个工作组，调查 PTI 和 AC Spark Plug 生产的试验砂尘之间的差异。1988 年 6 月，工作组提交了一份报告，比较了包含 AC 细砂、AC 粗砂、PTI 细砂和 PTI 粗砂的三个样本的颗粒大小。PTI 也用库尔特计数器对若干样品进行了分析。表 6-4 比较了 PTI 与 AC Spark Plug 试验砂尘的含量差异，表中数据为体积百分比。

表 6-4 PTI 砂尘与 AC 砂尘的含量差异

PTI 粗砂/%	AC 粗砂/%	差异/%	粒径/μm	PTI 细砂/%	AC 细砂/%	差异/%
6.4	5.3	-1.1	0~2.5	20.0	19.7	-0.3
11.9	11.5	-0.4	2.5~5	34.0	37.3	+3.3
8.7	11.6	+2.9	5~10	16.7	18.2	+1.5
14.6	14.9	+0.3	10~20	18.6	17.7	-0.9
23.2	22.4	-0.8	20~40	19.9	16.6	-3.3
26.4	28.7	+2.3	40~80	11.0	9.9	-1.1
15.2	10.9	-4.3	>80	0.7	0.4	-0.3

由于没有组织正式的性能比较工作，关于上述两种试验砂尘性能差异的争议一直持续到 1992 年 3 月，当时 AC Spark Plug 通知其客户和 SAE 委员会将停止生产试验砂尘，原因是用于制造试验砂尘的设备正在磨损，继续配制试验砂尘无利可图。停止生产后，由于订单积压，AC Spark Plug 聘请了 PTI 生产了几批细粒和粗粒试验砂尘，以满足现有订单。AC Spark Plug 要求 PTI 生产符合 AC 粒度规格的试验砂尘，并使用 Leeds&Northrup Microtrac 分析仪进行粒径分析。共生产了三个批次的 AC 细砂，编号为 4396、4401、4414，以及三个批次的 AC 粗砂，编号为 4385、4386、4412。由于生产方法的不同，上面列出的六个批次的细砂和粗砂的测试性能应该与之前由 AC Spark Plug 或 PTI 各自生产的试验砂尘批次的细砂和粗砂的测试性能不同。

4. ISO 试验砂尘标准

国际标准化组织(International Organization for Standardization，ISO)是一个世界性的国家标准机构联合会(ISO 成员机构)组织。制定国际标准的工作通常由 ISO 技术委员会开展。对某一技术主题感兴趣的每个成员体有权派代表参加为该主题而设立的委员会。与 ISO 保持联系的国际组织、政府和非政府组织也会参与相关工作。ISO 与国际电工委员会（International Electrotechnical Commission，IEC）在所有有关电工标准化的事项上保持密切合作。技术委员会通过的国际标准草案会分发给各成员体来投票。作为国际标准的出版物需要至少 75% 的成员体投票通过。

国际标准 ISO 12103-1 是由 ISO/TC 22 道路车辆技术委员会下的 SC 7 道路车辆用注入设备和过滤器分委会制定的。1992 年 4 月，ISO/TC22 成员批准了新的工作项目提案 N1712"过滤器性能测试——试验砂尘的定义"。同年晚些时候，ISO/TC22/SC7/WG3 开始起草一份草案，该草案在 ISO 标准开发的各个阶段进行更新发展。

ISO 12103-1"道路车辆——过滤器评估用测试砂尘"，第一版发布于 1997 年 12 月 15 日，第二版发布于 2016 年 3 月 1 日，第三版发布于 2024 年 1 月[155]。目前 ISO 12103-1 测试砂尘标准包含两个部分，第一部分为"亚利桑那试验砂尘"，第二部分为"氧化铝试验砂尘"，第三部分"烟尘气溶胶"还在筹备中。在第一部分"亚利桑那试验砂尘"中规定了四个等级的试验砂尘，包括试验砂尘描述、试验砂尘名称、粒径分布、粒度分析装置和操作程序、化学含量、加工制备。制定单独的试验砂尘标准的目的是为需要使用试验砂尘的其他标准或文件提供简单准确的参考。未来 ISO 12103-1 的修订将适应影响试验砂尘制备过程的技术变化，并确保未来几年产品的一致性。

ISO 12103-1 指定了四个等级的试验砂尘，每个等级的说明如下：

ISO 12103-1——A1 超细粒试验砂尘，名义尺寸为 0~10 μm。它最初是为测试汽车舱内空气过滤器而开发的。虽然目前还没有将其指定为飞机机舱空气过滤器的污染物测试标准，但它被用作燃料系统组件、水过滤器性能评估及其他特定应用的污染物测试标准。ISO 超细粒试验砂尘是一种经过研磨和分类的产品，其亚微米含量低于 A2 细粒试验砂尘。

ISO 12103-1——A2 细粒试验砂尘，名义尺寸为 0~80 μm。ISO 细砂与在本标准形成之前由粉末技术公司（PTI）生产的 SAE 细粒试验砂尘相同。根据 ISO 12103-1——A2 规定的可接受粒度范围的基础来自对 PTI 在 1992 年至 1994 年生产的 8 批次 SAE 细粒试验砂尘的分析。体积差粒度数据显示为双峰分布，峰值在 4 μm 和 20 μm 尺寸处。

ISO 12103-1——A3 中粒试验砂尘，名义尺寸为 0~80 μm，其中 0~5 μm 砂尘的含量比 A2 细粒试验砂尘的相应含量低。ISO 12103-1——A3 规定的可接受粒度范围的基础来自 PTI 生产的前两批 SAE 5~80 μm 试验砂尘的多个样本。只使用了两个批次样本的原因是在 1994 年确定 ISO 12103-1 粒度范围之前，该类砂尘只生产了两个批次。

ISO 12103-1——A4 粗粒试验砂尘，名义尺寸为 0~180 μm。ISO 粗粒试验砂

尘与在本标准形成之前由 PTI 生产的 SAE 粗粒试验砂尘相同。根据 ISO 12103－1——A4 的规定,其可接受粒度范围的基础来自对 1992 年至 1994 年生产的 8 批次 SAE 粗粒试验砂尘的分析。

ISO 12103－1 第一版中试验砂尘粒度采用库尔特 Multisizer IIe 粒度分析仪,按体积(质量)逐个测量。将砂尘颗粒悬浮在电解质溶液中,搅拌悬浮液并通过真空源抽吸,当颗粒通过孔隙时进行测量。按 ISO 12103－1 规定的粒度范围以小于相应的累积体积百分比表示,如表 6－5 及图 6－1 所示。

表 6－5 ISO 12103－1 第一版中试验砂尘粒度构成

粒径/μm	A1 超细粒/%	A2 细粒/%	A3 中粒/%	A4 粗粒/%
1	1.0~3.0	2.5~3.5	1.0~2.0	0.6~1.0
2	9.0~13.0	10.5~12.5	4.0~5.5	2.2~3.7
3	21.0~27.0	18.5~22.0	7.5~9.5	4.2~6.0
4	36.0~44.0	25.5~29.5	10.5~13.0	6.2~8.2
5	56.0~64.0	31.0~36.0	15.0~19.0	8.0~10.5
7	83.0~88.0	41.0~46.0	28.0~33.0	12.0~14.5
10	97.0~100	50.0~54.0	40.0~45.0	17.0~22.0
20	100	70.0~74.0	65.0~69.0	32.0~36.0
40	—	88.0~91.0	84.0~88.0	57.0~61.0
80	—	99.5~100	99.0~100	87.5~89.5
120	—	100	100	97.0~98.0
180	—	—	—	99.5~100
200	—	—	—	100

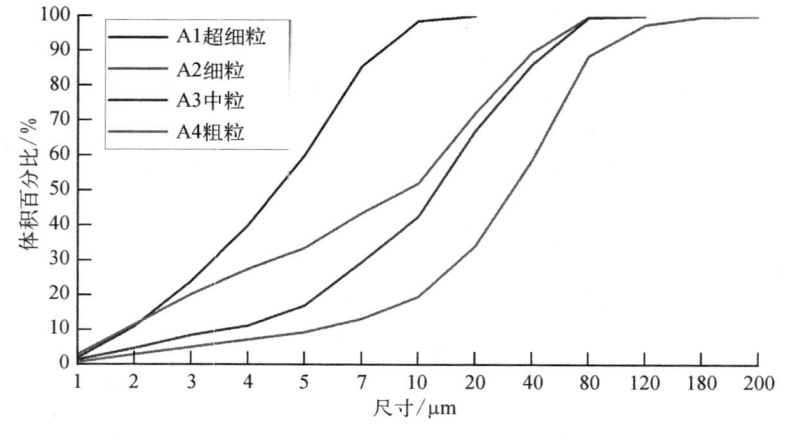

图 6－1 ISO 12103－1 第一版中试验砂尘平均粒度构成图示

而在 ISO 12103-1 第二版中试验砂尘粒度的测量则采用了型号为 S3500 的 Microtrac 光散射式粒度分析仪,因而获得了不同于第一版的粒度分析结果,如表 6-6 所示。

表 6-6　ISO 12103-1 第二版中试验砂尘粒度构成

粒径/μm	A1 超细粒/%	A2 细粒/%	A3 中粒/%	A4 粗粒/%
0.97	3.0~5.0	4.5~5.5	2.0~2.4	0.74~0.83
1.38	7.0~10.0	8.0~9.5	3.8~4.4	1.8~2.1
2.75	23.0~27.0	21.3~23.3	10.3~11.1	5.5~6.3
5.50	65.0~69.0	39.5~42.5	22.1~23.2	11.5~12.5
11.00	95.5~97.5	57.0~59.5	42.3~43.6	21.0~23.0
22.00	100.0	73.5~76.0	62.5~64.5	36.0~38.5
44.00	—	89.5~91.5	82.0~83.5	58.0~60.0
88.00	—	97.9~98.9	94.7~96.0	85.0~86.5
124.5	—	99.0~100.0	97.2~98.6	93.0~94.0
176.00	—	100.0	99.0~100	97.2~98.2
248.90	—	—	—	99.0~100.0
352.00	—	—	—	100.0

2024 年发布的 ISO 12103-1 第三版中的试验砂尘粒度构成中增加了 A0 (0~5) μm 这一极细粒砂尘粒度等级,如表 6-7 及图 6-2 所示。

表 6-7　ISO 12103-1 第三版中试验砂尘粒度构成

粒径/μm	A0 (0~5) μm/%	A1 超细粒/%	A2 细粒/%	A3 中粒/%	A4 粗粒/%
0.97	11.0~12.6	3.0~5.0	4.5~5.5	2.0~2.4	0.74~0.83
1.38	20.5~23.0	7.0~10.0	8.0~9.5	3.8~4.4	1.8~2.1
2.75	57.9~61.8	23.0~27.0	21.3~23.3	10.3~11.1	5.5~6.3
5.50	90.3~92.7	65.0~69.0	39.5~42.5	22.1~23.2	11.5~12.5
11.00	98.9~99.3	95.5~97.5	57.0~59.5	42.3~43.6	21.0~23.0
22.00	100.0	100.0	73.5~76.0	62.5~64.5	36.0~38.5
44.00	—	—	89.5~91.5	82.0~83.5	58.0~60.0
88.00	—	—	97.9~98.9	94.7~96.0	85.0~86.5
124.5	—	—	99.0~100.0	97.2~98.6	93.0~94.0
176.00	—	—	100.0	99.0~100.0	97.2~98.2
248.90	—	—	—	100.0	99.0~100.0
352.00	—	—	—	—	100.0

至于砂尘的化学成分及含量,在 ISO 12103-1 第一版中是以各氧化物含量的形式给出的,而在第二版和第三版中则以各元素含量的形式给出,分别如表 6-8、表 6-9 所示。

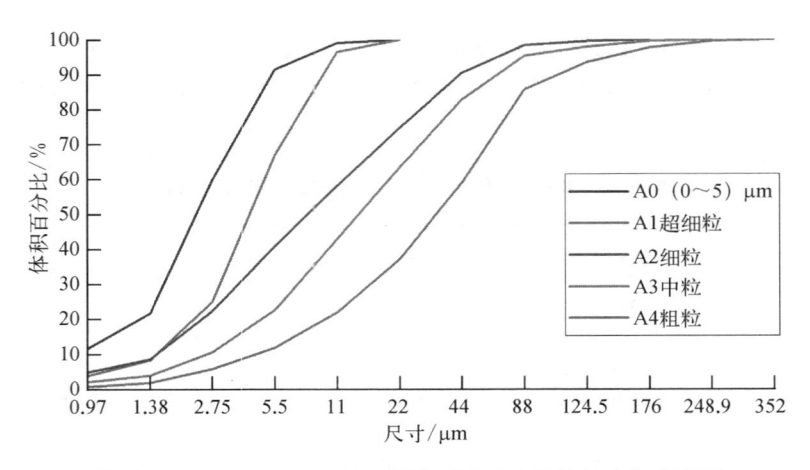

图 6-2 ISO 12103-1 第三版中试验砂尘平均粒度构成图示

表 6-8 ISO 12103-1 第一版中试验砂尘化学含量

化学成分	质量百分比/%
SiO_2	68~76
Al_2O_3	10~15
Fe_2O_3	2~5
Na_2O	2~4
CaO	2~5
MgO	1~2
TiO_2	0.5~1
K_2O	2~5

表 6-9 ISO 12103-1 第二、三版中试验砂尘化学含量

元素	质量百分比/%
硅	69.0~77.0
铝	8.0~14.0
铁	4.0~7.0
钾	2.0~5.0
钙	2.5~5.5
钠	1.0~4.0
镁	1.0~2.0
钛	0.0~1.0

5. AC 与 ISO 标准对比

砂尘试验用户对 AC Spark Plug 和 ISO 细粒、粗粒测试砂尘之间的相关性很感兴趣。对 AC 粗粒、AC 细粒、ISO 粗粒和 ISO 细粒试验砂尘样品的粒度分析表明确

实存在差异,而这种差异可转化为试验性能的变化。

上述两项研究使用 Leeds & Northrup 公司的型号为 Microtrac X‑100 激光衍射型分析仪生成颗粒粒度数据。Microtrac X‑100 分析仪能够测量 0.12~704 μm 大小的颗粒,其工作原理是将一束激光投射到一个透明的样本池中,样本池中为悬浮于水中的运动颗粒流。照射在颗粒上的光线,其散射角度与颗粒大小成反比。光探测器阵列以预定的角度测量光的通量。与测量光通量值成比例的电信号由计算机系统处理,形成粒度分布的多通道直方图。二次高角透镜系统和光电探测器采集小颗粒的高角度散射信号数据。该数据与大颗粒信号数据合并,形成一个复合分布。之所以选择 Microtrac 分析仪进行粒度比较,是因为它能快速、可重复地比较宽范围内的粒径分布。从图 6‑3 可以看出,不管对于细砂还是粗砂,ISO 砂最大粒径值要远大于 AC 砂,且在一定粒径范围内,ISO 砂体积百分比要比 AC 砂体积百分比稍高。

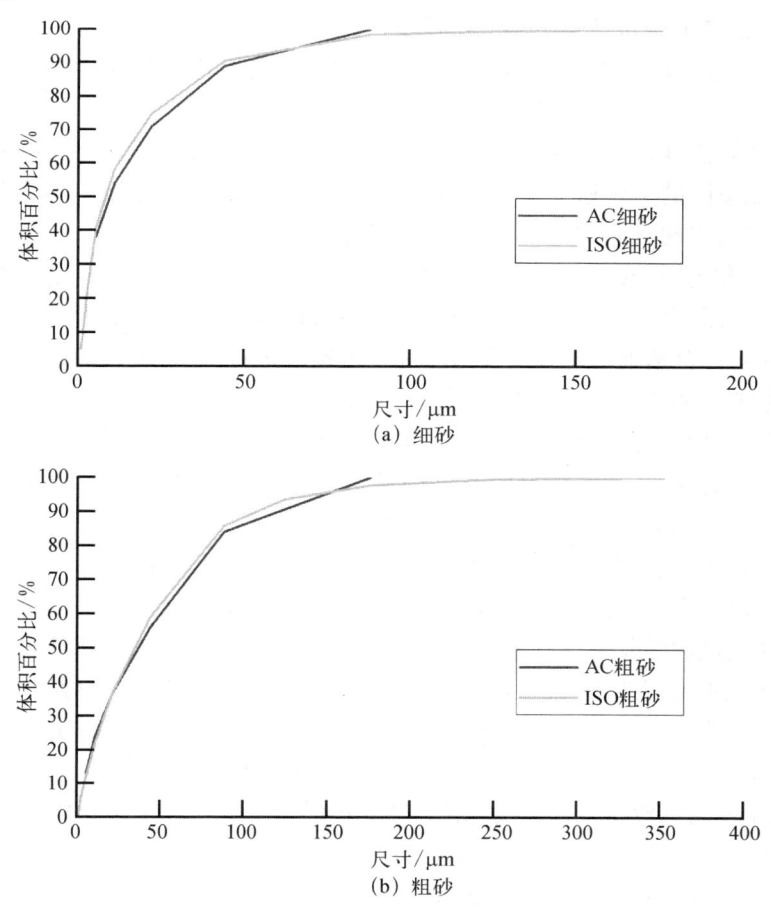

图 6‑3 AC 与 ISO 试验砂尘平均粒度构成对比

6.2 主流适航规章简介

根据航空法规要求,航空发动机需要通过特定的砂尘吞咽测试,以证明其在极端条件下的安全性。国际上主要航空产业发达的国家或地区都对直升机涡轴发动机砂尘防护提出了相应的适航标准规范,其中三大主流的适航规章分别是欧盟的 EASA、美国的 FAR 及我国的 CCAR 适航规章。

1. EASA 适航规章

EASA,全称 European Aviation Safety Agency,即欧洲航空安全局,是欧盟的民用航空管理机构,成立于 2002 年。它的前身是欧洲联合航空局(Joint Aviation Authorities,JAA),主要负责制定和发布欧盟在民用航空安全和环境保护方面的法规。

EASA 的适航法规体系分为三个层级。

(1)基础法规(basic regulation):也叫作基本法,旨在确保航空安全和环境保护的可持续性。它包含了通用的规则和要求。

(2)实施法规(commission regulation):这是第二层级的法规,也称为具体规章。它按照不同的领域划分,包括初始适航、维修、运行和环境保护等部分。这些法规是基础法规的具体实施细则,具有强制性。

(3)局方规则(agency rules):这是第三层级的法规,包含非强制性的指导文件。包括:符合性方法(acceptable means of compliance,AMC),这是非强制性的标准,用于证明符合基础法规及其实施法规或审定规范;指导材料(guidance material,GM),这是非强制性的材料,用于支持符合性方法;合格审定规范(certification specifications,CS),这是非强制性的技术性标准,用于指导符合基础法规及其实施法规的方法,并可用于合格审定。合格审定规范分为六个部分:附加适航规范(additional airworthiness specifications)、机场(aerodromes)、空中操作(air operations)、机组人员(aircrew)、空中交通管理/空中导航服务(air traffic management/air navigation services,ATM/ANS)互换性和初始适航性(initial airworthiness)。

在初始适航性部分,飞机和动力系统的适航规范尤为关键,其中主要的规范包括《大型飞机审定规范和可接受的符合性方法》(CS-25)和《航空发动机审定规范》(CS-E)等。与砂尘适航标准相关的有欧洲 CS-E《发动机审定规范和可接受的合规方法》(CS and AMC for Engines)AMC E 80 设备章节中提到砂尘实验适用于所有环境不密封的设备。实验要求应按 EUROCAE ED-14/RTCA/DO-160 第 12 节 D 类设备进行。文件中提到 D 类设备的定义为安装在飞机正常工作过程中经受吹尘的位置的设备。AMC E 1050 暴露火山灰章节提到必须确定火山云危害对涡轮发动机特性的影响。火山云包括火山灰、气体及其他化学物质。虽然主要危害是火山灰,但火山云中的其他元素也可能不利于气流流通,也应考虑其他元素对适航性的影响并进行评估。为确定火山云影响对涡轮发动机特性的敏感要求,应考虑:

(1) 压气机叶片和其他内部部件的磨损;

(2) 热端部件上的玻璃状沉积物,可能导致喘振裕度损失、发动机失速、熄火以及发动机无法重新启动;

(3) 涡轮叶片冷却通道堵塞;

(4) 金属部件腐蚀;

(5) 油和燃油回路污染;

(6) 电气、液压和气动系统。

2. FAR 适航规章

联邦航空条例(Federal Aviation Regulations,FAR)是美国民用航空领域的一套全面法规,由美国联邦航空管理局(Federal Aviation Administration,FAA)负责制定和执行。这些规章构成了美国联邦法规(Code of Federal Regulations,CFR)第 14 部,也就是 CFR 14(专门针对航空和航天领域的规定)。FAA 在制定 FAR 时,与包括美国机动车工程师协会(Society of Automotive Engineers,SAE)、航空无线电技术委员会(Radio Technical Commission for Aeronautics,RTCA)、美国材料与试验协会(American Society for Testing and Materials,ASTM)在内的多个标准化协会和组织建立了密切的合作关系。这些组织制定的工业标准为 FAR 提供了坚实的技术基础,FAA 也会在其体系文件中直接引用这些标准,以构建一个完整的适航技术体系,从而方便适航审查和复合型验证工作的开展。

FAR 的体系分为五个主要章节,每个章节都针对特定的航空领域。第一章涵盖了联邦航空管理局直属的通用飞机条例,从第 1 部分至第 199 部分。第二章则聚焦于交通运输部秘书办公室的航空程序和政策,从第 200 部分至第 399 部分。第三章则专注于商业航天运输的所有规定,从第 400 部分至第 1199 部分。第四章是美国国家航空航天局(National Aeronautics and Space Administration,NASA)的指导方针,从第 1200 部分至第 1299 部分。第五章则关注于设计航空运输系统稳定性的相关规定,从第 1300 部分至第 1399 部分。在这些章节中,与民用飞机及其动力系统相关的适航规章主要集中在第一章。其中,《运输类飞机适航标准》(FAR-25)和《航空发动机适航标准》(FAR-33)是两个关键的适航标准,它们规定了飞机和发动机必须满足的安全要求,以确保民用航空的安全和效率。这些标准不仅适用于美国境内的运营飞机,而且在全球范围内也具有重要的影响力,因为它们通常与国际民用航空组织(International Civil Aviation Organization,ICAO)的标准保持一致,以促进全球航空业的协调。

FAR 曾在 1971 年的版本中第 33.77 节规定发动机吞砂试验应在发动机进口

面积每 150 平方英寸或剩余面积投入 0.25 磅的混合砂石,混合砂石由一份碎石(gravel)和七份砂(sand)组成。这项测试旨在模拟飞机在起飞和降落过程中可能遇到的砂尘、碎石等异物吸入发动机的情况,确保发动机在这些极端条件下的性能和安全性。后续根据 FAA 的记录显示发动机因摄入砂石而导致腐蚀、磨损或其他安全隐患的问题可由正常的维护程序处理,因此 FAR 删除了此条吞砂要求。

3. CCAR 适航规章

中国的适航管理、审定和适航规章标准的发展历程较欧洲和美国来说相对较晚。中国民用航空局于 1987 年颁布了《中华人民共和国民用航空器适航管理条例》。从 1985 年至 1992 年,中国开始参照美国的联邦航空条例(FAR)逐步制定自己的民用航空规章,即中国民用航空规章(Chinese Civil Aviation Regulations, CCAR),涵盖多个适航规章。经过数十年的发展,中国民航已经建立了一个由法律、行政法规、行政法规性文件和民航规章以及相应的规范性文件组成的规章体系。这个体系从法律效力上分为两个层次:第一层次是具有法律效力的民用航空法、行政法规和民航规章(CCAR);第二层次是具体实施细则,包括管理文件、管理程序和咨询通告等,这些细则没有强制的法律效力。

CCAR 规章体系目前分为 15 部分,内容覆盖了行政程序规则(1—20 部)、航空器(21—59 部)、航空人员(60—70 部)、空域、导航设施、空中交通规则和一般运行规则(71—120 部)、民用航空企业合格审定及运行(121—139 部)、学校、非航空人员及其他单位的合格审定及运行(140—149 部)、民用机场建设和管理(150—179 部)、委任代表规则(180—189 部)、航空保险(190—199 部)、综合调控规则(201—250 部)、航空基金(251—270 部)、航空运输规则(271—325 部)、航空保安(326—355 部)、科技和计量标准(356—390 部)和航空器搜寻援救和事故调查(391—400 部),在这些规章中,与飞机及其动力系统相关的适航规章主要集中在航空器部分(21—59 部),其中关键的适航规章包括《运输类飞机适航标准》(CCAR‑25‑R4)和《航空发动机适航规定》(CCAR‑33‑R2)。这些规定确保了飞机设计、制造和运营的安全性与国际标准接轨,促进了中国民航事业的安全和发展。

《民用飞机机载设备环境条件和试验方法》(HB 6167.10‑2014)是中国民用航空规章的一部分,在它的第 10 部分砂尘实验中规定了民用飞机机载设备在砂尘环境下的试验条件和方法。这些规定适用于所有可能受到砂尘影响的飞机设备,确保设备在恶劣环境下的可靠性和安全性。文件强调了砂尘对设备可能造成的危害,如堵塞、短路、腐蚀和污染。设备根据安装位置和受砂尘影响的程度分为 D 类和 S 类。试验包括砂尘的成分、颗粒大小、浓度、温度、湿度和风速等条件,以及吹尘和吹砂两个阶段。试验目的是评估设备耐受砂尘影响的能力,包括防止砂尘堵塞、短路和腐蚀。试验程序涵盖预处理、试验前检测、安装、试验步骤、恢复和试验后检测,以确保设备在经历砂尘环境后仍能正常工作。

6.3 国外适航标准分析

自 20 世纪中叶以来,美国国防部陆续制定了一系列航空发动机的通用规范。20 世纪 50 年代,他们编制了《航空涡喷发动机通用规范》(MIL-E-5007A),为航空发动机设定了标准化要求。进入 20 世纪 70 年代,他们更新了规范,发布了美军标《航空涡轮喷气和涡轮风扇发动机通用规范》(MIL-E-5007D)和《航空涡桨、涡轴发动机通用规范》(MIL-E-8593A)。20 世纪 80 年代制定了《航空涡喷涡扇发动机通用规范》(MIL-E-87231)。1995 年 1 月发布《航空涡喷涡扇涡轴涡桨发动机联合使用指导规范》(JSGS-87231A),它不仅取代了 MIL-E-87231,还扩大了适用范围,覆盖了涡喷、涡扇、涡桨和涡轴四种发动机类型。这一规范不仅丰富了发动机的使用指导,还为国防部各部门提供了统一的参考标准,后续于 1998 年又发布了《航空涡喷涡扇涡轴涡桨发动机联合使用规范指南》(JSSG-2007)[156]。

美国《航空涡喷涡扇涡轴涡桨发动机联合使用指导规范》(JSGS-87231A)中明确指出,每单位尺寸的发动机吞砂量取决于空气中砂石的浓度和试验的持续时间,浓度为 53 mg/m³ 时试验 50 h 的效果可等同于浓度为 530 mg/m³ 时试验 5 h 的效果。

美军标 MIL-E-5007D 对航空发动机在地面环境条件下应对砂尘环境的能力提出了明确要求。MIL-E-5007D 标准中 3.2.5.6.4 条款规定当空气中含有高达每立方英尺 3.3×10^{-6} 磅的砂尘浓度时,发动机及其所有部件必须能够在其整个工作范围内正常运行。具体来说,发动机必须能够在这样的环境中以最大连续推力运行 10 小时,同时满足推力损失不超过 5%,油耗增加不超过 5%,且不影响执行推力瞬变的能力。4.6.2.3 条款规定应按照 MIL-STD-810 中的 510 方法进行砂尘试验。组件在测试期间不需要工作;然而,在测试结束后,在对组件进行任何清洁之前,应向组件施加 4 个涵盖瞬态范围的电源瞬变。4.6.4.7 条款表示在 10 小时运行和测试的性能检查之后,应根据需要拆卸发动机,以检查砂尘侵蚀的程度以及砂尘可能进入发动机内部空气冷却系统的临界区域的程度。当使用部门判断 3.2.5.6.4 条款中的性能标准已达到,并且拆卸检查未发现故障或即将发生故障的迹象时,测试将被认为是满意地完成。其中表 6-10 为吞砂试验的粒径分布(重量累计为低于当前粒径的百分比)。根据美军的资料,不同发动机的测试标准有所差异。例如,空军先进战术战斗机(advanced tactical fighter,ATF)对砂石和灰尘的测试要求,依据 MIL-E-5007D 规定在空气含砂尘浓度为 53 mg/m³ 的条件下,测试时间需持续 2 小时,允许的推力损失和燃油消耗增加均不得超过 10%。然而,某些发动机型号的测试要求则更为严格,要求在相同条件下持续测试 20 小时。对于高压缩比的发动机,其功率损失和燃油效率下降的比例大致相同。而对直升机使用的低压缩比发动机而言,其功率损失通常比燃油效率损失更为显著[157]。

表 6-10　MIL-E-5007D 吞砂试验粒径分布

颗粒尺寸/μm	重量累计/%
1 000	100
900	98~99
600	93~97
400	82~86
200	46~50
125	18~22
75	3~7

RTCA DO-160G 文件由美国航空无线电技术委员会(RTCA)的 135 特别委员会(SC-135)制定,RTCA 项目管理委员会(Project Management Committee,PMC)于 2010 年 12 月 8 日批准。RTCA DO-160G 代替了 2007 年 12 月 6 日颁布的 RTCA DO-160F。RTCA 是一个致力于促进航空技术和航空电子系统更好地为公众服务的非营利性组织协会。欧洲民用航空设备组织(European Organization for Civil Aviation Equipment,EUROCAE)与 RTCA 就以下制定的环境条件和试验程序取得了一致意见。经 EUROCAE 批准,本文件被联合命名为 RTCA DO-160G/EUROCAE ED-14G。RTCA DO-160G 标准的第十二章专注于砂尘测试,这一测试旨在评估航空电子设备在吹砂和吹尘条件下的性能和耐久性。测试目的是确保设备能够抵抗因砂尘侵入可能导致的多种故障模式,如活动部件阻塞、导电路径形成、腐蚀以及流体污染。特别指出,砂尘测试在系列环境测试中的顺序至关重要,因为尘土残留可能与其他环境因素相互作用,引起进一步的腐蚀或霉变,甚至影响后续测试结果。

在设备分类方面,D 类设备特指那些在飞机正常运行中可能会遭受尘土影响的设备,而 S 类设备则包括那些在飞机正常飞行中可能会遭受砂尘影响的设备,尤其是那些安装在座舱内或无专门防护措施的位置的设备。

测试介质包括尘和砂,其中尘的浓度需维持在 3.5~8.8 g/m³,且二氧化硅含量应在 97%~99%之间。测试用尘直径小于 150 μm 的质量分数为 100%,其中直径为(20±5) μm 的质量分数为(50±2)%。试验用尘可用 140 目的石英粉[约 2%石英粉通不过 140 目(开口宽度为 109 μm)的筛网]。砂的测试浓度取决于设备的实际工作环境,可能在 0.184 6~2.2 g/m³之间,且二氧化硅含量至少为 95%。推荐的砂粒尺寸分布覆盖粒径为 150~850 μm 的颗粒。

在吹尘试验中,除非有关规定中另有要求,否则设备在暴露期间不要求工作。试验吹尘的方向为沿各个主正交轴进行,吹尘气流速度保持在 0.5~2.4 m/s。吹尘试验包括两个阶段,分别在 (25±2)℃ 和 (55±2)℃ 的温度下进行,每个阶段的相对湿度都不超过 30%,且设备需沿每个主正交轴方向暴露至少 1 小时。测试完成后,设备需从试验箱中取出并冷却至室温,然后清除积聚在设备外表面的尘粒,但不得使用吹风或真空吸尘方法。清除尘粒后,需操作设备的机械活动部件 10 次,以检查是否有堵塞或卡死现象,并评估设备是否符合性能标准。

吹砂试验程序与吹尘试验类似,但气流速度更快,为 18~29 m/s,试件与砂粒喷射口的距离为 3 m。如果设备在实际使用中不会遇到这样强的风速,那么吹砂气流速度可以调整为 0.5~2.4 m/s。同样,设备在两个阶段的测试后都需要进行清理和检查。

MIL-STD-3033-2010 是一项美国国防部的测试方法标准,专门针对转子叶片防护材料的颗粒/砂粒侵蚀试验。这项标准详细描述了一种测试方法,用于评估直升机旋翼叶片防护系统材料对固体颗粒或砂粒侵蚀的抵抗力。测试中考虑的材料可以是弹性体、聚合物、金属、陶瓷或涂层等。试验的目的是模拟直升机旋翼叶片在沙漠环境中遭受的侵蚀条件,尤其是评估那些可能在性能上更优越的材料。军标中针对静态样本,开展在高速气流不断带入的砂粒作用下的材料遭受冲蚀试验测试,如图 6-4 所示。在测试过程中,样品会被置于高速气流中,气流中携带的颗粒以特定的速度和角度冲击样品。

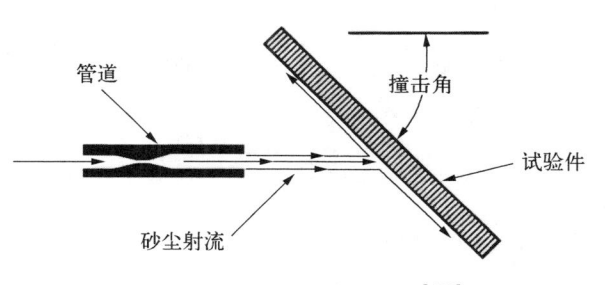

图 6-4 静态试样冲蚀试验[101]

颗粒的直径为 240~550 μm,密度为 30 g/cm³,速度为 (222.5±10.7) m/s,撞击角度在 20°~90° 之间。测试温度应为 (23.9±2.8)℃,相对湿度为 50%,侵蚀物通常为合成矿物石英砂。评估侵蚀性能的指标包括体积损失、质量损失和涂层失效等[101]。MIL-STD-3033-2010 为军用和民用航空领域提供了一种统一的方法来测试和评估旋翼叶片防护材料的耐侵蚀性能,以确保直升机在恶劣的沙漠环境中的可靠性和安全性。

英国军用标准 DEF STAN 00-970 规定针对预计在沙漠环境中长时间运行的发动机必须完成专门的吞砂试验。吞砂试验条件和砂尘颗粒尺寸分布如表 6-11 和表 6-12 所示。其中粗砂成分是碎石英;细砂成分是 60% 石英,26% 石膏,12% 方解石和 2% 可溶性盐。粗颗粒更有可能导致机翼磨损和压缩机效率损失,而细颗粒更有可能导致涡轮堵塞。

表 6-11　DEF STAN 00-970 吞砂试验条件

参　　数	固定翼飞机	直升机	垂直/短距起降飞机
(a) 浓度/(mg/m³)	53	53	350
(b) 粗砂实验时间/h	0.5	50	5
(c) 粗尘试验时间/h	1.5	25	5
(d) 细尘试验时间/h	不适用	25	不适用
(e) 推力或功率损失/%	5	10	5
(f) 单位油耗率增加/%	5	10	5

表 6-12　DEF STAN 00-970 砂尘颗粒尺寸分布

颗粒类型	颗粒尺寸/μm	重量累计/%
粗　砂	1 000	100
	707	95~99
	500	89~93
	354	77~81
	250	60~64
	177	38~42
	125	18~22
	88	6~10
	63	1~5
细　砂	1 000	100
	500	85~90
	250	70~75
	125	50~55
	75	25~30
	<75	10~15

发动机应在 1 h 周期的连续推力/功率最大值下运行。在每个周期内,至少应进行一次减速至急速和加速至连续推力/功率最大值的操作,功率调节器动作时间不超过 0.5 s。对于直升机和垂直起降发动机,在每 5 h 吸入砂尘后,发动机应至少关闭和冷却 12 h。在进行性能检查后,应拆卸发动机,以确定侵蚀的程度以及砂尘可能进入发动机关键区域的程度。在下列情况下,试验将被视为已圆满完成:功率损失不超过(e);单位油耗率增加不超过(f);执行推力/功率瞬变的能力没有受损;剥离层检查没有发现即将发生故障的迹象。

6.4 国内适航标准分析

《军用装备实验室环境试验方法 第12部分：砂尘试验》(GJB 150.12A-2009)是中国国家军用标准 GJB 150 的第 12 部分，它替代了 1986 年的旧版 GJB 150.12。这一部分的标准主要针对军用设备在砂尘环境中的适应性进行评估，包括吹尘和吹砂两种试验。与旧版相比，新版标准进行了多项更新，如删除了具体的试验条件，转而增加了确定试验方法、顺序、程序和条件的剪裁指南[158]；增加了试验信息要求；引入了降尘试验程序；对试验条件如温度、砂尘浓度和持续时间进行了调整；增加了预备步骤和试验前的检查；规定了试验箱和试件的接地要求；改变了试验中断处理方法；增加了试验结果分析的内容。

本标准的目的是评估军用装备在可能遇到的砂尘条件下的性能。吹尘试验针对小颗粒砂尘(直径小于 149 μm)，旨在评价装备防止灰尘阻塞开口和渗透的能力，以及过滤装置的效能。吹砂试验则针对较大颗粒砂尘(直径在 150~850 μm 之间)，目的是评估装备在砂尘环境中的贮存和工作能力。试验适用于各种机械、光学、电气、电子等装置，但不适用于解决飞行中磨蚀问题或静电荷积聚效应，也不适用于室外试验。在剪裁指南中，选择试验方法要考虑装备的技术要求、砂尘环境出现的阶段和环境效应，如磨损、磨蚀、电路性能劣化等。试验顺序的选择应考虑试验对装备的影响，以及与其他环境试验的组合。试验程序包括吹尘、吹砂和降尘三个程序，每个程序都有其特定的砂尘尺寸和类型。

试验条件包括温度、相对湿度和风速的具体要求。例如，吹砂和吹尘试验通常在高温条件下进行，而降尘试验在(23±2)℃下进行，所有试验都需要控制相对湿度不超过 30%。风速根据试验类型而有所不同，吹尘试验风速范围从 1.5 m/s 到 8.9 m/s，吹砂试验风速则在 18~29 m/s 之间。砂尘的组成也有严格规定，吹尘试验通常使用红瓷土或硅粉，而吹砂试验则推荐使用石英砂。降尘试验使用的尘粒尺寸小于 105 μm。试验期间，试件的安装方向、持续时间和是否需要工作都应根据装备的预期用途和技术文件来确定。试验设备包括控制砂尘浓度、风速、温度和湿度的试验箱和辅助设备。试验控制要求维持相对湿度不大于 30%，并定期检测湿度和砂尘浓度。试验程序详细规定了吹尘和吹砂的具体步骤，包括试验前的准备、试验中的条件维持和试验后的清理和检查。

最后，试验结果的分析需要考虑试件的任何失效是否满足产品规范的要求，包括砂尘的渗透、防护层的损伤以及试件的磨损和磨蚀情况。这些详细的试验方法和评估准则确保了军用装备能够在砂尘环境中保持其性能和可靠性，同时为装备的设计、测试和验收提供了重要的指导。

《航空涡轮螺桨和涡轮轴发动机通用规范》(GJB 242A-2018)[159]是中国国家军

月标准的一个部分,它规定了航空涡轮螺桨和涡轮轴发动机的设计、性能、环境适应性、可靠性、维修性等方面的要求。本规范是在《航空涡轮螺桨和涡轮轴发动机通用规范》(GJB 242-1987)的基础上,参照美国军用标准《航空涡喷涡扇涡轴涡桨发动机通用规范及指南》(JSGS-87231A)和《航空涡喷涡扇涡轴涡桨发动机联合使用规范指南》(JSSG-2007B),并结合近年来国内型号研制经验和贯彻执行 GJB 242-1987 的经验编制而成的。其中 3.8.6.4 条款规定发动机包括所有附件在内,在空气含砂尘浓度为 53 mg/m³ 的地面环境条件下,应能在整个工作范围内满意地工作。发动机及其附件应能在表 6-13 规定条件的最大连续功率状态下工作,吞咽粗砂和细砂后其功率损失和耗油率增加应不超过表 6-13 的规定,并且不影响功率瞬变的能力。

表 6-13 GJB 242A-2018 吞砂试验标准

浓度要求	固定翼机	旋翼机
浓度/(mg/m³)	53	53
粗砂时间/h	0.5	50
细砂时间/h	1.5	54
功率损失/%	5	10
耗油率增加/%	5	10

颗粒大小要求	颗粒尺寸/μm	质量百分数/%
粗砂	900~1 000	1~2
	600~900	2~5
	400~600	11
	200~400	36
	125~200	28
	75~125	15
	0~75	3~7
细砂	40~80	9±3
	20~40	18±3
	10~20	16±3
	5~10	18±3
	0~5	39±3

注:粗、细砂成分均为碎石英(SiO_2)。

4.4.2.4.8 条款吞砂试验提到根据 3.8.6.4 条款的要求,对涡桨发动机和涡轴发动机的吞砂试验分别要求如下。

1. 涡桨发动机

试验首先进行粗砂尘试验,然后进行细砂尘试验。每次试验结束后,都需要对发动机进行分解和检查,以评估砂尘对其造成的影响。在试验过程中,发动机需要在最大连续功率状态下运行,按照规定的砂尘浓度水平和持续时间进行吞砂。每小时至少进行一次从慢车减速到最大连续功率的加速过程,并在 0.5 s 内完成功率/负载杆的移动。如果发动机配备了防冰系统,在第一个小时的运转中,该系统需要接通 10 次,每次工作 1 min。试验期间,需要从发动机引出飞机系统的最大引气量,并进行连续过滤,以测量总沉积物并报告结果。试验结束后,需要对发动机进行性能检查,然后分解发动机,检查砂尘对其造成的损害程度,以及砂尘可能进入发动机内部空气冷却系统的危险区域的程度。如果发动机的性能达到了 3.8.6.4 条款的要求,并且在分解检查中没有发现破坏或即将破坏的迹象,则认为试验成功。

2. 涡轴发动机

涡轴发动机的试验顺序与涡桨发动机相反,先进行细砂尘试验,然后进行粗砂尘试验。在两次试验之间,也需要对发动机进行分解和检查。

细砂尘试验要求发动机在 53 mg/m^3 的砂尘浓度下运行 54 h,其中包括在最大状态、中间状态和最大连续状态下的不同时间段。在 54 h 内,发动机至少需要起动 27 次,每次起动后在不同状态下运行不同的时间。试验开始时,需要将额定值设定为与转子额定进口温度相对应的测量燃气温度。如果基于测量的燃气温度,发动机已经过度恶化,或者出现损坏或即将损坏的迹象,则试验结束,并对发动机进行分解。如果发动机设计中包含进口粒子分离器,试验时应将其作为发动机结构的一个完整部分一起进行。每小时至少进行一次从慢车减速到最大连续功率的加速过程,并在 0.5 s 内完成功率/负载杆的移动。在试验开始、25 h 和试验结束时进行校准试验,并在 25 h 时使用孔探仪或其他可视技术检查发动机,而不需要分解发动机。试验期间,需要从发动机引出最大的引气量,并进行连续过滤,测量总沉积物并报告结果。试验结束后,需要对发动机进行性能检查,然后分解发动机,检查砂尘对其造成的损害程度,以及砂尘可能进入发动机内部空气冷却系统的危险区域的程度。此外,还需要对受到砂尘影响的每个主要转动件和静子件进行称重。如果发动机的性能达到了 3.8.6.4 条款的要求,并且在分解检查中没有发现破坏或即将破坏的迹象,则认为试验成功。

粗砂尘试验则要求发动机运行 50 h,且没有具体说明不同状态下的运行时间和起动次数。在防冰系统的操作方面,细砂尘试验未提及具体要求,粗砂尘试验则要求如果发动机装有防冰系统,在第一小时运转中防冰系统需接通 10 次,每次工作 1 min,并在每 5 h 循环的第一小时内进行 10 个周期的防冰系统工作试验。此外,粗砂尘试验还要求每 5 h 吞砂后发动机停车并冷却至少 12 h,而细砂尘试验没有这样的冷却要求。若发动机配备有内部清洗系统,粗砂尘试验需要在每次停车期间演示一次,而细砂尘试验则没有提及内部清洗系统的演示。这些不同的试验条件旨在全面评估发动机在不同砂尘环境下的性能和耐久性。

《军用直升机防砂尘要求》(GJB 1171-91)通过细致的分级系统对砂尘环境的浓度进行分类,以适应不同地区的自然环境和操作条件。针对军用直升机的发动机设定了严格的试验要求,如在特定浓度的砂尘环境中进行运转试验,以模拟实际使用条件,其中砂尘环境级别如表 6-14 所示。检验发动机吞砂尘和防砂尘能力时所用的砂尘,应由含 SiO_2 成分 90% 以上的碎石英粉末组成,并按其粒子尺寸分布分为试验粗砂尘和试验细砂尘,如表 6-15 所示,并且确保军用直升机发动机吞砂能力能满足 GJB 242 标准中第 3.2.5.6.4 条的要求。此外,发动机进气口的设计也考虑了降低砂尘对性能的影响。

表 6-14 军用直升机的砂尘环境级别

砂尘环境级别	1	2	3	4	5
砂尘环境浓度 /(mg/m³)	0~53	54~530	531~2 000	2 001~4 000	4 001~10 000
起降场近似地貌	水泥跑道或水泥起降块	较坚实的砂土地	松软的砂土地	沙滩或沙丘	沙漠

表 6-15 GJB 1171-91 吞砂试验标准

	颗粒大小要求	
	颗粒尺寸/μm	质量百分数/%
粗 砂	900~1 000	1.5
	600~900	3.5
	400~600	11
	200~400	36
	125~200	28
	75~125	15
	0~75	5
细 砂	80~200	9±3
	40~80	30±3
	20~40	23±3
	10~20	14±3
	5~10	12±3
	0~5	12±2

GJB 1171-91 规定旋翼和尾桨系统方面需要选用耐砂尘冲蚀的材料,并在前缘和桨尖部分设计了易于更换的保护层,以延长使用寿命。机体蒙皮设计应注重光滑平整,减少砂尘积聚,同时座舱风挡玻璃采用强化玻璃,并涂覆防砂尘涂层。在系统防砂尘方面,操纵系统需要配备整流罩以保护其不受砂尘影响,而液压和气动系统的油箱加油口和通气口则配备防砂尘装置,以防止污染。机载设备根据安装位置和防砂尘要求被分为 A 类和 B 类,其中 A 类设备安装在驾驶舱、设备舱或密封舱内,采用防尘机箱;B 类设备则直接暴露在外,采用密封机箱,并有额外的防护措施。电缆和接口在敷设时也需避免直接暴露在砂尘环境中,并采用密封措施。除此之外,该标准还制定了详细的使用和维护规定,包括清洁、检查和更换防护装置的指导,并根据砂尘环境的严重程度制定了相应的维护周期。在研制文件中,包括任务书和设计方案,都需包含防砂尘要求,并考虑砂尘环境对直升机性能的影响。

通过砂尘试验验证了直升机及其部件的防砂尘设计有效性,并进一步通过性能验证确保了直升机在不同砂尘环境下的性能和耐久性。这些综合措施共同保障了军用直升机在砂尘环境中的可靠性和安全性。

6.5 国内外标准对比

1. 砂尘适航标准的测试环境和条件方面

美国的 MIL-E-5007D 标准要求发动机在高浓度砂尘环境下运行 10 h,且推力和油耗的变化不得超过 5%,而 JSGS-87231A 标准则提供了不同浓度和时间的等效试验条件。相比之下,中国的 GJB 150.12A-2009 标准规定了详细的吹尘和吹砂试验环境条件,包括温度、湿度和风速,其中吹砂试验风速在 18~29 m/s 之间,吹尘试验风速则在 1.5~8.9 m/s 之间。

2. 测试时间与浓度方面

MIL-E-5007D 标准要求发动机在 53 mg/m^3 的砂尘浓度下至少运行 2 h,推力损失和燃油消耗增加均不得超过 10%,某些型号的发动机甚至要求持续测试 20 h。而 GJB 242A-2018 标准则为固定翼机和旋翼机设定了不同的测试时间,粗砂测试时间分别为 0.5 h 和 50 h,细砂测试时间分别为 1.5 h 和 54 h。

3. 性能要求方面

MIL-E-5007D 和 JSGS-87231A 标准对发动机在砂尘环境下的性能有明确要求,规定了推力损失和油耗增加的具体百分比。GJB 242A-2018 标准也对固定翼机和旋翼机的功率损失和耗油率增加有具体的规定,例如,固定翼机的功率损失不超过 5%,耗油率增加不超过 5%;旋翼机的功率损失不超过 10%,耗油率增加不超过 10%。

4. 设备分类方面

RTCA DO-160G/EUROCAE ED-14G 标准对设备进行了 D 类和 S 类的分类，不同类别的设备有不同的测试要求。而 GJB 150.12A-2009 标准没有如此详细的分类，但规定了不同类型的军用设备的测试要求。

5. 测试介质和粒径分布方面

MIL-E-5007D 标准提供了砂尘的粒径分布表，详细规定了不同粒径的颗粒所占的百分比。GJB 242A-2018 标准也规定了砂尘的粒径分布，包括粗砂和细砂的具体尺寸和质量百分比。为了能清晰地展示国外与我国军用标准在吹砂试验（粗砂）要求上的差异，对比了各标准吞砂试验参数，如表 6-16 所示。

表 6-16 各标准吞砂试验参数对比

	RTCA DO-160G	GJB 242A-2018 GJB 150.12A-2009 MIL-E-5007D	GJB 1171-91	DEF STAN 00-970
吹砂浓度	(2.2±0.5) g/m³	0.053 g/m³（地面环境）	0.053 g/m³	0.053 g/m³
吹砂风速	18~29 m/s	18~29 m/s	—	—
试验时间	分别在 (25±2)℃ 和 (55±2)℃ 两种试验箱温度下将被测设备沿每个正交轴方向至少暴露 1 h	0.5 h	—	1.5 h
砂粒直径及百分占比	≥0.85 mm,(1±0.5)% ≥0.59 mm,(2.7±0.5)% ≥0.42 mm,(17.5±2)% ≥0.30 mm,(53.5±2)% ≥0.21 mm,(82.1±2)% ≥0.15 mm,(94.8±2)% <0.15 mm,(5.2±2)% —	0.9~1 mm,1%~2% 0.6~0.9 mm,2%~5% 0.4~0.6 mm,11% 0.2~0.4 mm,36% 0.125~0.2 mm,28% 0.075~0.125 mm,15% 0~0.075 mm,3%~7% —	0.9~1 mm,1.5% 0.6~0.9 mm,3.5% 0.4~0.6 mm,11% 0.2~0.4 mm,36% 0.125~0.2 mm,28% 0.075~0.125 mm,15% 0~0.075 mm,5% —	≤1 mm,100% ≤0.707 mm,95%~99% ≤0.5 mm,89%~93% ≤0.354 mm,77%~81% ≤0.25 mm,60%~64% ≤0.177 mm,38%~42% ≤0.125 mm,18%~22% ≤0.088 mm,6%~10% ≤0.063 mm,1%~5%
砂粒 SiO_2 含量	(95±2)%	90%	90% 以上	—
试验后要求	符合设备相关性能要求	推力或功率损失不超过 5%，单位耗油量不超过 5%	对于装有进气粒子分离装置的发动机功率损失不大于 15%，燃油消耗率增加不大于 10%	推力或功率损失不超过 5%，单位耗油量不超过 5%

第 7 章
砂尘环境适航验证案例

7.1 美国陆军航空装备实验室 H-21 砂盲飞行试验

美国是较早发现砂尘对直升机造成危害并进行真实直升机砂盲环境飞行试验的国家,相关飞行试验研究已持续半个多世纪,最早可追溯至 1956 年卡曼飞行器公司开展的悬停直升机砂尘环境飞行试验[160]。1965 年 10 月~1967 年 7 月美国陆军航空装备实验室资助了一项针对 H-21 纵列式双旋翼直升机(图 7-1)砂盲飞行试验的项目,获得了较为全面的有关砂尘浓度、颗粒尺寸随土壤类型、悬停高度和桨盘载荷等重要参数变化的数据[161]。尽管起初该项目曾考虑采用两种类型的直升机即单旋翼的 H-34 和纵列双旋翼的 H-21 进行对比以研究不同旋翼桨盘载荷对砂尘浓度及颗粒尺寸分布的影响,但由于 H-34 未能及时生产用于该项目研究,最终只进行了 H-21 直升机砂盲飞行试验。H-21 直升机正常情况下的毛重为 13 500 lb,旋翼直径 44 ft,桨盘载荷为 4.4 lb/ft^2。研究人员在亚利桑那州尤马试验场的菲利普斯降落区、车辆砂尘道路和佐治亚州的李降落区 3 个不同测试地点共计进行了 98 次飞行试验,并在直升机上 25 个位置进行了砂尘采样。前两

图 7-1 H-21 纵列式双旋翼直升机

个测试点拥有最粗的砂尘,其中50%的砂尘其直径大于300 μm。李降落区的砂尘比菲利普斯降落区的砂尘细一些,50%的颗粒其直径大于220 μm。试验中桨盘载荷变化范围为3.5~4.1 lb/ft²。悬停高度为1 ft、10 ft、75 ft,前两种高度代表地效条件,75 ft高度代表无地效条件。在大部分测试中,风速都小于4 mile/h(≈1.8 m/s)。

该项目周期内采用了两种不同尺寸的取样器。前期采用的是一种小尺寸取样器,体积流量为8.6 ft³/min,安装位置如图7-2所示,20个取样器布置于靠近机身的位置以测量直升机机体附近的砂尘分布,其中12个取样器安装在于机身右侧,8个安装于左侧。另外5个取样器安装于前行桨叶的下方。机身上的20个取样器固定安装在机身上的框架上,旋翼下方的5个取样器固定于穿过前货舱门延伸出去的横梁上。这25个取样器通过一个共用歧管连接到一台流量为400 ft³/min的鼓风机(3马力[①]汽油发动机驱动)。每次测试时,先启动汽油发动机,再打开电磁阀开关开始取样。每个采样位置都配有取样器、进气口、开关电磁阀和控制流量的调节阀。取样器为Aerotek Industries公司的旋风分离器,采用不锈钢材质。该取样器对8 μm及以上的颗粒具有100%的收集率,对3 μm颗粒的收集率为90%,对1 μm颗粒的收集率为50%。分离的砂尘颗粒直接收集到连着取样器的塑料瓶中,这样只需要在每次测试后更换收集瓶即可。需要注意的是,不同位置处的取样器进气口尺寸不同,进气速度须与旋翼下洗速度匹配以提供等动力砂尘颗粒样本。图7-3所示为开关电磁采样阀,在阀门的侧面设置了端口,保证在备用位置,任何强行进入喷嘴的灰尘都不会进入取样器。在每次测试中,阀门保持在备用位置直至直升机达到稳定悬停状态。电磁阀由12伏直流电电池供电,通过开关打开或关闭。

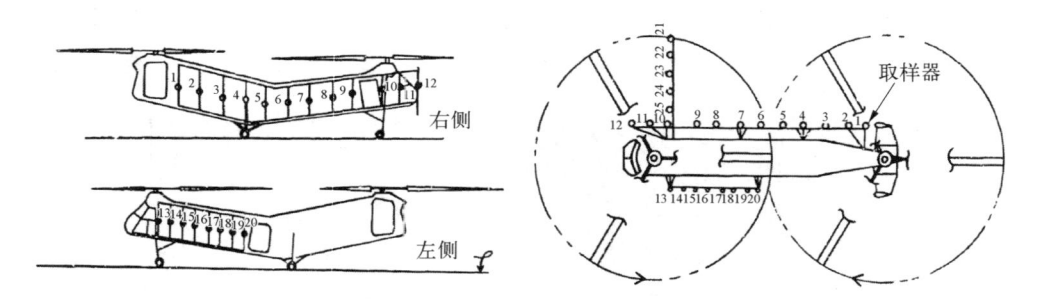

图7-2 H-21直升机砂盲飞行试验采用的小尺寸取样器安装位置示意图[161]

在本项目后期研究人员使用了一种模拟涡轮发动机进气道的大尺寸取样器,流量为12 000 ft³/min,管道直径为12 in。试验中有5次飞行工况中的取样器进口位于图7-2中的取样5位置(砂尘浓度最高的区域),其中2次朝上以复刻小尺寸

---

① 1马力(hp) = 745.7瓦(W)。

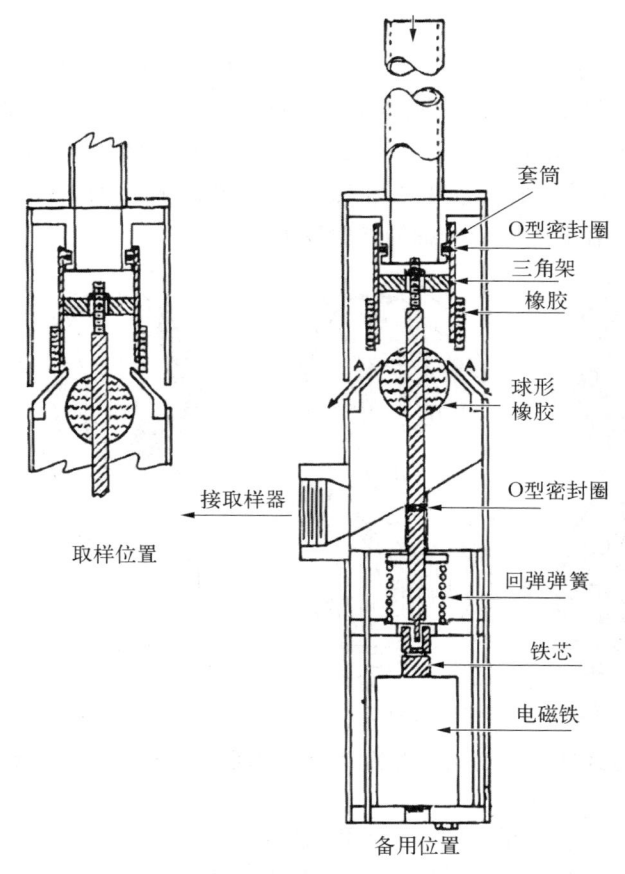

图 7 – 3　电磁采样阀[161]

取样器的进口方向、3 次朝向侧面以模拟涡轮发动机进气道方位；另外 5 次飞行工况中位于取样 1 位置（砂尘浓度最低的区域），其中 2 次水平朝向同样用于模拟涡轮发动机进气道方位、3 次朝下以检验取样器进口向下是否能减小砂尘的摄入量。12 000 ft^3/min 大尺寸取样器内的抽吸采用的是鼓风机（由一台 20 马力的汽油发动机驱动）。砂尘收集在直径 3 ft、长度 5 ft 的收集袋内，其对 10 μm 以上直径的颗粒的收集率为 100%，3 μm 以上直径的颗粒的收集率为 70%，1 μm 以上直径的颗粒的收集率为 30%。

采集到的砂尘样本由美国陆军水路实验站（Waterway Experimental Station，WES）分析得到每个取样位置处的砂尘颗粒总质量及特定取样位置（取样位置 1/5/6/17/22/25）的颗粒尺寸分布。每个样本称重精确到毫克（mg）。至于尺寸分布，大于 74 μm 的颗粒采用筛网，而小于 74 μm 的颗粒采用库尔特计数器按 14.5 μm、18 μm、36 μm、58 μm、74 μm 等几个等级进行分析，每个样本标准重量 20 mg，与 1%

的氯化钠电解液进行混合。

小尺寸采样试验结果如图 7-4 所示,砂尘浓度最低(0~15 mg/ft^3)的区域位于旋翼桨毂下方取样 1 位置处,浓度最高(>25 mg/ft^3)的区域位于两旋翼重叠区取样 5 位置处。另外,在旋翼半径 1/3~2/3 区域内的砂尘浓度也较高。至于悬停高度的影响,根据文献[161],在 1 ft 和 10 ft 高度浓度较高,而 75 ft 高度处浓度明显较低且主要发生在砂尘颗粒较细的试验场地。

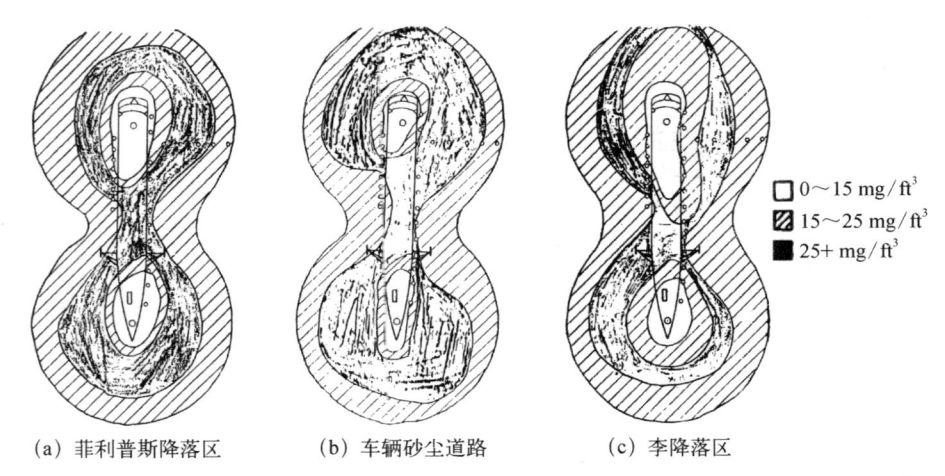

(a) 菲利普斯降落区　　(b) 车辆砂尘道路　　(c) 李降落区

图 7-4　不同地区 H-21 直升机悬停高度 1 ft 时砂盲飞行试验中砂尘浓度分布示意图[161]

大尺寸采样试验结果表明:大尺寸取样器收集到的砂尘样本浓度稍高于小尺寸取样器收集到的砂尘浓度,但范围相同;管道进口方向对砂尘吸入量有一定影响;在三个试验场地上,由于旋翼桨尖涡、下洗流引起的再循环砂尘颗粒尺寸都小于地面砂尘颗粒尺寸,例如,在菲利普斯降落区 95% 质量的地面颗粒尺寸大于 100 μm,而 1 ft 高度处的再循环砂尘只有 63% 质量的颗粒尺寸大于 100 μm,10 ft 高度处的再循环砂尘只有 57% 质量的颗粒尺寸大于 100 μm,75 ft 高度处的再循环砂尘只有 27% 质量的颗粒尺寸大于 100 μm,如图 7-5 所示。

该项目还测试了砂盲导致的可见度。在所有飞行场次中直升机往外至少 20 ft 范围内的地面可见。在 1 ft 和 10 ft 悬停高度,地平线完全被遮蔽,但在 75 ft 悬停高度可见地平线。在 10 ft 悬停高度处有 2 场次完成测试后飞行员尝试拉出云层离开试验区域时失去所有地面参照物。在车辆砂尘道路,飞行员在直升机前方 50 ft 处可间歇性地看到地面带编号的目标。在李降落区前方 50 ft 处的目标始终可见,而前方 150 ft 处的目标偶尔可见。从试验直升机上方拍摄的照片可以看出,试验直升机被一个浓密的甜甜圈状的尘云所包围,从上方可清晰看到试验直升机,但从地面上、尘云外围看不到试验直升机。

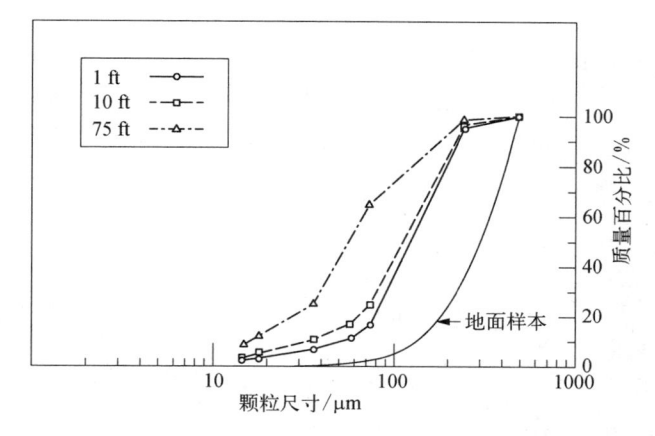

图 7-5 菲利普斯降落区不同悬停高度处典型砂尘样本颗粒尺寸分布[161]

该项目另外还研究了其他两种影响：一是研究了附近另一架直升机对试验直升机的影响，二是研究了起飞和降落操作的影响。试验人员通过将一架 H-34 直升机悬停在距离试验直升机 H-21 大约 100 ft 的位置发现，这样改变了砂尘再循环模式，使 H-21 直升机周围的砂尘平均浓度比稳定悬停时增加了约 5 倍。起飞和降落操作使砂尘平均浓度比稳定悬停时增加了约 3 倍。

7.2 美国国防部高级研究计划局喷砂器项目

美国国防部高级研究计划局（DARPA）资助美国中西部研究所（Midwest Research Institute，MRI）开展了喷砂器（Sandblaster）项目以研究旋翼机砂盲问题，如图 7-6 所示。2006 年 2 月至 4 月，研究团队在尤马试验场（Yuma Proving Ground，YPG）进行了三次测试[12]。MRI 的试验目的是表征六架旋翼机：UH-1、CH-46、HH-60、CH-53、V-22 和 MH-53 产生的平均砂尘浓度（表 2-2）。主要的测量参数为砂尘强度（浓度）和粒径分布。除 V-22 外，所有的机型都进行了悬停-滑行机动测试，V-22 也进行了起飞和着陆测试。在试飞前研究人员首先在飞行路径下进行了翻土以最大限度地提高砂尘颗粒的弥漫效果。采样阵列部署在飞行路径中心线和旋翼桨尖路径下风处的一些固定位置，以及旋翼桨尖路径下风处 18 m 和 35 m 距离位置处，目的是研究砂盲云的形成和传输特征。

测试结果表明，砂盲云密度分布和粗砂尺寸分布都与机型尺寸及桨盘载荷有关，直升机机身越大、桨盘载荷越大，则产生的砂盲云密度越大、粗砂粒径分布范围越大。砂尘粒径范围小至 1 μm，大至 800 μm，各机型诱导的砂尘颗粒粒径分布曲线趋向收敛于细砂直径的低值极限，而粒径分布从 100 μm 开始发生较为明显的区别，如图 7-7、图 7-8 所示。旋翼下洗/外洗流流速越大，则有更多、更大的颗粒被

图 7－6　喷砂器项目 CH－46 直升机正在进行砂盲飞行试验[12]

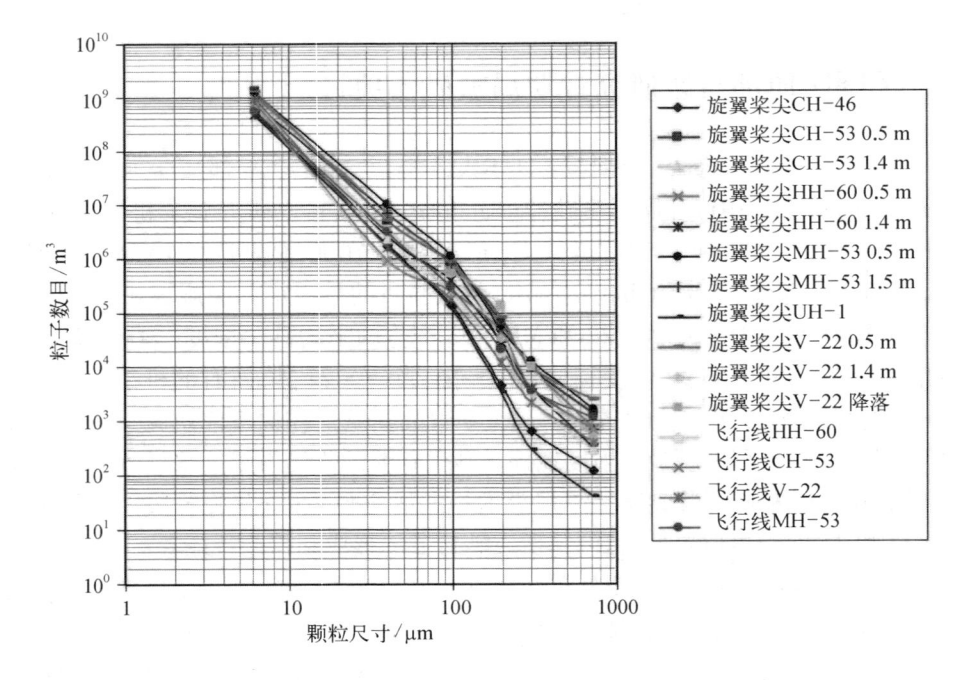

图 7－7　从不同旋翼桨尖和飞行线路位置收集到的砂尘颗粒数量浓度与粒径分布的关系[12]

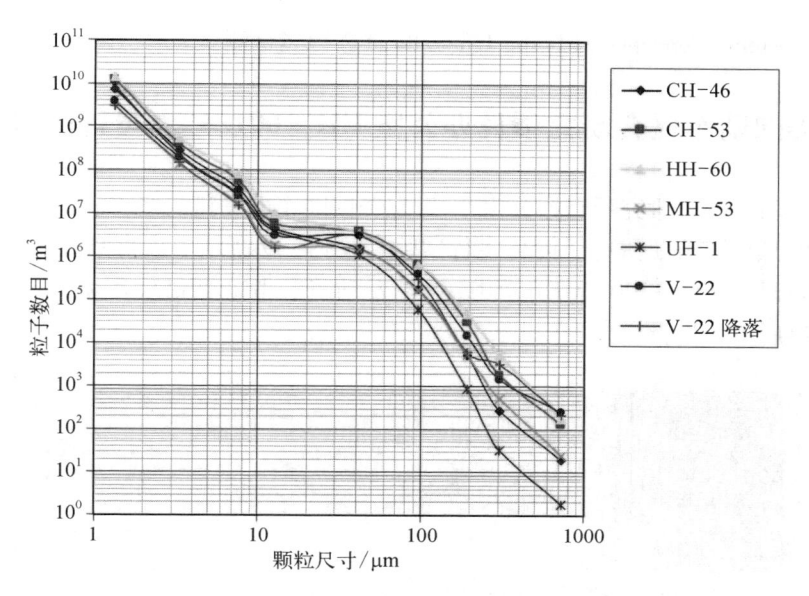

图 7-8　从不同采样塔高度处收集到的砂尘颗粒平均
数量浓度与粒径分布的关系[12]

夹带到砂盲云中。旋翼桨尖处的取样器基本不受周围风的影响，用于表征砂盲云的最大密度。对各个机型旋翼桨尖处的尘云密度进行排序以评估每种机型产生砂盲的相对潜力。正如预期的一样，桨尖下洗/外洗气流交界处及受侵蚀土壤表面的砂尘浓度(强度)最高。CH-53、MH-53、V-22 的桨盘载荷较大(表 2-2)，表现出较高的砂盲强度。另外，0.5 m 取样高度处飞行线上的砂尘浓度约为桨尖浓度一半的量级，这也证实了悬停-滑行模式下直升机正下方存在一个清理区，试验视频中也观察到了这个清理区。

另据报道，2007 年 4 月 DARPA 在喷砂器项目框架下与西科斯基公司签订了一份价值为 1 650 万美元的合同，西科斯基公司将展示一种集成解决方案，用于在能见度下降情况下的直升机飞行(主要是在砂盲情况下，但也包括由旋翼吹雪引起的雨、雾和雪盲)[116]。该项目旨在提供直升机进场路径和着陆点的视觉图像，提示保持稳定飞行的命令，并减少保持在飞行路径上的载荷。西科斯基公司的方法集成了三个部分：由直升机制造商与内华达山脉公司合作研发 94 GHz 毫米波雷达传感器、霍尼韦尔公司提供合成视觉显示器与传感器融合，以及西科斯基公司开发先进自动飞行控制模式以协助飞行员。该喷砂器项目分为三个阶段，分别为组件制造、集成和评估，为期各六个月，于 2008 年 9 月结束。最后六个月包括在亚利桑那州的砂尘区进行传感器测试，在西科斯基公司和美国宇航局的旋翼机模拟器中进行综合系统评估，并在美国国家航空航天局/美国陆军 RASCAL(Rotorcraft

Aircrew Systems Concepts Airborne Laboratory)进行飞行测试。

7.3　美国陆军联合研究项目办公室 EH‑60L 砂盲飞行试验

美国陆军联合研究项目办公室[9,109]在美国陆军尤马试验场 Oasis 降落区采用 EH‑60L 黑鹰直升机进行了砂盲飞行试验,如图 7‑9 所示。该直升机配装的是通用电气公司生产的 T700‑GE‑701C 涡轴发动机。考虑到最佳环境条件,试验在早晨日出后不久进行。

图 7‑9　尤马试验场 Oasis 降落区(从地面试验综合体的屋顶向北看)[109]

试验人员在 Oasis 降落区设置了 7 条东西方向的跑道,所有跑道的宽度都不同,如图 7‑10 所示,注意 y 负方向为朝北方向,所有试验工况中直升机都是从东向西飞行。其中,四条奇数跑道(编号 1、3、5、7)是飞行跑道。这些跑道上的砂子都是用拖拉机牵引的圆盘耙来粉碎得到的,稠度类似滑石粉,以更好地复刻战场中毫无准备的降落区。图 7‑9 显示拖拉机正在准备 5 号跑道,而 1 号跑道和 3 号跑道已准备好。其余的偶数跑道(编号 2、4、6)设置了各种障碍物,用于评估正在接受飞行测试的典型机载传感器的障碍物探测能力。在整个飞行测试过程中,7 号跑道始终处于备用状态,即在直升机右侧保留一个无障碍区域作为飞行员在尝试砂盲着陆过程中需要中止飞行的备降跑道。

该项目共进行了两轮砂盲飞行试验[9]。首轮飞行试验是在 2009 年 8 月进行的,只使用了 5 号跑道和 7 号跑道,采用了 2 台 200 万像素的机器视觉摄像机从不同角度对砂盲云进行拍摄,每台相机都配有一个 20 mm 镜头,视场范围为 32.9°,触发频率为 15 Hz。摄像机通过军用级光纤连接到位于地面测试综合体的工作站。该工作站控制图像采集,并将每张图像与对应的全球定位系统(Global Positioning System,GPS)时间进行时间标记。根据首轮获取的经验,次轮采用了 6 台 1 510 万像素的数码单反相机以显著提高摄影测量系统的拍摄质量。每台相机同样配备了一个 20 mm 镜头,视场范围为 58.3°。6 台相机均匀分布在 75° 弧线上,弧线中心距离 7 号跑道中心 550 ft,如图 7-10 所示,其中蓝线包围的区域为 6 台相机共同的视场。

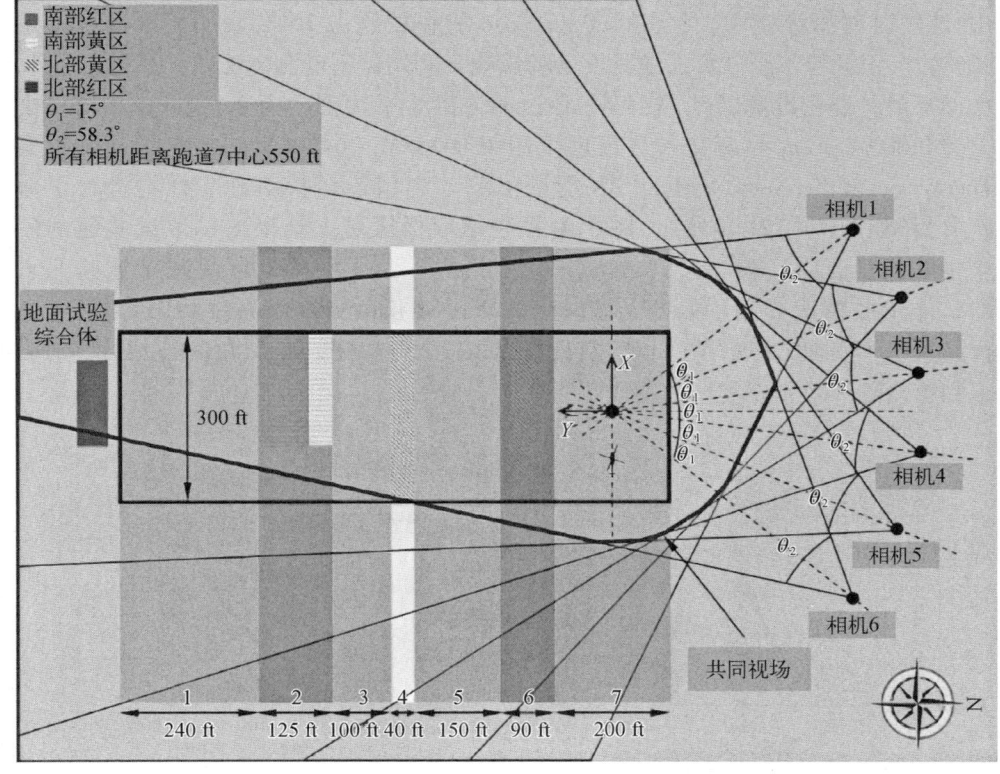

图 7-10 Oasis 降落区及相机布局示意图[109]

由于第一轮飞行试验科目少、摄影方法简单,获取的数据信息量远不如第二轮,且第二轮飞行数据基本涵盖了第一轮获取的数据,因此本书主要介绍第二轮飞行试验获得的数据、发现和结论[9]。为了获得试验场地的土壤特性及数值仿真代码验证所需的数据集,研究人员对 Oasis 降落区砂尘样本进行了一系列测试,样本取自圆盘耙准备好后的 7 号跑道上的不同位置,取样深度大约为 3 in。为了获得粒径分布的信息,研究人员首先对两个不同样品进行了干色散激光散射试验,获得了不同尺寸砂尘颗粒的体积占比(即尺寸分布特性)及累积分布特性,如图 7-11 所示,图中还包含了两个样本的平均值。从图 7-11(a)可以看出,平均颗粒最高浓度发生在 478.6~549.5 μm 范围内,体积占比为 5.67%,即图中的峰值。从图 7-11(b)可以看出,最小颗粒尺寸在 2~3 μm 量级,10 μm 以下的体积占比只有 3% 左右,10~100 μm 约占 26.4%,100~1 000 μm 约占 67.6%,1 000~1 450 μm 也只占 3% 左右。根据文献[109],体积加权平均粒径约为 328 μm,中值约为 245.8 μm。根据文献[129],能长时间悬浮于砂盲云上部的颗粒其尺寸小于 20 μm,因此从图 7-11(b)可以看出,Oasis 降落区只有约 6% 的地面颗粒能被气流夹带着长时间悬浮于空中,能短时间悬浮空中、直径在 20~70 μm 的颗粒约占 15%,表明该降落区几乎 80% 的沉积颗粒不受砂盲云演化发展的影响。利用氦密度测定法对样品进行了 10 次循环的骨骼密度测试,结果表明,该试验区砂尘平均密度为 2.599 6 g/cm³,标准差为 0.000 4 g/cm³。研究人员最后采用 JEOL JSM-6490LV 扫描电子显微镜和 Thermo Scientific Noran System SIX 能量色散 X 射线光谱仪对砂尘样本进行了形状分析,如图 7-12(a)所示,图中编号表示取样区域。结果揭示该试验区的砂尘主要包含硅、氧、碳、铝、钙、钾、铁等元素成分。图 7-12(b)反映了这些元素的整体组成情况。利用偏振光显微镜(polarized light microscopy,PLM)对砂尘亚样品进行了表征,发现存在石英、斜长石、长石、云母、碳酸盐、斜角闪石、磁铁矿、黏土和植物碎片等主要类型的物质。

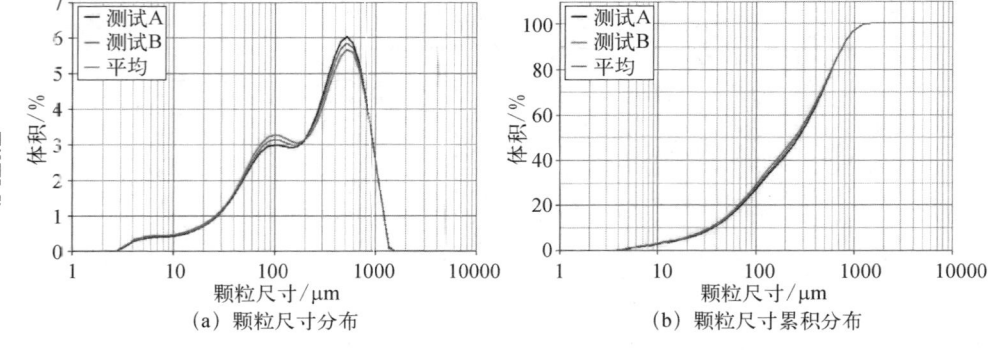

图 7-11 Oasis 降落区砂尘样本颗粒尺寸分布及累积分布图[109]

该飞行试验最后一项任务是对砂盲云的特性描述,有三大任务:滑行穿越和进场着陆两个过程中砂盲云的形成和发展情况,以及粉笔灰可视化[9]。全画幅条件下相机每秒拍摄 3 帧砂盲云照片来跟踪图像中个别点的运动、砂盲云发展过程中的特征、发展速度等,以此达到捕捉砂盲云演化过程的目的。采用 4.4.7 节中的图像处理方法得到一系列标记点。

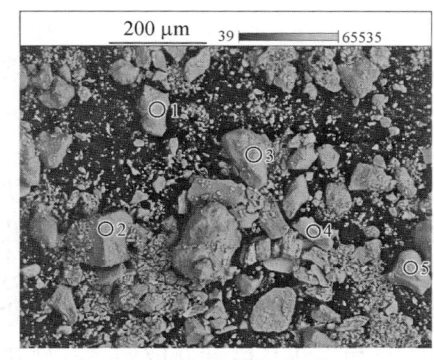

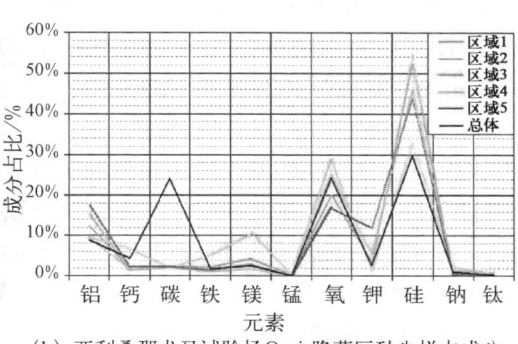

第 7 章　砂尘环境适航验证案例　　189

(a) 砂尘样本反散射电子图像

(b) 亚利桑那尤马试验场Oasis降落区砂尘样本成分

图 7-12　尤马试验场砂尘样本反散射电子图像及编号区域内的砂尘样本成分[109]

1. 滑行穿越

滑行穿越过程中直升机飞行高度距地面大约 50 ft，足够产生砂盲云。从图 7-13 可以看出，砂盲云整体呈现抛物线形状，且随着飞行的继续，尘云的抛物线形状逐渐

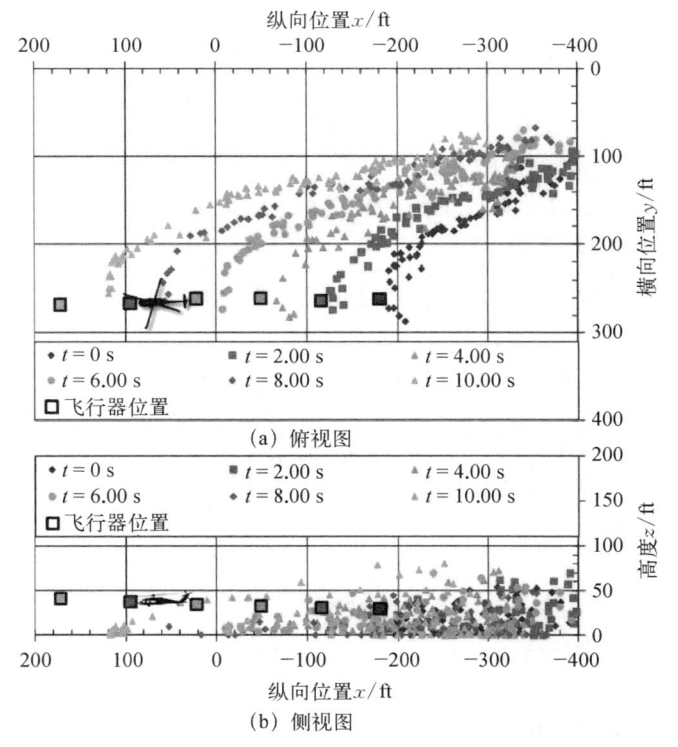

(a) 俯视图

(b) 侧视图

图 7-13　直升机在 5 号跑道上滑行时的砂盲云发展过程[9]

收紧。同时,能很明显地看到飞行器与砂盲云前部存在一定的距离。起初($t=0\,\mathrm{s}$),飞行器距离砂盲云前部的距离大约为 10 ft,而最终($t=10.00\,\mathrm{s}$)这个距离增大到约 50 ft,且飞行器飞行高度增加了约 10 ft。

2. 进场着陆

如图 7-14 所示,飞行器所在位置大体上为着陆点。可以看出,砂盲云前部快速通过飞行器头部,在 $t=4.00\,\mathrm{s}$ 时飞行器机体大部分都被尘云包围。在前 4 帧及最后 2 帧中,飞行器可见,位置可由摄影测量法确定。在 $t=11.67\,\mathrm{s}$ 和 $t=17.33\,\mathrm{s}$,飞行器完全淹没于砂盲云中,此时飞行器位置只能由机上惯性测量单元、嵌入式 GPS/惯性导航系统(inertial navigation system,INS)和雷达高度计获取的飞行轨迹数据确定。除了预期的尘云向外发展以外,尘云形状总体上不随时间发生明显的变化。飞行器在 $t=17.33\sim23.33\,\mathrm{s}$ 之间($t=20\,\mathrm{s}$ 左右)触地,然后继续起飞,约 5 s 后(即最后一帧)飞行器已完全脱离砂盲云层。

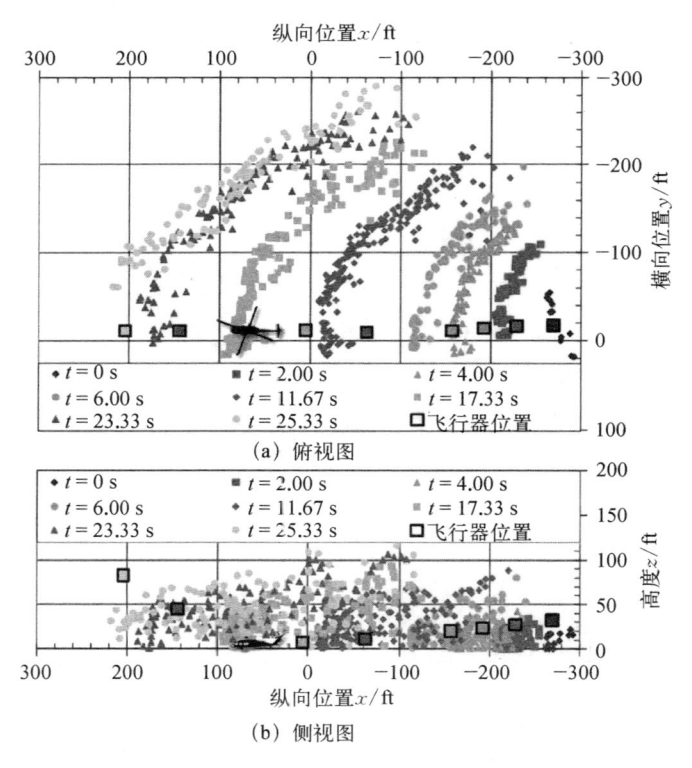

图 7-14 直升机在 7 号跑道上进场着陆时的砂盲云发展过程[9]

对于第二轮飞行试验,文献[109]提供了更为丰富的直升机进场着陆砂盲飞行试验数据。从 $t=0\,\mathrm{s}$ 时刻开始,砂盲云前部标记点处的速度在直升机前进速度方向上的分量达 35~45 ft/s,超过了直升机地面速度的两倍。在 $t=1$ s 之后沿旋翼外洗流方向(即径向向外)的点减少,此时许多点已开始被上洗桨尖涡(图5-3)夹带着向上运动。在 $t=0$ s 时刻最靠近地面一排点的速度如图7-15所示。总的来说,远离砂盲云前部的标记点(标号较小)的速度在 $t=0$ s 时较大,在检查的时间窗口结束时减速。相反,越靠近砂盲云前部即越靠近下洗流的点,起初速度较小而最终速度较大。靠近地面的点起初已经受到旋翼诱导流的加速,因而随着后续的不断上升而减速;而靠近砂盲云前部的点仍然处于砂盲云发展的"初始阶段"。另外一个值得注意的现象是砂盲云中形成的柱状结构,如图7-16所示。这些结构从云层上方来看更容易辨别,但平视也能够看到砂盲云的形成。图7-17所示为图7-10中相机2拍摄的, $t=1.67$ s 时刻砂盲云的后处理结果,从中也能看出红线标示的柱状结构(注:从1~4宽度依次为11 ft、16 ft、15.5 ft、16.6 ft,高度依次为30 ft、26 ft、32.5 ft、40.5 ft)。

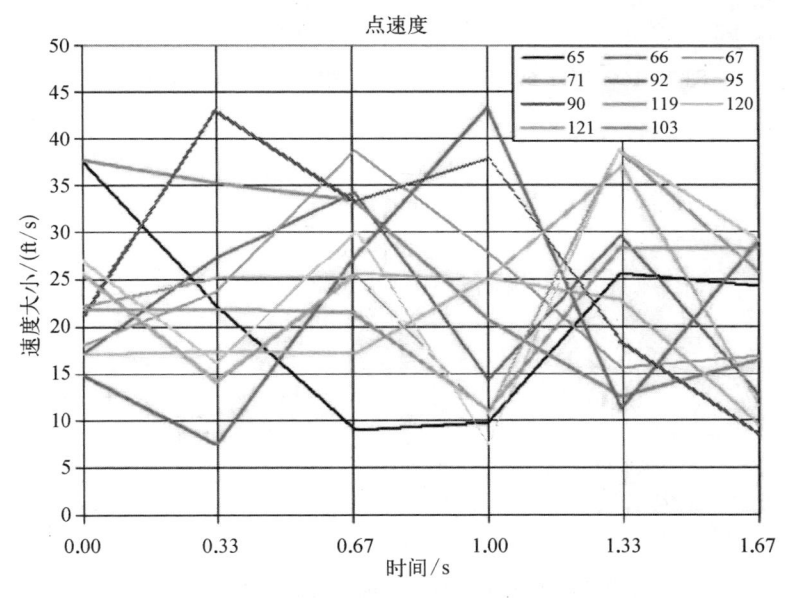

图 7-15　起初最靠近地面的标记点的速度大小[109]

3. 粉笔灰可视化

试验人员通过在着陆区的7号跑道上散布彩色粉笔灰的方式实现了对砂盲云的流动可视化并以此来进一步观察砂尘颗粒的运动过程。在最初使用粉笔灰后,在任何着陆事件中都没有观察到彩色粉笔灰。试验人员在测试日结束时对着陆点进行了检查,发现直升机有两次降落在非常靠近粉笔灰画线的地方,而粉笔灰几乎没有移动或扬起。当粉笔灰铺开时会有结块的倾向,这种结块倾向被认为阻止了粉笔灰被夹带到砂盲云中。

图 7 – 16　EH – 60L 直升机在尤马试验场着陆时的景象[109]

图 7 – 17　美国陆军联合研究项目实验室的直升机砂盲飞行试验[109]

在第二天的测试中，试验人员将粉笔灰与试验区的砂尘混合起来以更接近试验区的砂尘特性，并将混合物以更宽的线形式散布在 7 号跑道上，如图 7 – 18(a)所示。粉笔灰更好地被气流夹带起来，从图 7 – 18(b) 可以清楚地看到砂盲云中的红色和蓝色粉笔灰。在检查粉笔灰线前，试验人员猜想粉笔灰会在 1~2 次降落后被完全清除，但实际情况却是在 3 次降落后粉笔灰仍未被完全清除。在这 3 次降落事件中，可以清楚地看到砂盲云中含有粉笔灰，且粉笔灰与砂尘的混合物大部分都处于地面上原始位置，如图 7 – 19 所示，其中图 7 – 19(b) 显示粉笔灰蓝色较浅是由于砂盲云中的砂尘颗粒沉积在上面导致的。估计 3 次降落后有 1/8 英寸的粉笔灰被清除。图 7-19 中砂土中的凹陷基本保持不变。这些观测结果表明,导致砂盲云的空气拾取力很小。

(a) 彩色粉笔灰分布 (b) 进场着陆景象

图 7-18　EH-60L 直升机 7 号跑道飞行试验[109]

(a) 试验前 (b) 试验后

图 7-19　EH-60L 直升机 7 号跑道飞行试验前、后地面上的蓝色粉笔灰线[109]

7.4　西科斯基 CH-53K 砂盲飞行试验

2018 年夏天,西科斯基 CH-53K 试验飞行测试团队在美国亚利桑那州的尤马试验场成功进行了全尺寸直升机砂盲飞行试验,试验时间大约 25 个小时,试验项目包括在高达 42℃ 的温度下对关键部件的评估。视觉环境退化测试部分包括一系列的机动测试,从地面着陆——模拟部队的插入和撤离,到接近高空悬停——模拟需要接收外部载荷。这一轮测试是在飞机运行质量约为 60 000 lb(约 27 216 kg)的情况下进行的。由于 CH‐53K 为重型直升机(最大空重达 39 900 kg),桨盘载荷较大,因而在试验中激起了一些创纪录的砂盲云,如图 7‐20 所示。尤马地区砂尘丰富,是一个非常受欢迎的砂盲测试地点,且该地区的砂尘环境能代表地球上能找到的最恶劣的砂尘环境。同时,该项目也测试了发动机空气颗粒分离系统的可靠性,尤其是对细滑石之类细砂的反应及容忍极限,据报道,测试结果表明该直升机配备的空气颗粒分离系统性能良好,能够随着时间的推移延长砂尘吸入的时间。另外,低能见度着陆是直升机飞行员最具挑战性的操作之一,因为飞行员在接近地面时通常严重依赖视觉线索来保持稳定。该项目同时检验了飞行员在恶劣砂尘环境中对直升机的驾驭能力,美国海军陆战队多年来在理论上完善了低能见度着陆(reduced visibility landing,RVL)技术,使得直升机能在合适的滑行路径上着陆。另据洛克希德·马丁公司称,CH‐53K 项目目前已经在四个试验发展模型和两个系统演示测试项目中记录了超过 1 400 个飞行测试小时。

图 7‐20　CH‐53K 重型直升机在砂盲环境中开展飞行试验[152]

第8章
涡轴发动机防砂技术展望

　　砂尘防护设计是直升机涡轴发动机设计领域的一个重要课题，尤其是对于军用直升机而言，其在整个服役周期内会不可避免地在沙漠、戈壁、沙滩等富含砂尘的环境中执行任务。而随着直升机飞行速度和旋翼载荷设计要求的不断提高，直升机的高速化、隐身化是未来军用直升机的主要发展趋势，这给直升机涡轴发动机砂尘防护带来了一系列新的挑战。例如，作为倾转旋翼飞行器、高速直升机的潜在动力，轴扇发动机需要解决涡轴、涡扇多模式工作带来的一系列难题。其中，对于粒子分离器而言，飞行器在起降或悬停时，发动机工作于涡轴模态，更高的旋翼桨盘载荷诱导了更为恶劣的砂尘环境，使得粒子分离器可能长时间面临3级以上砂尘环境，故砂尘分离要求显著提高，需要加大流道弯曲；而当飞行器高速飞行时，发动机工作于涡扇模态，更高的进气速度使得粒子分离器内部流动恶化，导致损失加大，甚至流通能力不满足发动机需求，故进气效率要求显著提高，需要减小流道弯曲。为此，针对轴扇发动机的应用需求，传统惯性粒子分离器必然面临"高浓度砂尘分离和高速低损失进气"这一对矛盾性的设计需求，有必要通过环境感知和主动调节等智能化技术来进行破解。实际上，在美国倾转旋翼飞行器V-22的研发过程中研究人员共开展了三轮粒子分离器的改进设计工作，但时至今日，在飞行器起降条件下粒子分离器出口气流也没有达到发动机的砂尘浓度要求，由此可见该项工作的难度之大。

　　为了适应未来直升机发展趋势，涡轴发动机砂尘防护技术也要做出相应的改变。智能化是未来各类科技发展的主要趋势之一，涡轴发动机砂尘防护也不例外。随着高速直升机、低空飞行器、通用飞行器等各类垂直/短距起降飞行器的发展势头越来越强(图8-1)，对飞行器恶劣环境适应性的要求也越来越高，其中之一便是砂尘环境。智能化是降低这类飞行器发动机受到砂尘不利影响的一种大有潜力的措施，即通过对防砂装置的智能化调节来达到砂尘环境下提高砂尘分离效率和巡航条件下提高气动效率的双重目的，其实施途径至少需要考虑以下几方面：智能感知砂尘环境；融合多种主动调节；结合辅助分砂技术；提升抗冲蚀性能；提升一体化水平。

(a) 西科斯基SB-1高速直升机

(b) 低空飞行器

(c) 通用飞行器

图 8-1 未来发展前景良好的各类垂直/短距起降飞行器

8.1 智能感知砂尘环境

对发动机进行智能化砂尘防护,首先要解决砂尘环境的智能化感知问题。目前主要的砂尘环境感知技术有滤膜称重法、β 射线法、振荡天平法、电学法(压电晶体法、静电探针法等)、激光法等,如 4.1.1 节所述,其中不少技术已被应用于大气砂尘环境的在线监测方面。大气砂尘环境监测技术能为发动机砂尘环境监测提供有益的借鉴和指导意义,但至少需要攻克以下技术难题:① 小型化,受限于发动机及飞行器有限而宝贵的舱内空间,需要提高这些监测设备的小型化水平;② 一体化,如何实现对砂尘环境在线监测与下游防砂装置及其他发动机部件或附件的集成是目前亟待解决的另一个关键难题,需要流体、固体、电子、控制、热防护等多学科领域的通力合作;③ 自动化,砂尘环境自主监测后给防砂装置调节机构下达调节指令,实现防砂装置工作模式的自动化调节。

8.2 融合多种主动调节

在实现了对砂尘环境的智能化感知后,接下来就要通过控制指令实现涡轴发动机粒子分离器的智能化调节,如流道曲率调节、分流器位置/角度调节、扫气比调节等。在流道曲率调节方面需要重点关注驼峰、主流道及旁通流道入口型面的曲率。在砂尘环境恶劣的条件下,应考虑如下措施:增大驼峰处型面的曲率以施加更大的径向动量于颗粒,增大颗粒的惯性离心力;通过移动主流道外侧表面位置、平移分流器位置、转动分离器角度等方式来缩小主流道入口面积;通过研制一种转速可连续调节的电动鼓风机来根据感知到的砂尘浓度自适应调节粒子分离器扫气比。在砂尘浓度减弱或无砂尘环境下,根据感知到的砂尘环境实施如下措施:减小驼峰处型面的曲率,减小进气道迎风面积从而降低进气道受到的气动阻力;将主流道外场表面曲率、分离器位置、角度等逐渐恢复到遭遇砂尘环境之前的状态;降低鼓风机转速以减小扫气比。需要注意的是:① 尽管在恶劣砂尘环境下,提高粒子分离器的分砂效率是第一位的,但同时也要兼顾此时进气道的气动性能,即气动损失、流动畸变不能过大,以确保发动机能安全、稳定地工作;② 在上述各类智能调节过程中,可能会出现流道内局部分离程度增强的情况,因此流道基准构型的选择至关重要,这需要在初始设计时进行多轮迭代。

对于未来高速直升机、倾转旋翼机来说,发动机在一次飞行任务中可能会经历多种工作模式。例如,在高速巡航时发动机须处于低流动损失模式,而在地面砂尘环境中须处于高分离效率模式。通过智能化、电气化机载设备对调节机构发出控制指令来执行上述调节策略,使得粒子分离器能根据不同砂尘环境和飞行工况自适应地工作于合适的模式,如表8-1所示。

表8-1 智能化粒子分离器的典型工作模式

序号	工况	砂尘环境	典型工作模式	调节措施
1	高速飞行	清洁	低流动损失模式	(1)鼓风机自由风车; (2)流道小变形
2	低速飞行	清洁	低流动损失模式	(1)鼓风机低转速; (2)流道小变形
3	悬停、起降	清洁	低功率提取模式	(1)鼓风机低转速; (2)流道中等变形
4	悬停、起降	低浓度	综合平衡模式	(1)鼓风机中等转速; (2)流道中等变形
5	悬停、起降	高浓度	高分离效率模式	(1)鼓风机高转速; (2)流道大变形; (3)辅助分砂措施

8.3 结合辅助分砂技术

发动机砂尘防护目前的主要挑战在于对细小砂尘颗粒的有效分离。例如,目前性能优异的惯性粒子分离器对于 200 μm 以上的粗砂的分离效率能达到近乎 100%,而对于亚微米级尺寸的细砂的分离效率可能只有一半。因而,为了进一步提高惯性粒子分离器对细砂的分离效率,可以采取一些行之有效的辅助分砂措施。除 3.3 节详细介绍的流动控制、声波控制、电磁控制等手段外,其他一些控制方法,如等离子体控制、温度控制等,理论上也具备一定的发动机砂尘防护应用潜能。

可类比流动控制的分类方法,将各类辅助分砂方法按照是否需要引入外部能量这一标准划分为主动控制和被动控制两大类。由于声波、电磁、等离子体、温度等控制手段都需要引入外部能量,因而它们都属于主动控制的范畴。而基础流体力学范畴内的流动控制本身就存在主动和被动控制之分,因而对于流动控制辅助分砂来说,也存在主、被动方面的区别。实际上,传统的固定几何的粒子分离器即可归类于被动流动控制砂尘颗粒运动轨迹的范畴,而如 3.3.1 节中提及的射流控制颗粒运动轨迹的方法则属于主动流动控制的范畴。虽然一些理论研究证明了主动流动控制手段能在特定工况下提高粒子分离器的分砂效率,但对粒子分离器主流道气动性能也会产生不利影响,导致总压恢复性能显著降低。另外,主动流动控制消耗的额外能量通常来自下游压气机的引气,因而对发动机的总压恢复性能来说也会产生一定的不利影响。声波、电磁、等离子体、温度等主动控制手段需要消耗的发动机能量更大,因而对发动机热效率造成的不利影响更大。当然,基于智能化粒子分离器的辅助分砂措施仅会在砂尘环境下对进气道和发动机性能产生一定程度的不利影响。然而,另外一个不利影响则会时刻存在,即所有主动控制手段需要分出发动机或飞行器较大空间用于布置相关机构和装置,造成发动机尺寸、飞行器空重、制造/维护成本等都大大增加。因此,在设计辅助分砂措施时需要在提高砂尘分离效率的收益与性能降低、成本增加的损失之间作出适当的平衡。

8.4 提升抗冲蚀性能

除智能调节粒子分离器的流道和流动状态来提升粒子分离器分砂效率外,还需要考虑提升发动机叶片性能的措施,如应用一些高附着力、多层、强韧性、高抗冲蚀性、耐腐蚀性的涂层,设计抗冲蚀磨损叶型等。

抗冲蚀磨损涂层包括了硬质与超硬涂层、弹性涂层、自润滑涂层、仿生涂层等[162]。高熵合金涂层的组织结构均匀,有利于提高材料表面的耐腐蚀能力。研究表明,在高熵合金涂层或薄膜中加入一些耐腐蚀的金属元素,如 Cr、Ni、Mo 等元素,有助于提高涂层的耐腐蚀能力[163]。此外,非金属单质和陶瓷相的加入对涂层耐磨性也有所提升。Zhang 等[164]利用激光熔覆法制备了 FeCrNiCoB$_x$ 涂层,发现其耐腐蚀能力高于 304L 不锈钢;当涂层组织中的硼含量在 0.5%~1% 之间时,涂层的硬度和耐腐蚀性较其他含量时有所提高。除涂层材料本身具备的抗冲蚀、耐腐蚀性能外，先进的制造技术也能起到同样的作用，如电磁辅助激光熔覆技术，在基材上施加稳定电流产生磁通密度分布均匀的磁场，加速熔池流动，从而细化涂层的晶粒结构，提高涂层的硬度和耐磨性并减少涂层的孔隙和裂纹[165]。

通过对压气机、涡轮叶片进行叶型几何设计，也可以增强叶片的抗冲蚀磨损性能。Thapa 等[166]对 Francis 涡轮叶片角度进行了优化设计，有效降低了固体颗粒物的侵蚀程度。Huang 等[167]研究了沙漠蜥蜴的皮肤，并制作了具有两层复合结构的仿生样本，结果表明颗粒在该样本表面上的动能降低了 56.5%，从而减少了侵蚀。Qian 等[168]设计了一种双吸离心水泵的仿生凸圆叶片。从图 8-2 可以看出，凸圆的存在改变了叶片表面速度分布，仿生凸圆叶片表面相对于光滑叶片表面的速度较低，因而载流传给颗粒的动量更小、沉积颗粒撞击叶片表面的速度也更小。从图 8-3 能清晰地看到，仿生凸圆叶片表面（包括吸力面，这里未展示）的砂尘磨损面积明显减小且更加分散。

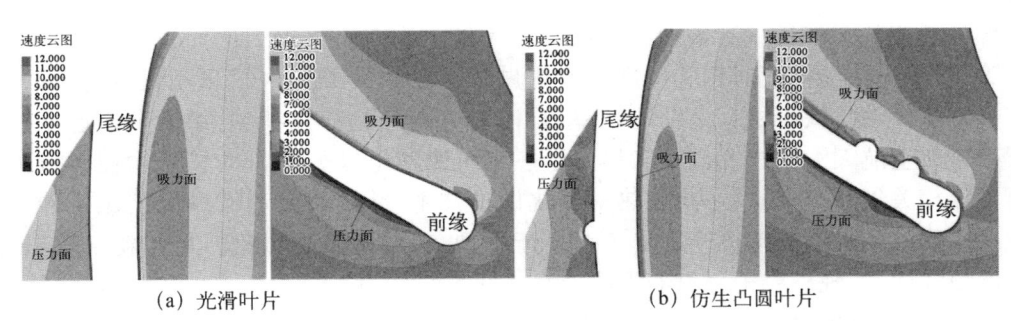

(a) 光滑叶片　　　　　　　　(b) 仿生凸圆叶片

图 8-2　不同构型的离心水泵叶片表面前、后缘附近速度分布[168]

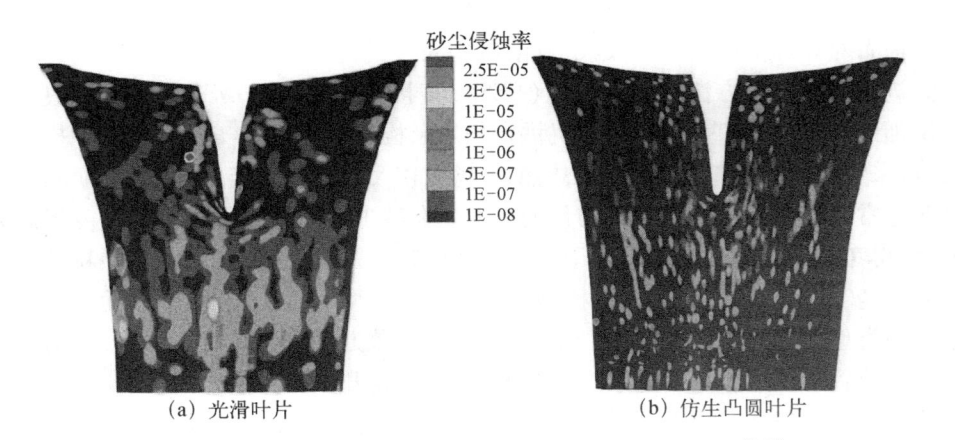

(a) 光滑叶片　　　　　　　　(b) 仿生凸圆叶片

图 8-3　不同构型的离心水泵叶片压力面上砂尘侵蚀率[168]

8.5 提升一体化水平

  1967 年,美军对配装了惯性粒子分离器的 CH-46 直升机进行外场飞行试验,只飞行了二十几次起落性能就严重下降了,不得不中止试验。根据此事件中发动机的磨蚀数据推测来看,该直升机配装的粒子分离器对砂尘分离的实际效率仅为 45%~50%,与试验室环境下的分离效率(95%)相差很远。为此,美军搭建了旋翼下洗流模拟试验台,开展模拟试验,验证了粒子分离器的实际分离效率仅为 46%左右。因此,在设计涡轴发动机粒子分离器时要逐渐摒弃过去那种将粒子分离器作为一个孤立部件进行研究的思想,转而将飞行器与发动机进行一体化设计,计及旋翼下洗流效应、机身阻挡效应、地面效应、内外流耦合效应等真实飞行条件下的影响因素。另外,进排气系统安装位置对粒子分离器分砂性能也可能会产生显著的影响,如位置不当,会造成较大旋流畸变。目前这方面的工作多以结构、重量等设计为主,气动方面的设计考虑不够。另外,未来在发动机部件性能的多学科一体化设计方面也有大量工作值得去做。例如,在不同工况下,粒子分离器需要对扫气比进行主动调节。然而,传统鼓风机采用机械传动的方式从发动机核心机直接获取功率,难以对其转速进行连续、自由调节。近期,南京航空航天大学进气道团队提出了一种可变速电动鼓风机的技术途径,通过发展相关气动/电驱/结构/散热一体化设计技术,并研制电动鼓风机缩比样件,从而将鼓风机和发动机核心机工况进行解耦,自由调节鼓风机转速和粒子分离器扫气比,实现了粒子分离器提取功率降低 50%的目标。在未来工作中,还应结合鼓风机、电机、粒子分离器等部件的结构集成、热环境与热控制、噪声控制等进行综合设计。

  在进行一体化气动设计时,应重视高精度数值模拟方法和试验方法、技术的提升。前者对计算资源的需求较大,目前应用较多的还是雷诺平均方法(RANS),更为先进的湍流模拟方法如大涡模拟(LES)、直接数值模拟(DNS)等需付出成数量级增加的代价,对于直升机-发动机耦合的复杂构型来说不现实。作为一种折中方法,可采用分离涡模拟(DES)方法模拟气场中较大旋涡的非定常效应,从而间接提高非定常砂场中砂尘运动轨迹的预测精度。在砂尘运动轨迹数值模型精度提高方面,值得考虑的措施包括但不限于不同形状的颗粒及其组成比例、砂尘颗粒的化学组分、真实砂尘样本的阻力系数模型及壁面反弹模型的试验建模、颗粒动力学模型中多种类型作用力的涵盖、运动方程的高精度离散方法等。在试验方面,发动机砂尘试验装置及试验方法的复杂度和难度都很大,提升试验方法如人工诱喘、提高砂尘浓度分布均匀性等所需要付出的代价也更大。另外,还应从数据采集、处理技术等方面来提升试验结果的可信度,如提高收集砂尘的称重精度、砂尘分布照片的去噪处理、先进的砂尘颗粒图像识别技术等。

总而言之,发动机砂尘防护是一门大学问,相信未来在各学科、各领域内科学家和工程师的同心协力下,直升机的天空会更加蔚蓝、涡轴发动机的流道将更加洁净。

参考文献

[1] Bojdo N M. Rotorcraft engine air particle separation[D]. Manchester: The University of Manchester, 2012.

[2] Trevithick J, Thomas N. The Marines' new CH-53K helicopter isn't allowed to spend more than 70 seconds in a dust cloud[EB/OL]. (2021-03-02)[2024-11-28]. https://www.thedrive.com/the-war-zone/39528/the-marines-new-ch-53k-helicopter-isnt-allowed-to-spend-more-than-70-seconds-in-a-dust-cloud.

[3] van der Walt J P, Nurick A. Erosion of dust-filtered helicopter turbine engines part I: Basic theoretical considerations[J]. Journal of Aircraft, 1995, 32(1): 106-111.

[4] van der Walt J P, Nurick A. Erosion of dust-filtered helicopter turbine engines part II: Erosion reduction[J]. Journal of Aircraft, 1995, 32(1): 112-117.

[5] Hamed A, Tabakoff W, Wenglarz R. Erosion and deposition in turbomachinery[J]. Journal of Propulsion and Power, 2006, 22(2): 350-360.

[6] Colucci F. Safety spotlight: Enduring power[J]. Vertiflite, 2007, 53(2): 24-27.

[7] Brower M. Preventing brownout[J]. Special Operations Technology, 2004, 2(4): 1.

[8] 张卫国,谭剑锋,刘亚奎,等. 直升机"沙盲"现象研究进展[J]. 实验流体力学, 2023, 37(5): 56-75.

[9] Wong O D, Tanner P E. Photogrammetric measurements of an EH-60L brownout cloud[J]. Journal of the American Helicopter Society, 2016, 61(1): 1-10.

[10] Chambers J. The 1982 encounter of British Airways 77 with the Mt. Galunggung eruption cloud[C]. Reno: 23rd Aerospace Sciences Meeting, 1985.

[11] Campbell E E. Recommended flight-crew procedures if volcanic ash is encountered[J]. US Geological Survey Bulletin, 1994, 2047: 151-157.

[12] Cowherd C. Sandblaster 2 support of see-through technologies for particulate brownout[J]. MRI Project, 2007(110565.1): 001.

[13] Allen T. Particle size measurement[M]. Berlin: Springer, 2013.

[14] Radoicic T K, Duris M, Garic-Grulovic R, et al. Particle characterization of polydisperse quartz filtration sand[J]. Powder Technology, 2014, 254: 63-71.

[15] Garboczi E J, Liu X, Taylor M A. The 3-D shape of blasted and crushed rocks: From 20 μm to 38 mm[J]. Powder Technology, 2012, 229: 84-89.

[16] Ersoy O. Surface area and volume measurements of volcanic ash particles by SEM stereoscopic imaging[J]. Journal of Volcanology and Geothermal Research, 2010, 190(3-4): 290-296.

[17] Wang Y, Zhou L, Wu Y, et al. New simple correlation formula for the drag coefficient of

calcareous sand particles of highly irregular shape[J]. Powder Technology, 2018, 326: 379-392.
[18] Wadell H. Volume, shape, and roundness of rock particles[J]. The Journal of Geology, 1932, 40(5): 443-451.
[19] Mikli V, Kaerdi H, Kulu P, et al. Characterization of powder particle morphology[J]. Proceedings of the Estonian Academy of Sciences: Engineering, 2001, 7(1): 22-34.
[20] Geldart D. Estimation of basic particle properties for use in fluid—particle process calculations[J]. Powder Technology, 1990, 60(1): 1-13.
[21] McNown J S, Malaika J. Effects of particle shape on settling velocity at low Reynolds numbers[J]. Eos, Transactions American Geophysical Union, 1950, 31(1): 74-82.
[22] Johansson S H, Davidson L, Olsson E. Numerical simulation of vortex shedding past triangular cylinders at high Reynolds number using a $k-\varepsilon$ turbulence model[J]. International Journal for Numerical Methods in Fluids, 1993, 16(10): 859-878.
[23] Franke R T, Rodi W. Calculation of vortex shedding past a square cylinder with various turbulence models[C]. Munich: Turbulent Shear Flows 8: Selected Papers from the Eighth International Symposium on Turbulent Shear Flows, 1993.
[24] Shur M, Spalart P, Strelets M, et al. Detached-eddy simulation of an airfoil at high angle of attack[M]. Amsterdam: Elsevier, 1999: 669-678.
[25] Saha A K. Three-dimensional numerical simulations of the transition of flow past a cube[J]. Physics of Fluids, 2004, 16(5): 1630-1646.
[26] Spalart P R. Comments on the feasibility of LES for wings and on the hybrid RANS/LES approach[C]. Ruston: Proceedings of the First AFOSR International Conference on DNS/LES, 1997.
[27] Holzer A, Sommerfeld M. New simple correlation formula for the drag coefficient of non-spherical particles[J]. Powder Technology, 2008, 184(3): 361-365.
[28] Heywood H. Numerical definitions of particle size and shape[J]. Journal of the Society of Chemical Industry, 1937, 56(7): 149-154.
[29] Phillips C, Kim H W, Brown R E. Helicopter brownout-Can it be modelled?[J]. The Aeronautical Journal, 2011, 115(1164): 123-133.
[30] Syal M, Leishman J G. Modeling of bombardment ejections in the rotorcraft brownout problem[J]. AIAA Journal, 2013, 51(4): 849-866.
[31] Seddon J, Goldsmith E. Intake aerodynamics[M]. Reston: AIAA, 1999.
[32] Stallard P. Helicopter engine protection[J]. Perfusion, 1997, 12(4): 263-267.
[33] Inc P T. Arizona test dust history[EB/OL]. (2023-02-14)[2024-11-28]. https://www.powdertechnologyinc.com/test-dust-history/.
[34] Prinsloo W J, de Villiers P, van Dijken M C. Vortex tube separating device: US Patents 4,985,058[P].1990-03-28.
[35] ISO. Road vehicles — Test contaminants for filter evaluation — Part 1: Arizona test dust[EB/OL]. (2016-03-08)[2024-11-29]. https://standards.iteh.ai/catalog/standards/sist/b993f47e-ae93-4eab-93ab-e722a21aa439/iso-12103-1-2016.
[36] Donaldson Company. Donaldson inertial particle separation technology[R]. Minneapolis:

Donaldson Company, 2014.
[37] Bojdo N M, Filippone A. A comparative study of helicopter engine air particle separation technologies[C]. Amsterdam: 38th European Rotorcraft Forum 2012, 2012.
[38] U.S. Army Materiel Command. Engineering design handbook. helicopter engineering. part one. preliminary design[R]. Alexandria: U.S. Army Materiel Command, 1974.
[39] Filippone A, Bojdo N. Turboshaft engine air particle separation[J]. Progress in Aerospace Sciences, 2010, 46(5-6): 224-245.
[40] Monson D R, Rosendahl T E. Centrifugal separator: US Patent 4,008,059[P].1977-02-15.
[41] Monson D R, Keller D E, Rothman J C. Deflecting element for centrifugal separators: US Patent 3,517,821[P].1970-06-30.
[42] Brockmann H. Multi-stage cyclone separator: US Patent 4,289,611[P].1981-09-15.
[43] Simpson T W. Separator: US Patent 4,255,174[P].1981-03-10.
[44] Roach C J. Vortex air cleaner assembly with acoustic attenuator[J]. The Journal of the Acoustical Society of America, 1979, 65(5): 1358.
[45] Shohet H N, Amelio A F, House R L, et al. Engine inlet air particle separator: US Patent 3,449,891[P].1969-06-17.
[46] Pall D B, Gross R I. Vortex air cleaner assembly having uniform particle removal efficiency throughout the array of air cleaners: US Patent 3,520,114[P].1970-07-14.
[47] Ballard J. Impact of IPS and IRS configurations on engine installation design[C]. Essex: AGARD Engine-Airframe Integration for Rotorcraft, 1986.
[48] Hobbs J. Gas turbine engine air intake: US Patent 4,389,227[P].1983-06-21.
[49] Stoten M D. Integral inertial particle separator for radial inlet gas turbine engine: US Patent 6,134,874[P].2000-10-24.
[50] Barr S R. Particle separator for turbine engines of aircraft: US Patent 3,993,463[P].1976-11-23.
[51] Richardson D A, Wilkins W G. Moisture and particle removing means for engines: US Patent 3,148,043[P].1964-09-08.
[52] Harold S P. Particle separator for a gas turbine engine: US Patent 6,698,180[P].2004-03-02.
[53] Hull T, Nye J. Particle separator with scroll scavenging means: US Patent 3,832,086[P].1974-08-27.
[54] Jenkins J, Sperinck J, Buller M. Inlet particle separator: US Patent 4,702,071[P].1987-10-27.
[55] McAnally W J. Particle and moisture separator for engine inlet: US Patent 3,766,719[P].1973-10-23.
[56] Weinstein B, Steyer W. Foreign particle separator system: US Patent 4,265,646[P].1981-05-05.
[57] Snyder P H, Vittal B. Particle separator: US Patent 6,508,052[P]. 1990-03-28.
[58] Hartman P A. High particle separation efficiency system: US Patents 6,702,873[P].2004-03-09.
[59] Hamed A, Jun Y, Yeuan J. Particle dynamics simulations in inlet separator with an experimentally based bounce model[J]. Journal of Propulsion and Power, 1995, 11(2): 230-235.

[60] Vittal B, Tipton D, Bennett W. Development of an advanced vaneless inlet particle separator for helicopter engines[J]. Journal of Propulsion and Power, 1986, 2 (5): 438-444.

[61] Musgrove G O, Barringer M D, Thole K A, et al. Computational design of a louver particle separator for gas turbine engines [C]. Orlando: Turbo Expo: Power for Land, Sea, and Air, 2009.

[62] Saeed F, Al-Garni A Z. Analysis method for inertial particle separator[J]. Journal of Aircraft, 2007, 44 (4): 1150-1158.

[63] Taslim M, Khanicheh A, Spring S. A numerical study of sand separation applicable to engine inlet particle separator systems [J]. Journal of the American Helicopter Society, 2009, 54 (4): 42001.

[64] Suhr S A. Preliminary turboshaft engine design methodology for rotorcraft applications [D]. Atlanta: Georgia Institute of Technology, 2006.

[65] Hinds W C, Zhu Y. Aerosol technology: Properties, behavior, and measurement of airborne particles[M]. 3rd ed. New York: John Wiley & Sons, 2022.

[66] Brown R C. Air filtration: An integrated approach to the theory and applications of fibrous filters [M]. Oxford: Pergamon Press, 1993: 86-87.

[67] Scimone M J. Aircraft engine air filter and method: US Patent 6,595,742[P].2003-07-22.

[68] Stelzer J F, Newman T L. Engine air filter and sealing system: US Patent 7,192,562[P].2007-03-20.

[69] Bear J. Dynamics of fluids in porous media[M]. North Chelmsford: Courier Corporation, 2013.

[70] Chen Y-S, Hsiau S-S. Cake formation and growth in cake filtration[J]. Powder Technology, 2009, 192 (2): 217-224.

[71] Krumbein W, Monk G. Permeability as a function of the size parameters of unconsolidated sand [J]. Transactions of the AIME, 1943, 151(1): 153-163.

[72] Sutherland K S, Chase G. Filters and filtration handbook[M]. Amsterdam: Elsevier, 2011.

[73] Higgins T J. Adaptive inertial particle separator: EU Patent 1,908,939[P].2008-03-27.

[74] 顿洪超,黄宁,张杰,等.一种自适应惯性粒子分离器: CN 201620409902[P].2016-07-20.

[75] 凌械.一种柔性可变形粒子分离器的设计、分析与初步实验[D].南京:南京航空航天大学,2018.

[76] Hartman P A, Meadowcroft E T. Engine inlet air particle separator with active flow control: US Patent 7,296,395B1[P].2007-11-20.

[77] 程飞,孙姝,谢买祥,等.基于局部射流提升粒子分离器分砂性能的方法[J].航空动力学报, 2023, 38 (6): 1414-1422.

[78] Hill M, Harris N R. Ultrasonic particle manipulation[M]. Berlin: Springer, 2007: 357-392.

[79] Courtney C R, Ong C-K, Drinkwater B, et al. Manipulation of microparticles using phase-controllable ultrasonic standing waves[J]. The Journal of the Acoustical Society of America, 2010, 128 (4): EL195-EL199.

[80] Townsend R, Hill M, Harris N, et al. Modelling of particle paths passing through an ultrasonic standing wave[J]. Ultrasonics, 2004, 42 (1-9): 319-324.

[81] Anderson M, Budwig R, Cluff A, et al. The physics and technology of ultrasonic particle separation in air[C]. Paris: Proceedings of the 2003 World Congress on Ultrasonics, 2003.

[82] Bernstein M. Particle adhesion theory and experiment[J]. Advances in Colloid and Interface Science, 1967, 1 (2): 111-239.
[83] King L V. On the acoustic radiation pressure on spheres[J]. Proceedings of the Royal Society of London. Series A-Mathematical and Physical Sciences, 1934, 147 (861): 212-240.
[84] Hamilton M F, Blackstock D T, Ostrovsky L A. Nonlinear acoustics[J]. The Journal of the Acoustical Society of America, 1999, 105 (2): 578.
[85] Doinikov A A. Acoustic radiation force on a spherical particle in a viscous heat-conducting fluid. II. Force on a rigid sphere[J]. The Journal of the Acoustical Society of America, 1997, 101 (2): 722-730.
[86] Nowotny H, Benes E. General one — dimensional treatment of the layered piezoelectric resonator with two electrodes[J]. The Journal of the Acoustical Society of America, 1987, 82 (2): 513-521.
[87] Anderson M J, Budwig R S, Line K S, et al. Use of acoustic radiation pressure to concentrate small particles in an air flow[C]. Munich: 2002 IEEE Ultrasonics Symposium, 2002.
[88] Nyborg W L. Acoustic streaming near a boundary[J]. The Journal of the Acoustical Society of America, 1958, 30 (4): 329-339.
[89] Lee C P, Wang T G. Acoustic radiation force on a heated sphere including effects of heat transfer and acoustic streaming[J]. The Journal of the Acoustical Society of America, 1988, 83 (4): 1324-1331.
[90] Lee C P, Wang T G. Outer acoustic streaming[J]. The Journal of the Acoustical Society of America, 1990, 88 (5): 2367-2375.
[91] Lei J, Glynne-Jones P, Hill M. Acoustic streaming in the transducer plane in ultrasonic particle manipulation devices[J]. Lab on a Chip, 2013, 13 (11): 2133-2143.
[92] Sukhanov D, Rosliakov S. Particle levitation and control in midair using wideband ultrasonic waves[J]. Applied Acoustics, 2021, 178: 108004.
[93] Chitale K C, Lipkens B, Presz W, et al. Understanding the fluid dynamics associated with macro scale ultrasonic separators[C]. Pittsburgh: 169th Meeting of the Acoustical Society of America, 2015.
[94] Chitale K C, Presz W, Ross-Johnsrud B P, et al. Particle manipulation using macroscale angled ultrasonic standing waves[C]. Boston: 173rd Meeting of Acoustical Society of America and 8th Forum Acusticum, 2017.
[95] Whitworth G, Grundy M, Coakley W. Transport and harvesting of suspended particles using modulated ultrasound[J]. Ultrasonics, 1991, 29 (6): 439-444.
[96] Lipkens B, Costolo M, Rietman E. The effect of frequency sweeping and fluid flow on particle trajectories in ultrasonic standing waves[J]. IEEE Sensors Journal, 2008, 8 (6): 667-677.
[97] Trujillo F J, Eberhardt S, Moller D, et al. Multiphysics modelling of the separation of suspended particles via frequency ramping of ultrasonic standing waves[J]. Ultrasonics Sonochemistry, 2013, 20 (2): 655-666.
[98] Courtney C R, Ong C-K, Drinkwater B, et al. Manipulation of particles in two dimensions using phase controllable ultrasonic standing waves[J]. Proceedings of the Royal Society A: Mathematical, Physical and Engineering Sciences, 2012, 468 (2138): 337-360.

[99] Kandemir M, Beelen M, Wagterveld R, et al. Dynamic acoustic fields for size selective particle separation on centimeter scale[J]. Journal of Sound and Vibration, 2021, 490: 115723.

[100] Zhang J, Chen D, Zha Z. Theoretical and experimental study of trapping PM2. 5 particles via magnetic confinement effect in a multi-electric field ESP[J]. Powder Technology, 2020, 368: 70-79.

[101] 何光宇,李应红,柴艳,等.航空发动机压气机叶片砂尘冲蚀防护涂层关键问题综述[J].航空学报,2015, 36 (6): 1733-1743.

[102] Phillips C, Brown R E. The effect of helicopter configuration on the fluid dynamics of brownout [C]. Liverpool: 34th European Rotorcraft Forum, 2008.

[103] Wadcock A J, Ewing L A, Solis E, et al. Rotorcraft downwash flow field study to understand the aerodynamics of helicopter brownout [C]. Dallas-Fort Worth: AHS Southwest Region Technical Specialist's Meeting on Next Generation Vertical Life Technologies, 2008.

[104] Milluzzo J, Leishman J G. Assessment of rotorcraft brownout severity in terms of rotor design parameters[J]. Journal of the American Helicopter Society, 2010, 55 (3): 32009.

[105] Phillips C, Kim H W, Brown R E. The effect of rotor design on the fluid dynamics of helicopter brownout[C]. Hamburg: 35th European Rotorcraft Forum, 2009.

[106] Phillips C. Computational study of rotorcraft aerodynamics in ground effect and brownout[D]. Glasgow: University of Glasgow, 2010.

[107] Phillips C, Kim H W, Brown R E. The flow physics of helicopter brownout[C]. Phoenix: 66th American Helicopter Society Forum: Rising to New Heights in Vertical Lift Technology, 2010.

[108] Milluzzo J, Sydney A, Rauleder J, et al. In-ground-effect aerodynamics of rotors with different blade tips [C]. Phoenix: 66th Annual Forum Proceedings of the American Helicopter Society, 2010.

[109] Tanner P E. Photogrammetric characterization of a brownout cloud[C]. Virginia Beach: 67th Annual Forum of the American Helicopter Society, 2011.

[110] Modesto M. Beating brownout[J]. The Journal of the JAPCC, 2017, 24: 68-73.

[111] Connolly B J. A parametric study of inertial particle separator geometry[D]. Charlottesville: University of Virginia, 2016.

[112] Johnson B, Leishman J G, Sydney A. Investigation of sediment entrainment using dual — phase, high — speed particle image velocimetry [J]. Journal of the American Helicopter Society, 2010, 55 (4): 042003-042016.

[113] Whitehouse G R, Wachspress D A, Quackenbush T R. Aerodynamic design of helicopter rotors for reduced brownout[C]. Philadelphia: International Powered Lift Conference, 2010.

[114] Lin H, Waldherr G A, Burch T. Optical embedded dust sensor for engine protection and early warning on M1 Abrams/ground combat vehicles [C]. Baltimore: Photonic Applications for Aerospace, Transportation, and Harsh Environment III, 2012.

[115] Li A K, McDonell V, Venaas M, et al. Design and evaluation of a fiber optic sensor for particle and concentration monitoring in a contaminated flow rig[C]. Phoenix: Design and Evaluation of a Fiber Optic Sensor for Particle and Concentration Monitoring in a Contaminated Flow Rig, 2019.

[116] Flight International. Brown, not out — helicopter shoot-downs in Iraq[EB/OL]. (2007-05-

29)[2024-11-29]. https://www.flightglobal.com/brown-not-out-helicopter-shoot-downs-in-iraq/73971.article.

[117] Weickert J D, Griffin G, Noel J R, et al. Electrostatic dust and debris sensor for an engine: EU Patent 20170151253[P].2022-03-02.

[118] Powrie H. Use of electrostatic technology for aero engine oil system monitoring[C]. Big Sky: IEEE Aerospace Conference, 2000.

[119] 马志宏,李金国,李运泽,等.气固射流加砂方式中颗粒速度场及浓度场的实验研究[J].应用力学学报,2005,22(4):507-510.

[120] Huang M G, Liu W, Liu D F, et al. Design and experiment of test system for simulating aero-engine burn fragments fault[C]. Shenzhen: 2nd International Conference on Frontiers of Sensors Technologies (ICFST), 2017.

[121] 孙见忠,姜衡,陈颖达.航空发动机砂尘吸入物静电监测仿真实验[J].航空动力学报,2018,33(12):2913-2923.

[122] Ding H, Li J, Wang H, et al. Development of ring-shaped electrostatic coupled capacitance sensor for the parameter measurement of gas-solid flow[J]. Transactions of the Institute of Measurement and Control, 2021, 43(11): 2567-2576.

[123] 吴祯龙,张悦,谭慧俊.一种用于模拟及感知砂尘环境的进气道实验装置及实验方法: CN 202411426114.2[P]. 2024-10-14.

[124] Abedi M. Effect of restitution coefficient on inertial particle separator's efficiency[D]. Boston: Northeastern University, 2009.

[125] Millikan R A. The general law of fall of a small spherical body through a gas, and its bearing upon the nature of molecular reflection from surfaces[J]. Physical Review, 1923, 22(1): 1.

[126] Davis E J, Zhang S, Fulton J H, et al. Measurement of the aerodynamic drag force on single aerosol particles[J]. Aerosol Science and Technology, 1987, 6(3): 273-287.

[127] 周浩宇.直升机机身/旋翼/进气道一体化条件下排异特性研究[D].南京:南京航空航天大学,2024.

[128] 束继祖,李华煜.流场显示技术在流体力学中的应用和展望[J].力学进展,1979,9(1):26-37.

[129] Syal M, Govindarajan B, Leishman J. Mesoscale sediment tracking methodology to analyze brownout cloud developments[C]. Phoenix: 66th Annual American Helicopter Society Forum, 2010.

[130] Wachspress D A, Whitehouse G R, Keller J D, et al. A high fidelity brownout model for real-time flight simulations and trainers[C]. Grapevine: 65th Annual American Helicopter Society Forum, 2009.

[131] D'Andrea A. Numerical analysis of unsteady vortical flows generated by a rotorcraft operating on ground: A first assessment of helicopter brownout[C]. Grapevine: 65th Annual American Helicopter Society Forum, 2009.

[132] Wu Z, Cao Y. Numerical simulation of flow over an airfoil in heavy rain via a two-way coupled Eulerian-Lagrangian approach[J]. International Journal of Multiphase Flow, 2015, 69: 81-92.

[133] Sommerfeld M. Theoretical and experimental modelling of particulate flows[J]. Lecture Series

[134] van der Walt J P, Nurick A. Life prediction of helicopter engines fitted with dust filters[J]. Journal of Aircraft, 1995, 32 (1): 118 – 123.

[135] Ansys Inc. Ansys fluent theory guide[R]. Ansys Inc., 2019.

[136] Talbot L, Cheng R K, Schefer R W, et al. Thermophoresis of particles in a heated boundary layer[J]. Journal of Fluid Mechanics, 1980, 101 (4): 737 – 758.

[137] Oesterle B, Dinh T B. Experiments on the lift of a spinning sphere in a range of intermediate Reynolds numbers[J]. Experiments in Fluids, 1998, 25: 16 – 22.

[138] Tsuji Y, Oshima T, Morikawa Y. Numerical simulation of pneumatic conveying in a horizontal pipe[J]. KONA Powder and Particle Journal, 1985, 3: 38 – 51.

[139] Rubinow S I, Keller J B. The transverse force on a spinning sphere moving in a viscous fluid [J]. Journal of Fluid Mechanics, 1961, 11 (3): 447 – 459.

[140] Morsi S, Alexander A. An investigation of particle trajectories in two-phase flow systems[J]. Journal of Fluid Mechanics, 1972, 55 (2): 193 – 208.

[141] Haider A, Levenspiel O. Drag coefficient and terminal velocity of spherical and nonspherical particles[J]. Powder Technology, 1989, 58 (1): 63 – 70.

[142] Cash J R, Karp A H. A variable order Runge-Kutta method for initial value problems with rapidly varying right-hand sides [J]. ACM Transactions on Mathematical Software, 1990, 16 (3): 201 – 222.

[143] Beacher B, Tabakoff W, Hamed A. Improved particle trajectory calculations through turbomachinery affected by coal ash particles[J]. Journal of Engineering for Power, 1982, 104: 64 – 76.

[144] Tabakoff W, Hamed A. Aerodynamic effects on erosion in turbomachinery[J]. JSME and ASME Paper, 1977, 70: 574 – 581.

[145] Breitman D, Dueck E, Habashi W. Analysis of a split-flow inertial particle separator by finite elements[J]. Journal of Aircraft, 1985, 22 (2): 135 – 140.

[146] Wakeman T, Tabakoff W. Measured particle rebound characteristics useful for erosion prediction[C]. London: International Gas Turbine Conference and Exhibit, 1982.

[147] Taslim M, Spring S. A numerical study of sand particle distribution, density, and shape effects on the scavenge efficiency of engine inlet particle separator systems [J]. Journal of the American Helicopter Society, 2010, 55 (2): 22006.

[148] Bagnold R A. The physics of blown sand and desert dunes[M]. Mineola: Dover Publications, Inc., 1941.

[149] Zhou L, Wang Z, Shi J. Optimization design of the integral inertial particle separator based on response surface method[J]. Journal of Applied Fluid Mechanics, 2020, 13 (1): 133 – 145.

[150] Jiang L, Benner M, Bird J. Assessment of scavenge efficiency for a helicopter particle separation system[J]. Journal of the American Helicopter Society, 2012, 57 (2): 41 – 48.

[151] 牛佳佳, 王锁芳, 董伟林, 等. 反弹特性对惯性粒子分离器效率的影响[J]. 动力工程学报, 2018, 38 (7): 545 – 551.

[152] Elan H. What it's like flying the CH – 53K helicopter into a brownout[EB/OL]. (2019 – 05 – 14)[2024 – 11 – 29]. https://verticalmag.com/news/flying-ch-53k-helicopter-into-brownout/.

[153] Wu Z, Zhang T, Tan H, et al. Hovering rotor aerodynamics in extreme ground effect[J]. Chinese Journal of Aeronautics, 2024, 37 (7): 204-219.

[154] 国防科学技术工业委员会.军用直升机防砂尘要求: GJB 1171-91[S]. 北京: 国防科学技术工业委员会, 1991.

[155] ISO. Road vehicles — test contaminants for filter evaluation — part 1: Arizona test dust[EB/OL]. (2024-01-23)[2025-01-29]. http://standards.iteh.ai/catalog/standards/iso/16cbf0b5-026b-4063-b616-6a03c18f390b/iso-12103-1-2024.

[156] 张华,叶巍,李红军.美国航空发动机通用规范演变分析[J].航空标准化与质量,2015(4): 53-56.

[157] 常鸿雯,李艳军.航空发动机吞砂试验技术浅析[J].机械工程师,2019, 8: 126-127.

[158] 雷凯,吴敬涛.现行标准对飞机实验室气候试验的作用[J].装备环境工程,2020, 17 (12): 20-25.

[159] 中央军委装备发展部.航空涡轮螺桨和涡轮轴发动机通用规范: GJB 242A-2018[S]. 北京: 国家军用标准发行部, 2018.

[160] Watjen E. Amount of dust recirculated by a hovering helicopter[M]. Bloomfield: Kaman Aircraft Corporation, 1956.

[161] Rodgers S J. Evaluation of the dust cloud generated by helicopter rotor downwash[R]. US Army Aviation Materiel Laboratories, 1968.

[162] 李力,魏天酬,刘明维,等.冲蚀磨损机理及抗冲蚀涂层研究进展[J].重庆交通大学学报, 2019, 38 (8): 70-74.

[163] 黄绍服,曾祥领,彭振,等.高熵合金涂层研究进展[J].特种铸造及有色合金,2024, 43 (7): 876-883.

[164] Zhang C, Chen G, Dai P. Evolution of the microstructure and properties of laser-clad FeCrNiCoB$_x$ high-entropy alloy coatings[J]. Materials Science and Technology, 2016, 32 (16): 1666-1672.

[165] Hu Y, Wang L, Yao J, et al. Effects of electromagnetic compound field on the escape behavior of pores in molten pool during laser cladding[J]. Surface and Coatings Technology, 2020, 383: 125198.

[166] Thapa B S, Thapa B, Dahlhaug O G. Current research in hydraulic turbines for handling sediments[J]. Energy, 2012, 47 (1): 62-69.

[167] Huang H, Zhang Y, Ren L. Particle erosion resistance of bionic samples inspired from skin structure of desert lizard, Laudakin stoliczkana[J]. Journal of Bionic Engineering, 2012, 9 (4): 465-469.

[168] Qian Z, Dong J, Guo Z, et al. Study of a bionic anti-erosion blade in a double suction centrifugal pump[C]. Washington, DC: Fluids Engineering Division Summer Meeting, 2016.